普通高等教育高职高专"十三五"规划教材
高职高专交通与市政工程类规划教材

给水排水管网工程

主编　王　静　汪　霏　潘　洁

黄河水利出版社
·郑州·

内容提要

本书根据《室外给水设计规范》(GB 50013—2006)、《室外排水设计规范》(GB 50014—2006)(2016年版)及本专业的最新要求编写。全书共分为9个单元,主要内容包括概论、城镇给水管网规划布置、城镇给水管网设计计算、城镇排水管网规划布置、城镇污水管网设计计算、城镇雨水管网设计计算、合流制管渠系统设计、给水排水管网管理与维护、管线综合设计、海绵城市等。

本书可作为给水排水工程技术专业、环境工程专业及相关专业的高职教材,也可作为相关专业工程技术人员的参考书。

图书在版编目(CIP)数据

给水排水管网工程/王静,汪霏,潘洁主编. —郑州:黄河水利出版社,2019.6

普通高等教育高职高专"十三五"规划教材 高职高专交通与市政工程类规划教材

ISBN 978-7-5509-2362-1

Ⅰ.①给… Ⅱ.①王… ②汪…③潘… Ⅲ.①给水管道-管网-高等职业教育-教材②排水管道-管网-高等职业教育-教材 Ⅳ.①TU991.33②TU992.23

中国版本图书馆CIP数据核字(2019)第091787号

策划编辑:谌莉 电话:0371-66025355 E-mail:113792756@qq.com

出 版 社:黄河水利出版社 网址:www.yrcp.com

地址:河南省郑州市顺河路黄委会综合楼14层 邮政编码:450003

发行单位:黄河水利出版社

发行部电话:0371-66026940、66020550、66028024、66022620(传真)

E-mail:hhslcbs@126.com

承印单位:河南承创印务有限公司

开本:787 mm×1 092 mm 1/16

印张:17.25

字数:410千字 印数:1—4 000

版次:2019年6月第1版 印次:2019年6月第1次印刷

定价:48.00元

前　言

本书在编写过程中充分考虑高等职业技术教育的教学特点，以教育部对高等职业教育人才培养目标及与之相适应的知识目标、能力目标和素质目标为宗旨，力求满足该专业毕业生的基本要求和业务范围的需要，充分注重学生创新能力和工程实践能力的培养。

本书紧密结合给水排水工程技术的发展，采用了最新的行业技术标准、规范、规程，从给水排水工程行业岗位群对人才的知识结构和技能要求出发，确定知识目标、能力目标和素质目标。在内容编排上力求做到：基本理论简明扼要、深入浅出；注重理论联系实际；并配有适量的经典练习题，以便学生掌握课程的基本知识。

本书按照90学时编写，主要内容包括：概论、城镇给水管网规划布置、城镇给水管网设计计算、城镇排水管网规划布置、城镇污水管网设计计算、城镇雨水管网设计计算、合流制管渠系统设计、给水排水管网管理与维护、管线综合设计、海绵城市。

本书由重庆建筑工程职业学院王静、汪霏和昆明冶金高等专科学校潘洁合编，由王静统稿。具体编写分工为：王静编写单元三、单元四、单元五和单元九，汪霏编写单元六、单元七和单元八，潘洁编写概论、单元一和单元二。

本书在编写过程中，参考了相关院校编写的教材、专著，并得到了重庆建筑工程职业学院教学指导委员会、黄河水利出版社的指导和大力支持，在此一并致以诚挚的谢意！

由于编写水平有限，书中可能存在不足甚至失误之处，希望读者在使用过程中提出宝贵意见，以便今后不断改进完善。

编　者
2019年3月

目 录

概 论

【知识目标】

1. 掌握给水系统和排水系统的功能以及组成;
2. 熟悉给水排水系统规划的工作程序;
3. 了解给水排水管网规划的准备工作。

【能力目标】

学生能够准确识读城镇给水排水系统示意图。

【素质目标】

1. 培养学生团结协作的能力;
2. 培养学生一丝不苟的学习态度。

学习情境一 给水排水系统的功能与组成

一、给水排水系统的功能

水是人类及其他一切生物赖以生存的重要物质之一,是一种宝贵的资源,它在人们的日常生活及国民经济建设中具有极其重要的作用。给水排水系统是为人们的生活、生产、市政和消防提供用水和废水排除设施的总称。

给水排水系统包括给水系统和排水系统,给水系统提供水,满足用户水量、水压、水质的要求;排水系统完成用户排水及降水的收集、输送、处理和排放。

给水排水系统的任务是向城镇和工业供应各项合格用水,以及收集、输送、处理和再生利用污水,使水的人工循环正常运行。给水排水系统的目的是提供方便、舒适、卫生、安全的生活和生产环境,保障人民健康与正常生活,促进生产发展,保护和改善水环境质量。

给水排水系统具有以下三项功能。

(一)水量保障

水量保障是指向人们指定的用水地点及时可靠地提供满足用户需求的用水量,并将用户排出的废水(包括生活污水和生产废水)和雨水及时可靠地收集并输送到指定的地点。

(二)水质保障

水质保障是指向指定用水地点和用户供给符合质量要求的水,使用后的水按有关污水排放标准排入受纳水体。水质保障措施主要包括:

(1)采取适合的给水处理措施使供水(包括水质的循环利用)水质不低于人们用水所要求的质量;

(2)通过物化等手段控制储水和输配水过程中的水质变化;

(3)采取适合的污水处理措施,使污水水质达到排放要求,使环境不受污染。

(三)水压保障

水压保障指为用户用水提供符合标准的用水压力,使用户在任何时间都能取得充足的水量;同时,使排水系统具有足够的高程和压力,使之能够顺利排入受纳水体。例如,在地形高差较大的地区,应充分利用地形高差所形成的重力提供供水的压力和排水的输送能量;在地形平坦的地区,给水压力一般采取水泵加压,必要时还需要通过阀门或减压设施降低水压,以保证用水设施安全和用水舒适。排水一般采用重力流输送,必要时用水泵提升高程,或者通过跌水消能设施降低高程,以保证排水系统的畅通和稳定。

二、给水排水系统的组成

给水排水系统是由一系列构筑物和给水排水管道组成的,如图 0-1 所示。

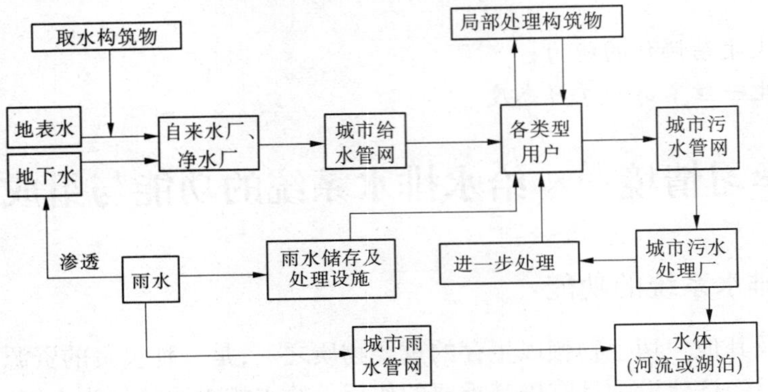

图 0-1　给水排水系统的组成

给水排水系统包括取水系统、给水处理系统、给水管网系统、排水管网系统、污水(废水)处理系统、污水(废水)排放系统、重复利用系统等,城镇给水排水系统示意图如图 0-2 所示。

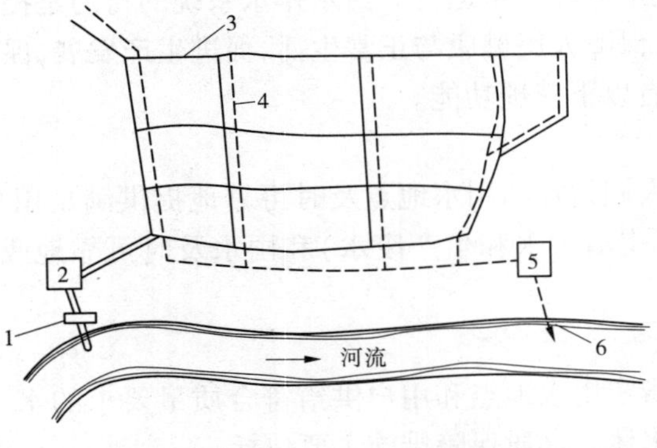

1—取水系统;2—给水处理系统;3—给水管网系统;4—排水管网系统;5—污水(废水)处理系统;6—污水(废水)排放系统

图 0-2　城镇给水排水系统示意

(一)取水系统

取水系统用来从选定的水源取水,它包括水资源(地表水资源、地下水资源和复用水资源等)、取水设施、提升设备和输水管(渠)等。

(二)给水处理系统

给水处理系统将取水系统输送来的水进行处理,使其符合用户对水质的要求。生活饮用水一般采用混凝、沉淀、过滤和消毒等常规处理工艺,工业用水一般有冷却、软化、淡化和除盐等工艺。

(三)给水管网系统

给水管网系统又称为输水与配水系统,简称输配水系统。它是将处理后符合水质标准的水输送给用户,包含输水管(渠)、配水管网、水压调节设施(如泵站、减压阀等)及水量调节设施(如清水池、水塔)等。

1. 输水管(渠)

输水管(渠)是指在较长的距离内输送水量的管道或渠道,输水管(渠)一般不向沿线两侧供水,如从水厂将清水输送至供水区域的管道(渠)、从供水管网向某大用户供水的专线管道、区域给水系统中连接各区域管网的管道等。常用的输水管道为铸铁管、钢管、钢筋混凝土管、PVC 管等,输水渠道一般由砖、砂、石、混凝土等材料砌筑而成。

2. 配水管网

配水管网是指分布在整个供水区域内的配水管道网络。其功能是将来自集中点的水量分配并输送到整个供水区域,使用户能从近处接管用水。配水管网由主干管、干管、支管、连接管、分配管等构成。配水管网中还需要安装消火栓、阀门(包括闸阀、排气阀、泄水阀等)和检测仪表(包括压力表、流量表等)附属设施,以保证消防供水和满足生产调度、故障处理、维护保养等管理需要。

3. 泵站

泵站是输配水系统中的加压设施,一般由多台水泵并联而成。当水流不能依靠重力流动时,需使用水泵对水流增加压力,以使水流有足够的能量克服管道内壁的摩擦阻力,在输配水系统中,还要求水被输送到用户连接地点后有符合用水压力要求的水压,以克服用水地点的高差及用户的管道系统与设备的水流阻力。

给水管网系统中的泵站有供水泵站(又称二级泵站)和加压泵站(又称三级泵站)两种形式。供水泵站一般位于自来水厂内部,将清水池中的水加压后送入输水管或配水管网。加压泵站则对远离水厂的供水区域或地形较高的区域进行加压,可实现多级加压。

泵站内部主要以水泵机组为主,由内部管道将其并联或串联起来,管道上设置阀门,控制多台泵站灵活地组合运行,以便于水泵机组的拆装与检修。泵站内还应设有水流止回阀(逆止阀),必要时应安装水锤消除器、多功能阀(具有截止阀、止回阀作用和水锤消除作用)等,以保证水泵机组安全运行。

4. 减压设施

减压设施用减压阀和节流孔板等降低和稳定输配水系统局部的水压,以避免水压过高造成管道或其他设施的漏水、爆裂、水锤破坏,或避免用水时的不舒适感。

5. 水量调节设施

水量调节设施有清水池和水塔。其主要作用是调节供水与用水的流量差,也称为调节构筑物。水量调节设施也可用于储存备用水量,以保证消防、检修、停电和事故等情况下的用水,提高系统供水的安全可靠性。

设在水厂内的清水池是水处理系统与管网系统的衔接点,既是处理后清水的储存设施,也是管网系统中输配水的水源点。

上述取水系统、给水处理系统、给水管网系统等称为给水系统,见图0-3和图0-4。

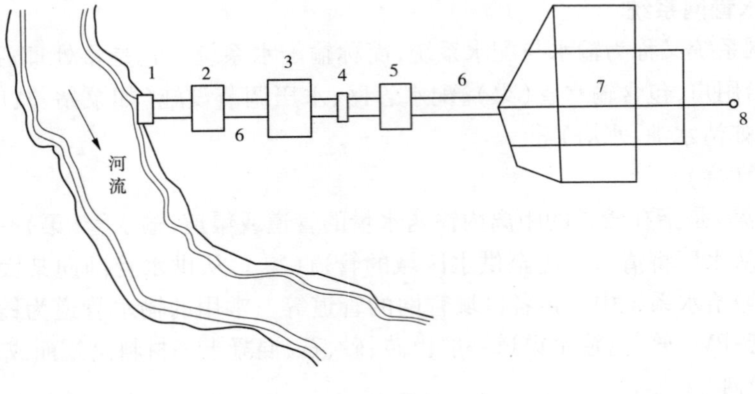

1—取水构筑物;2—一级泵站;3—水处理构筑物;
4—清水池;5—二级泵站;6—输水管;7—管网;8—水塔

图0-3　地表水给水系统

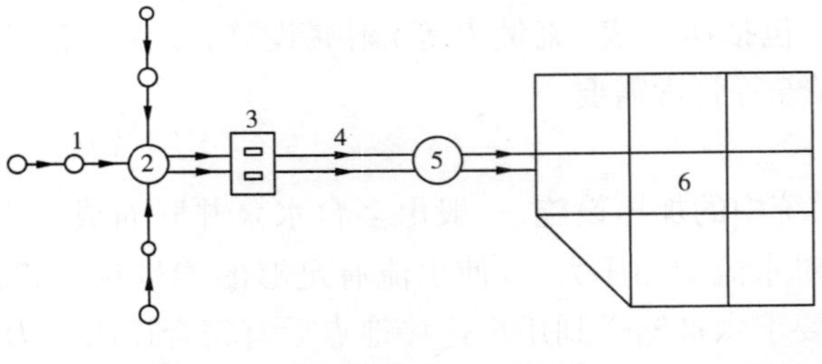

1—管井群;2—水池;3—泵站;4—输水管;5—水塔;6—管网

图0-4　地下水给水系统

(四)排水管网系统

排水管网系统包括污水、废水和雨水的收集与输送管渠、水量调节池、提升泵站及附属构筑物(如检查井、跌水井、水封井、倒虹管、事故排出口、雨水口)等。

(五)废水处理系统

废水处理系统包括采用物理、化学、生物等方法的水质净化设备和构筑物。由于废水的水质差异大,采用的废水处理工艺各不相同。

(六)废水排放系统

废水排放系统包括废水受纳体(如自然水体、土壤等)和最终处置设施,如排放口、稀释扩散设施、隔离设施等。

(七)重复利用系统

重复利用系统包括城市污水、工业废水和建筑小区的废水回用设施(如中水系统)等。

三、给水排水管网系统

给水排水管网系统是给水排水系统设施的重要组成部分,是由不同材料的管道和附属设施构成的输水网络。根据其功能可以分为给水管网系统和排水管网系统两大类。

给水管网系统由泵站、输水管、配水管网及调节构筑物(水池、水塔)组成,实现水的提升、输送、储存、调节和分配。其基本任务是保证原水送至水处理构筑物及符合用户用水水质标准的水(称为成品水)输送和分配到用户。设计和管理的基本要求是以最少的建造费用和管理费用,保证用户所需的水量和水压,保证水质安全,降低漏损,并达到规定的可靠性。

排水管网系统由排水管网、调节水池、水泵站及出水口等设施组成,实现污水或废水的收集、输送、储存、调节、提升和排放。其基本任务是保证污水或废水及时有序地收集、输送至污水处理构筑物及符合排放水质标准的水排入自然水体。

学习情境二　给水排水系统规划任务及工作程序

一、规划内容及规划任务

给水排水系统规划是城市总体规划工作的重要组成部分,必须与城市总体规划相协调。

(一)规划内容

给水排水系统规划三要包括给水水源规划、给水处理厂规划、给水管网规划、排水管网规划、污水处理厂规划和废水排放与利用规划等内容。

(二)规划任务

(1)确定给水排水系统的服务范围与建设规模;

(2)确定水资源综合利用与保护措施;

(3)确定系统的组成与体系结构;

(4)确定给水排水主要构筑物的位置;

(5)确定给水排水处理的工艺流程和水质保证措施;

(6)给水排水管网规划和干管布置与定线;

(7)确定废水的处置方案及其环境影响评价;

(8)给水排水系统规划的技术经济比较,包括经济、环境和社会效益分析。

(三)给水排水系统规划原则

1.贯彻、执行国家和地方的相关政策和法规

在进行给水排水系统规划时,必须认真贯彻执行《中华人民共和国城市规划法》《中华人民共和国环境保护法》《中华人民共和国水污染防治法》《中华人民共和国海洋环境保护法》《中华人民共和国城市供水条例》等法律法规及《城市给水工程规划规范》(GB

50282—2016)、《生活饮用水水源水质标准》(CJ 3020—1993)、《生活饮用水卫生标准》(GB 5749—2006)、《防洪标准》(GB 50201—2014)等国家标准与设计规范，它是城市规划和工程建设的指导方针。

2. 服从城镇总体规划

城镇及工业区总体规划中的设计规模、设计年限、功能分区布局、城镇人口的发展、居住区的建筑层数和标准以及相应的水量、水质、水压等资料，是给水排水工程规划的主要依据。

当地农业灌溉、航运、水利和防洪等设施及规划是水源和排水出路选择的重要影响因素；城镇和工业企业的道路规划、地下设施规划、竖向规划、人防工程规划、防洪工程规划等单向工程规划对给水排水系统的规划设计都有影响，要从全局出发，合理安排，构成城镇建设的有机整体。

3. 城镇及工业企业规划时应兼顾给水排水系统

当进行城镇及工业企业规划时，应充分考虑水资源条件。在水资源缺乏的地区，不宜盲目扩大城镇规模，也不应设置用水量大的工厂。

4. 近远期规划与建设相结合

给水排水系统一般可按远期规划(10～20年)，按近期(5～10年)进行设计和分期建设。例如，近期给水工程先建立一个水源、一条输水管以及树状配水管网，远期再逐步发展成为多水源、多输水管和环状配水管网；地表水取水构筑物及取水泵房等土建工程如采用分期工程并不经济，土建工程可按远期规划一次建成，其内部设备则应按近期所需进行安装，投入使用后再分期安装或扩大；排水主干管(渠)一般应按远期设计和建设更经济；给水排水的调节水池并不会随远期供水和排水量同步增大，因为远期水量变化往往较小，所以可按远期设计和建设。

5. 合理利用水资源和保护环境

给水水源有地表水源和地下水源，在选择前，必须对所在地区水资源状况进行认真的勘察、研究，并根据城镇和工业总体规划以及农、林、渔、水、电等各行业用水的需要，进行综合规划、合理开发利用。同时，要从供水水质的要求、水文地质及取水工程条件出发，考虑整个给水系统的安全性和经济性。

6. 规划方案尽可能经济和高效

在技术可行的前提下，需努力提高给水排水系统投资效益和降低工程项目的运行成本，必要时，应进行多方面和多方案的比较分析，选择尽可能经济的工程规划方案。

给水排水系统的体系结构对其经济性具有重要影响，对是否采用分区或分质给水或排水及其实施方案，应进行技术、经济方面的比较。给水系统的供水压力应满足大多数用户要求，而不能根据个别的高层建筑或水压要求较高的工业企业来确定。当规划排水管道系统时，不能因为局部地区地势低而降低整个管道系统的埋深，而要采取局部加压或提升的措施。

二、规划工作程序

(1)明确规划任务，确定规划编制依据；

(2)调查、收集必需的基础资料,进行现场勘察;

(3)在掌握资料与了解现状和规划要求的基础上,合理确定城市的用水定额,估算用水量与排水量;

(4)制订给水排水系统规划方案;

(5)根据规划期限,提出分期实施规划的步骤和措施,控制和引导给水排水工程有序建设,节省资金,有利于城镇和工业区的持续发展,增强规划工程的可实施性,提高项目的投资效益;

(6)编制给水排水系统规划文件,绘制工程规划图纸,完成规划文本。

学习情境三　给水排水管网规划资料准备

为了很好地完成给水排水系统的规划任务,首先要了解、研究规划设计任务书或批准文件的内容,弄清本工程的规划设计范围和具体要求,然后进行翔实的基础资料调查。

一、给水排水系统规划基础资料

(一)城镇总体规划资料

城镇总体规划资料主要包括对工业布局、人口规划、公共设施、地下构筑物、交通网络、竖向规划、各专项工程规划等资料的收集。

规划资料包括:

(1)城市规划总图(1∶5 000～1∶10 000);

(2)城市地形图(1∶5 000～1∶10 000)或某区域地形图(1∶2 000～1∶5 000);

(3)城市人口分布及用水情况,如人口密度、用水量标准、建筑物高度及房屋卫生设备情况等资料。

(二)自然条件资料

自然条件资料包括:

(1)地区气象资料,如温度、风向、降水量、土壤冰冻等资料;

(2)水文及水文地质资料,如水位、水质、水量、流速、含沙量、库容、地下水储量以及河流的一些概况等资料;

(3)地质资料,如土壤的性质、地基承载力、地下水位等资料;

(4)地震资料,如地震基本烈度及地震史料。

(三)给水排水设施现状资料

(1)供水情况,如取水方式、净水厂的处理工艺、供水水质与水压、制水成本及水价、供水范围、管网系统及布局等资料;

(2)排水情况,如排水管道系统及走向、污水处理厂的处理工艺及处理效果、污水回用及综合利用情况等资料。

(四)供电资料

供电资料包括电源电压、可靠程度、供电方式及电力安装费用等。

(五)概算、预算资料

概算、预算资料包括概算、预算的定额资料、建筑材料及设备供应情况和价格、施工技术水平及设备情况、劳动力的来源及工资水平、征地拆迁等方面规定、交通运输费的计算方法等。

(六)有关法规的资料

有关法规的资料包括国家关于给水排水工程方面的法律、政策、规范、标准;地方关于给水排水工程方面的规定、条例、标准。

工作时,设计人员应对所收集的资料进行分析整理,同时应进行现场踏勘,对现有资料进行核实,使设计方案更加切合实际(踏勘,按照现状图对建设现场进行实际勘探,了解现状与城市规划的概貌,如流域的高程、坡度、坡向、建筑、道路、水资源及水环境概貌等内容,以便对工程有大体上的把握,并酝酿规划方案)。

二、给水系统规划基础资料

给水系统规划基础资料包括:

(1)城市的地形与总体规划平面图,比例分别为1:5 000和1:10 000;

(2)城市各分区居住人口及房屋卫生设备资料,包括人口密度、房屋卫生设备情况、各区房屋的平均层数等资料;

(3)工业企业与公共建筑的位置、用水量及变化规律、水质资料等,包括最高日用资料水量、最高日最高时用水量、最高日平均时用水量、主要的水质指标以及用水量变化规律等资料;

(4)气象资料,包括城市最高温度、平均温度、最低温度、夏季主导风向、冬季主导风向、年降水量等资料;

(5)土壤资料,包括土壤的性质、地下水位深度、冰冻深度、承载力等资料;

(6)地表水水源资料,包括水源水质分析资料、最大流量、最小流量、最大流速、最小流速、最高水位、常水位、最低水位、冰冻期水位、冰的最大厚度、最低水位时河流的宽度以及河流航运等资料;

(7)地下水水源资料,包括水文地质钻孔柱状图和表、地下水的储量及可开采量、抽水试验资料及水源水质分析等资料;

(8)城市用水量随时间变化的情况;

(9)编制概算、预算所需的资料。

三、排水系统规划基础资料

排水系统规划基础资料包括:

(1)城市地形与总体规划平面图,比例为1:5 000和1:10 000;

(2)城市各分区居住人口及污水量标准,包括人口密度、污水量标准等资料;

(3)工业企业与公共建筑的位置及排水量、水质资料,包括排水量,如最大日排水量、最大日最大时排水量、最大日平均时排水量等,水质,如BOD_5、COD、pH、总氮、总磷、氨氮、DO、水温等资料;

(4)城市各分区中各类下垫面所占的比例资料；

(5)气象资料，包括气温资料，如年平均气温、年最高气温、年最低气温、日最高气温、日平均气温、日最低气温等，降雨量、年蒸发量等，夏季主导风向、最大风速等资料；

(6)土壤资料，包括土壤的性质、冰冻深度、地下水位、承载力等资料；

(7)受纳水体水文与水质资料，包括河流的流量、流速、最高水位、最低水位、常水位以及几项主要的水质指标等资料；

(8)工程概算、预算所需的资料等；

(9)其他补充资料等。

思考题

1. 给水系统和排水系统的功能各有哪些？
2. 给水排水系统的组成有哪些？各系统包括哪些设施？
3. 给水排水系统规划的主要任务是什么？

能力提升

试画出给水排水系统的示意图。

单元一 城镇给水管网规划布置

【知识目标】

1. 掌握给水管网系统的分类;

2. 掌握给水管网的布置形式。

【能力目标】

1. 学生能够结合规划图及地形图进行输配水工程规划,完成给水管网定线;

2. 学生能够准确识读给水系统示意图。

【素质目标】

1. 培养学生团结协作的能力;

2. 培养学生吃苦耐劳的工作精神。

学习情境一 给水管网规划布置

一、给水系统及管网类型

城市给水系统的布置,应根据城市总体规划布局、水源特点、当地自然条件及用户对水质的不同要求等因素共同确定。

(一)给水系统的分类

常见的城市给水系统有以下四种分类方法。

1. 按水源种类分

城市给水系统按水源种类分为地表水(江河、湖泊、蓄水库、海洋等)给水系统和地下水(浅层地下水、深层地下水、泉水等)给水系统。

2. 按供水方式分

城市给水系统按供水方式分为自流系统(重力供水)、水泵供水系统(压力供水)和混合供水系统。

3. 按使用目的分

城市给水系统按使用目的分为生活给水系统、生产给水系统和消防给水系统。

4. 按服务对象分

城市给水系统按服务对象分为城市给水系统和工业给水系统。在工业给水系统中,又分为循环给水系统和复用给水系统。

(二)给水管网系统的分类

1. 统一给水系统

整个给水区域(如城镇)的生活、生产、消防等多项用水,均以同一水压和水质,用统一的管网系统供给各个用户。该系统适用于地形起伏不大、用户较为集中,且各用户对水质、水压要求相差不大的城镇和工业企业的给水工程。如果个别用户对水质或水压有特殊要求，可自统一给水管网取水再进行局部处理或加压后供给使用。

该系统的特点：系统简单、投资较少、管理方便，适用于工业用水量占总水量比例小、地形平坦的地区。

按水源数目不同，统一给水系统可分为单水源给水系统和多水源给水系统（见图1-1）。

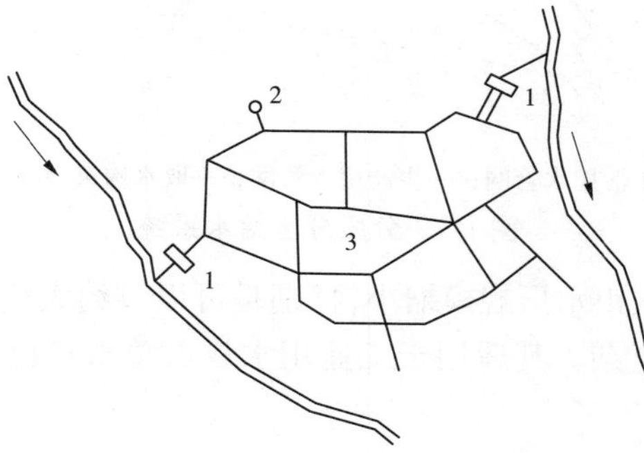

1—取水构筑物；2—水塔；3—管网

图1-1　多水源给水系统

2. 分区给水系统

分区给水系统指将整个给水范围分成不同的区域，每个区域有泵站和管网等，各区域之间有适当的联系，以保证供水可靠和调度灵活，如图1-2所示。

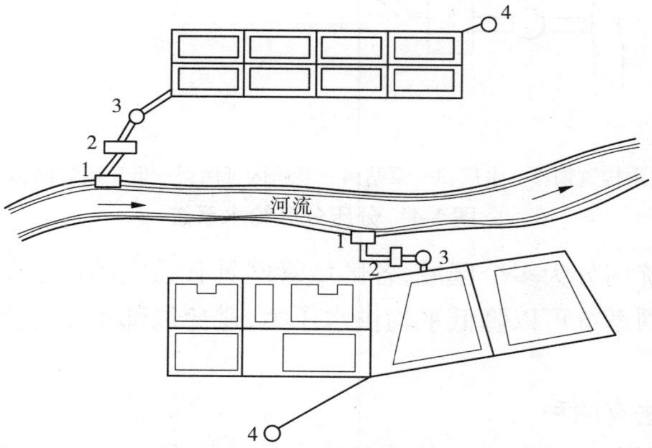

1—取水构筑物；2—水厂；3—泵站；4—水塔

图1-2　分区给水系统

分区给水系统有分质分区给水系统和分压分区给水系统，形式上有串联分区和并联分区。

1）分质分区给水系统

分质分区给水系统指用不同的管网输送不同水质的水到用户的给水系统，见图1-3。

分质分区给水系统适用范围：用户对水质有不同要求，同时水量较大的地区。

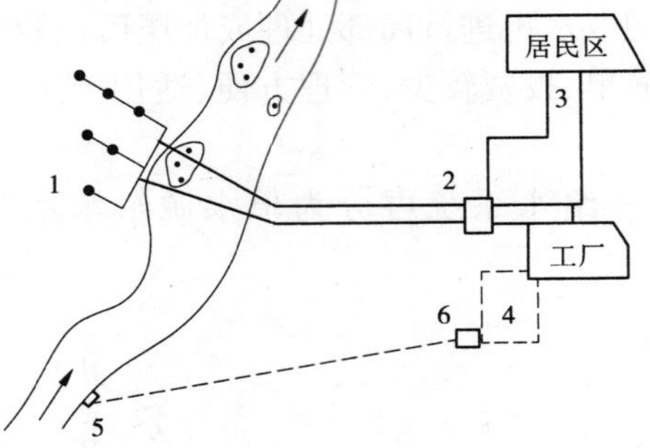

1—管井;2—泵站;3—生活用水管网;4—生产用水管网;5—取水构筑物;6—工业用水处理构筑物

图 1-3　分质分区给水系统

采用此种系统,可使城市水厂规模缩小,特别是可以节约大量药剂费用和动力费用,但管道和设备增多,管理较复杂。其适用于工业用水量占总水量比例大,水质要求不高的地区。

2)分压分区给水系统

当城市地形高差较大或用户对水压要求不同时,需采用不同压力的给水系统,或局部加压系统,见图 1-4。

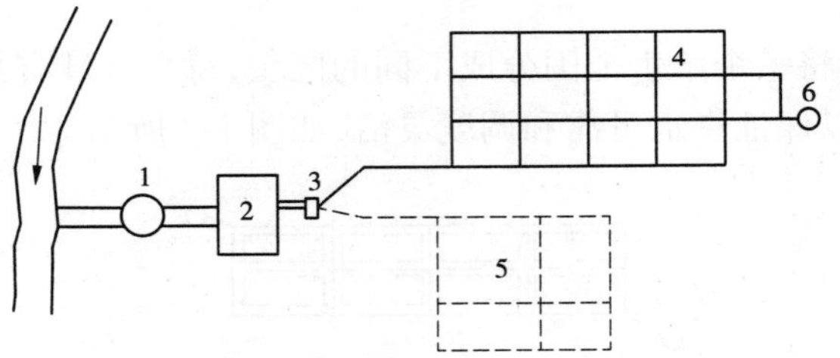

1—取水构筑物;2—水厂;3—泵站;4—高压区管网;5—低压区管网;6—水塔

图 1-4　分压分区给水系统

将给水管网系统划分为多个区域,各区域管网具有独立的供水泵站,供水具有不同的水压。分区给水管网系统可以降低平均供水压力,避免局部水压过高,减少爆管的概率和泵站能量的浪费。

管网分区的方法有两种:

(1)城镇地形较平坦,功能分区较明显或自然分隔而分区,如图 1-2 所示。

(2)地形高差较大或输水距离较长而分区,有串联分区和并联分区两类。串联分区方式指设多级泵站加压,如图 1-5 所示为串联分区给水管网系统;并联分区方式指对不同压力要求的区域设置不同泵站或在泵站内设置不同的水泵供水,如图 1-6 所示为并联分区给水管网系统。

3. 不同输水方式的管网系统

1)重力输水

当水源地高于给水区,并且高差可保证以经济的造价输送所需的水量时,清水池(清

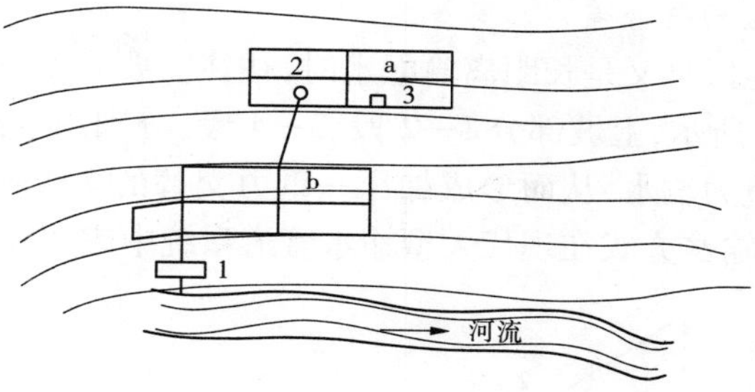

a—高区；b—低区；1—净水厂；2—水塔；3—加压泵站

图 1-5　串联分区给水管网系统

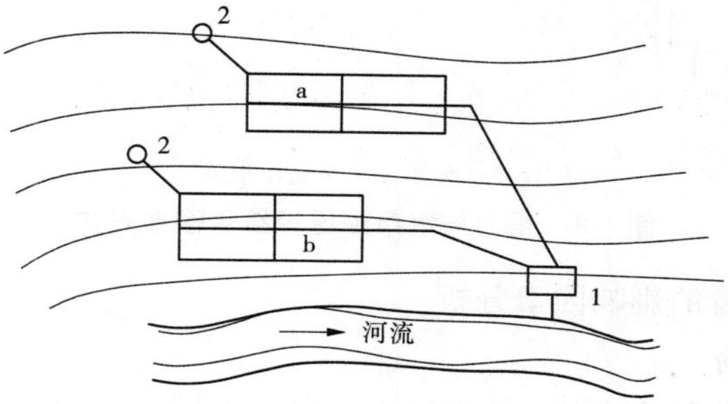

a—高区；b—低区；1—净水厂；2—水塔

图 1-6　并联分区给水管网系统

水库）中的水可依靠自身的重力，经重力输水管进入管网，并供用户使用。重力输水管网系统无动力消耗，管理方便，是运行较为经济的输水管网系统。当地形高差很大时，为降低水管中的压力，可在中途设置减压水池，将水管分成几段，形成多级重力输水系统，如图 1-7 所示。

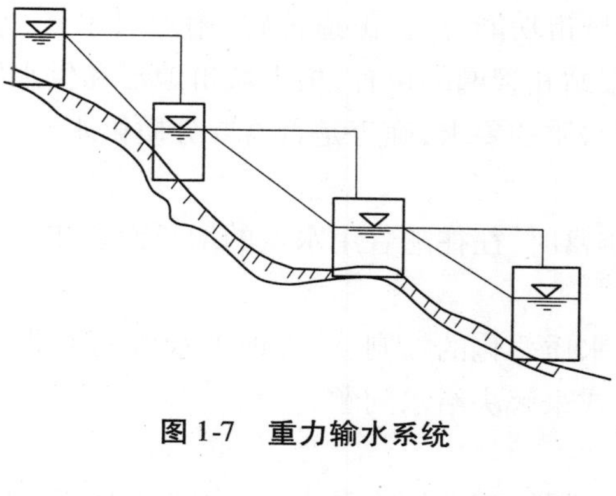

图 1-7　重力输水系统

2）压力输水

水泵加压输水管网系统指水源地没有可充分利用的地形优势，清水池（清水库）中的水须由泵站加压送出，经输水管进入管网供用户使用，甚至要通过多级加压将水送至更远或更高处的用户使用。压力给水管网系统需要消耗大量的动力。

3）重力与水泵加压相结合输水

当在地形复杂的地区且又是长距离输配水时，往往需要采用重力与水泵加压相结合的输水方式。如图 1-8 所示，上坡部分 1—2 段、3—4 段，分别用泵站 1、3 加压输水，在下坡部分利用高位水池重力输水，从而形成加压—重力交替的多级输水方式。水源可以高于或低于给水区，这种输水方式在现代大型输水管道系统中应用较为广泛。

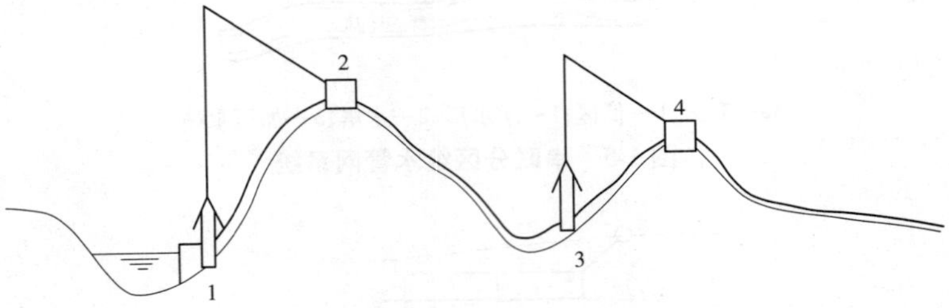

1、3—泵站；2、4—高位水池

图 1-8　重力与水泵加压相结合输水方式

（三）给水系统布置的影响因素分析

1. 城市规划的影响

给水系统规划的年限与城市总体规划所确定的年限一致，近期规划为 5 ~ 10 年，远期规划为 10 ~ 20 年，给水系统规划通常采用长期规划、分期实施的做法。

城市给水系统的规模，主要取决于城市的性质和规模，根据城市的规划人口数、居住区房屋层数和建筑标准、城市现状资料和气候等自然条件，可得出整个给水工程的设计流量。

从工业布局可知生产用水量的分布及其要求。

根据当地农业灌溉、航运和水利等规划资料，水文和水文地质资料，可以确定水源和取水构筑物的位置；根据城市功能分区，街道位置，用户对水量、水压和水质的要求，可以选定水厂、调节构筑物、泵站和管网的位置；根据城市地形和供水压力，可确定管网是否需要分区给水；根据用户对水质的要求，确定是否需要分质供水等。

2. 水源的影响

当城市附近的水源丰富时，往往随着用水量的增长而逐步发展成为多水源给水系统，从不同部位向管网供水。

随着用水量的增大、水质恶化的加剧、城市地下水位的不断下降，有些城市不得不采取跨流域、远距离取水方式来解决给水问题。

3. 地形的影响

中小城市如地形比较平坦、工业用水量小、对水压又无特殊要求，可用同一给水系统。

大中城市被河流分隔时，两岸工业和居民用水一般先分别供给，自成给水系统；随着城市的发展，再考虑将两岸管网相互连通，成为多水源的给水系统。

当取用地下水时，可考虑就近凿井取水的原则，而采用分地区供水系统。

对于地形起伏较大的城市，可采用分区给水系统或局部加压的给水系统。

分区给水布置方式可分成并联分区（即高低两区由同一泵站分别单独供水）和串联分区（即高区泵站从低区取水，然后向高区供水）。

4. 工业给水系统类型

根据工业企业内水的重复利用情况，可分为循环给水系统和复用给水系统。

（1）循环给水系统：是指使用过的水经适当处理后再行回用的给水系统；

（2）复用给水系统：是指按照各车间对水质的要求，将水顺序重复利用的给水系统。

二、给水管网形式

给水管网的布置形式有树状管网、环状管网以及综合型管网。

（一）树状管网

树状管网示意如图 1-9 所示，从水厂泵站或水塔到用户的管线呈树枝状，水流沿一个方向流向用户，管径随所供用水户的减少而逐渐变小。其主要优点是管材省、投资少、构造简单；缺点是供水可靠性较差，若一处损坏，则下游各段全部断水，同时在各支管末端易造成“死水”区，在用水低峰，管道内水的停留时间较长，水质易恶化。

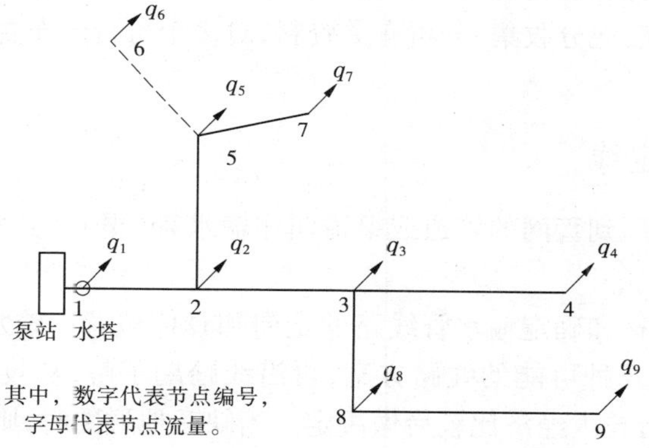

图 1-9　树状管网示意

这种管网布置形式适用于地形狭长、用水量不大、用户分散的地区，或用水安全可靠性要求不高的小城镇和小型工业企业中，或者在城市的规划建设初期采用，后期再按发展形成环状管网。

（二）环状管网

在此种类型的管网中，管线间连接成环状。当任一段管线损坏时，可以关闭附近的阀门，与其余的管线隔开再进行检修；水还可从另外的管线供应用户，断水的地区可以缩小，从而增加供水可靠性。环状管网可以大大减轻因水锤作用产生的危害，而在树状管网中，则往往因此而使管线损坏。但是，环状管网管线总长度较大，建设投资明显高于树状管网。环状管网使用于对供水连续性、安全性要求较高的供水区域，一般在大中城镇和工业企业中采用，如图 1-10 所示。

（三）综合型管网

在实际工作中，为了发挥给水管网的输配水能力，既使工作安全可靠，又适用经济，常

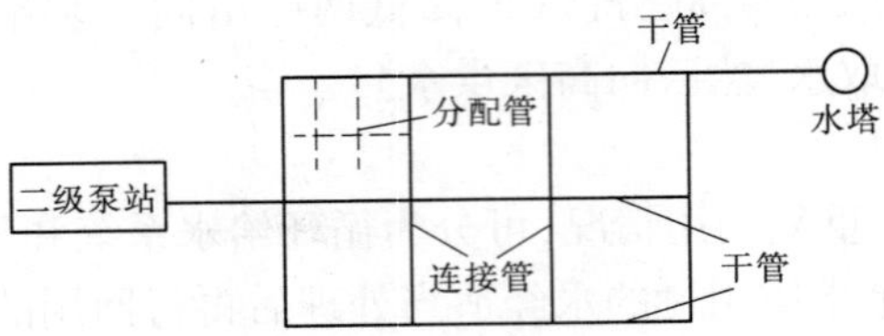

图 1-10　环状管网示意

采用树状与环状相结合的管网,即综合型管网。如在主要供水区采用环状管网,在外围周边区域或要求不高而距离水厂又较远的地点,可采用树状管网。

(四)给水管网形式选用原则

一般在城镇建设初期可采用树状管网,随着供水事业的发展,逐步连成环状网。实际上,现有城市的给水管网,多数是将树状管网和环状管网结合起来的。对于供水可靠性要求较高的工矿企业须采用环状管网,用树状管网或双管输水至个别较远的车间。

给水管网规划布置方案直接关系到整个给水工程投资和施工的难易程度,并对今后供水系统的安全可靠运行和经营管理等有较大的影响。因此,当进行给水管网具体规划布置时,应深入调查研究,充分收集、分析有关资料,对多个可行的布置方案进行技术经济比较后再确定。

三、输水管(渠)定线

从水源到水厂或水厂到管网的管道或渠道叫作输水管(渠)。其实质性特征为:输水管不负责向用户配水。

输水管定线就是选择和确定输水管线路的走向和具体位置。输水管定线时,应先在地形平面图上初步选定几种可能的线路方案,再沿线踏勘了解,从投资、施工、管理等方面,对各种线路方案进行技术经济比较后做决定。当缺乏地形图时,则需在踏勘选线的基础上,进行地形图测量,绘出地形图后,在图上推敲拟选的管线路径。

输水管定线的基本原则:

(1)必须与城市建设规划相结合,尽量缩短线路长度,减少拆迁、少占农田,有利于节省投资;

(2)应选择最佳的地形和地质条件,最好能全部或部分重力输水;

(3)输水管渠应尽量沿现有道路定线,方便施工和管线维护;

(4)应尽量减少与铁路、公路和河流的穿越交叉,避免穿越沼泽、岩石、滑坡、高地下水位和河水淹没与冲刷地区,避免侵蚀性土区以及地质不良地段等,以降低造价和便于维护管理;

(5)当必须穿越障碍时,需采取有效措施,保证安全供水。

为保证安全供水,可以用一条输水管而在用水区附近建造水池进行安全水量存储,或者采用两条输水管。输水管条数主要根据输水量、事故时须保证的用水量、输水管长度、当地有无其他备用水源等情况而定。当供水不许间断时,输水管一般不宜少于 2 条。当输水量小、输水管长,或有其他水源可以利用时,可考虑单管输水另加安全水池的方案。

输水管(渠)的输水方式可分成两类:第一类为水源的地形低于给水区,例如,取用江河水时,需通过泵站加压输水,根据地形高差、管线长度和水管承压能力等情况,还有可能需在输水途中设置加压泵站。第二类为水源位置高于给水区,例如,取用蓄水库水时,可采用重力自流管(渠)输水。

根据水源和给水区的地形高差及地形变化,输水管可以是压力管或重力管。当远距离输水时,地形往往起伏变化较大,采用压力管的较多,而重力输水比较经济,管理方便,应优先考虑。重力管又分成暗管和明渠两种。暗管定线简单,只要将管线埋在水力坡线以下并且尽量按最短的距离输水即可。明渠选线比较困难,且不利于输水水质的保护。

为避免输水管局部损坏、输水量减少过多,可在平行的 2 条或 3 条输水管之间设置连通管,并安装必要的阀门,以缩小事故检修时断水区段的长度,使输水管线的总输水能力不至于降低过多。

若输水管线的坡度没有特殊要求,应考虑检修时的可排空性。当输水管线有坡度反向的情况时,应在每个管线的凸顶点安装排气阀,在每个管线的下凹低处设置泄水阀。管线埋深应考虑防冰冻和上部荷载的要求。

四、管网定线

城市给水管网定线是指在城市用水区域的地面上确定各条配水管线的走向、路径和位置,设计时,一般只限于管网的干管以及干管之间的连接管,不包括从干管到用户的分配管和进户管。干管管径较大,用以输水到各地区;分配管的作用是从干管取水供给用户和消火栓,管径较小,城市消防流量是决定其最小管径的重要因素。

给水管线一般平行于道路中线,敷设在街道下,两侧可支出支管向就近的用户配水,因此配水管网的形状常与城镇总体规划道路网的形态一致。

城市管网定线取决于城市道路网的平面布置、供水区的地形、水源和网内调节构筑物的位置,街区和用户特别是大用户的分布,河流、铁路、桥梁等的管线障碍物位置等,考虑的要点如下:

配水管网就是将输水管线送来的水,配给城市用户的管道系统,管网定线就是确定管线所在的位置和走向。

定线的步骤和要点:

(1)干管布置的主要方向应按供水主要流向延伸,而供水的流向则取决于最大用水户或水塔等调节构筑物的位置。

(2)通常为了保证供水可靠,按照主要流向布置几条平行的干管,其间用连通管连接,这些管线以最短的距离到达用水量大的主要用户。干管间距视供水区的大小,供水情况而不同,一般为 500 ~ 800 m,连通管的间距一般为 800 ~ 1 000 m。

(3)干管一般按规划道路布置,尽量避免在高级路面或重要道路下敷设。管线在道路下的平面位置和高程应符合城市地下管线综合设计的要求。给水管线和建筑物、铁路以及其他管道的水平净距,均应符合《室外给水设计规范》(GB 50013—2006)和《城市工程管线综合规划规范》(GB 50289—2016)的有关规定。

(4)干管应尽可能布置在高地,这样可以保证用户附近的配水管中有足够的压力和降低干管内压力，以增加管道的安全。

(5)干管的布置应考虑发展和分期建设的要求，并留有余地。干管通常由一系列邻接的环组成，且较均匀地分布在城市整个供水区域。

(6)管网中还需安排其他一些管线和附属设备，例如，在供水范围内的支路下需敷设分配管，以便把干管的水送到用户和小区内。考虑到消防和室外消火栓规格的要求，分配支管直径至少应为 100 mm，大城市采用 150 ~ 200 mm。

学习情境二　给水管网示意图

一、管网图形的组成

给水管网是由管段和节点构成的有向图。管网图形中每个节点通过一条或多条管段与其他节点相连接，见图 1-11。

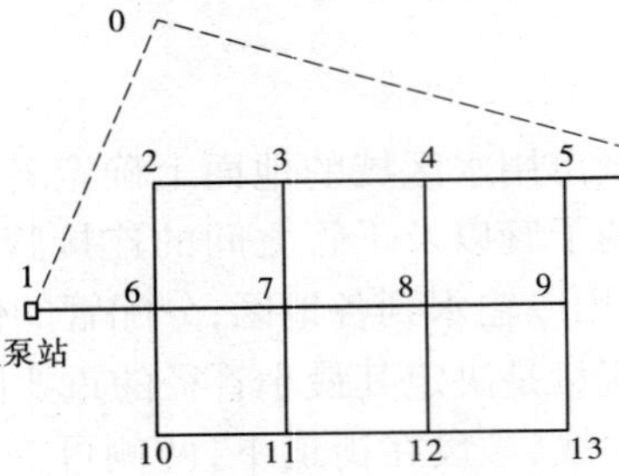

图 1-11　给水管网示意

(一)节点

水力条件发生变化的点，称为节点，包括配水源节点(如泵站、水塔或高位水池等)，不同管径或不同材质的交接点，管网中管段的交点或集中向大用户供水的点。

(二)管段

两个相邻节点之间的管道称为管段，如图 1-11 所示管段 1—6，表示节点 1 和节点 6 之间的一段管线。

(三)管线

管段首尾顺序相连为管线，如图 1-11 所示 1—6—2—3—4—5—14，是指从泵站到水塔的一条管线。

(四)基环和大环

起点与终点重合的管线构成环，如图 1-11 所示，6—2—3—7—6 构成环。当一个环中不包含其他环时，称为基环，如图 1-11 所示，6—2—3—7—6、3—4—8—7—3 都是基环。几个基环合成的大环，如图 1-11 所示，6—2—3—7—6、3—4—8—7—3 合成的大环 6—2—3—4—8—7—6。

多水源管网，为了计算方便，有时将有两个或两个以上水压一定的水源节点(泵站、水塔等)用虚管线与虚节点 0 连接时,也形成环,如图 1-11 所示实管线 1—6—2—3—4—5—14 和虚管线 14—0—1 所形成的 0—1—6—2—3—4—5—14—0,实际上并不存在,故称为虚环。有两个配水源时,可形成一个虚环,有三个配水源时,可形成两个虚环,由此推知,虚环数等于配水源数减一,或等于虚管段数减一。

管网图形的节点数 J(包括虚节点 0)、管段数 P(包括虚管段)和基环数 L(包括虚环)之间的关系如下式所示:

$$P = J + L - 1 \tag{1-1}$$

对于树状管网,因环数 $L=0$,所以 $P=J-1$,即管段数等于节点数减一。由此可知,要将环状管网转化为树状管网,必须在每一个基环中去掉一条管段,最少去除的管段数须等于基环数 L,管段去除后节点数保持不变。因所去除的管段可以不同,所以同一环状管网可以转变成为各种形式的树状管网。

二、管网图形的简化

在管网计算中,城市管网的现状核算及旧管网的扩建计算最为常见。由于给水管线敷设在街道下,不仅管线多,而且管径差别很大,若计算全部管线,实际上既无必要,也不大可能。因此,除了新设计的管网,因定线和计算仅限于干管的情况,对城镇管网的现状核算以及管网的扩建或改建,往往需要将实际的管网适当加以简化,保留主要的干管,略去一些次要的、水力条件影响较小的管线,使简化后的管网基本上能反映实际用水情况,而计算工作量大大减轻。通常管网越简化,计算工作量越小,但过分简化的管网,其计算结果与实际用水情况的偏差就会过大。因此,管网图形简化是在保证计算结果接近于实际情况的前提下,对管线进行的简化。

当进行管网简化时,首先应对实际管网的管线情况进行充分了解和分析,然后采用分解、合并、省略等方法进行简化。以图 1-12 为例说明。

(1)图 1-12(a)反映的是城市管网的实际布置情况,图中管线上标注的数字表示管径(以 mm 计),实际管网布置图形中有 43 个基环。

(2)将这 43 个基环依据图形简化原则,按分解、合并、省略的方法简化为 21 环,如图 1-12(b)所示。

①分解:由一条管线连接的两个环状管网,可以将连接管段断开分解为两个独立的小型环状管网,或由两条管线连接的分支管网,如其位于管网末端且连接管线的流向和流量可以确定,也可进行分解,分解后的管网分别计算。

②合并:管径小且相互平行靠近的管线,可以考虑合并。

③省略:省略对水力条件影响较小的管线,也即管网中管径较小的管线,省略后的计算结果偏于安全,但省略较大管径的管段,可能计算结果会不经济。经简化的计算简图如图 1-12(c)所示。

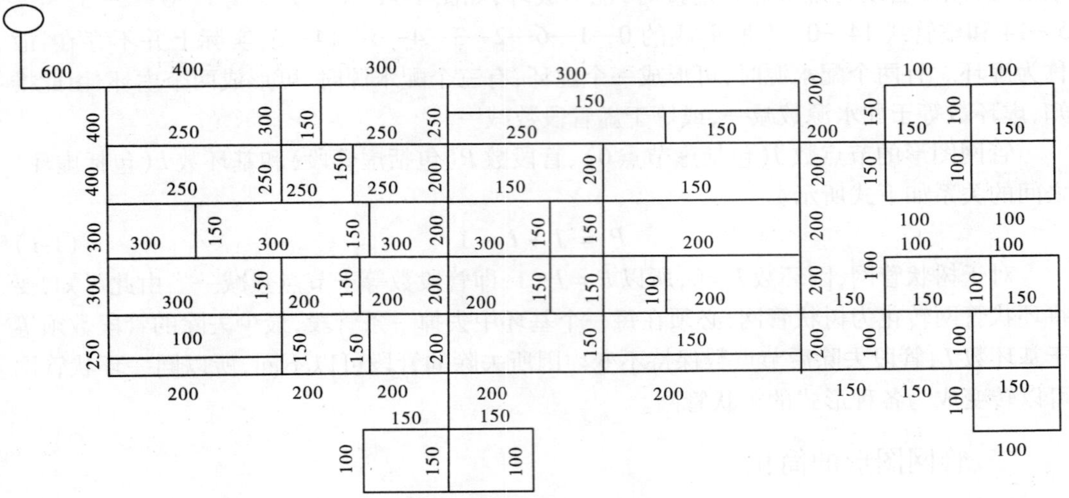

(a)管网布置

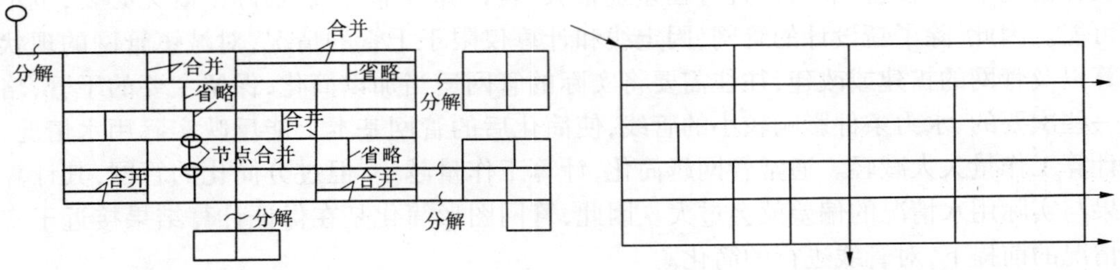

(b)管网的分解、合并、省略方案　　(c)简化后的管网计算

图 1-12　给水管网图形的简化

思考题

1. 试说明给水管网系统的类型及其特点有哪些？
2. 给水管网的规划布置应符合哪些基本原则？
3. 给水管网布置的两种基本形式是什么？试比较它们的优缺点。
4. 简要叙述给水管网定线时保证经济性和安全性的方法。

单元二　城镇给水管网设计计算

【知识目标】

1. 掌握设计用水量、管道流量的计算；

2. 掌握管道水力计算，树状管网计算和环状管网平差，确定各管道参数（Q、D、i、v、h 等）；

3. 熟悉供水设备的选用。

【能力目标】

1. 学生独立操作给水系统流量关系确定管网设计流量的计算，计算清水池、水塔容积；

2. 学生能够独立完成计算比流量、节点流量、管段的设计流量或初分流量（环状管网）；

3. 对于树状管网，能够独立完成选择控制点和干线各参数计算以及进行支线的计算；

4. 对于环状管网，能够学会根据设计工况及校核工况进行管网平差计算，综合设计工况及校核工况平差计算结果选择供水设备（水塔、水泵）。

【素质目标】

1. 培养学生团结协作的能力；

2. 培养学生吃苦耐劳的工作精神。

学习情境一　设计用水量的计算

给水系统用水量是给水系统中各单元设计流量确定的依据，首先要计算整个给水系统的用水量。

一、设计用水量的组成及表示

（一）设计用水量的组成

根据《室外给水设计规范》（GB 50013—2006），设计用水量由下列各项组成：

（1）综合生活用水（包括居民生活用水和公共建筑用水）；

（2）工业企业用水；

（3）浇洒道路和绿地用水；

（4）管网漏损水；

（5）未预见用水；

（6）消防用水。

水厂设计规模，按上述（1）～（5）项的最高日水量之和确定，系统中各构筑物设计流量根据设计用水量和流量关系确定。

(二)设计用水量的表示和作用

1. 平均日用水量

平均日用水量($\overline{Q}_d$)指规划年限内,用水量最多的一年的日平均用水量。该值一般作为水资源规划和确定城市污水量的依据。

2. 最高日用水量(Q_d)

最高日用水量(Q_d)指用水量最多的一年内用水量最多一日的总用水量。该值一般作为给水取水与给水处理工程规划和设计的依据。

3. 最高日平均时用水量

最高日平均时用水量($\overline{Q}_h$)指最高日用水的每小时平均用水量。

4. 最高日最高时用水量(Q_h)

最高日最高时用水量(Q_h)指用水量最多的一年内用水量最高日中用水量最大的一个小时的总用水量。该值一般作为给水管网规划与设计的依据。

二、设计用水量计算方法

设计用水量常用的方法有以下几种。

(一)分类估算法(定额法)

先按照用水的性质对用水进行分类,然后分析各类用水的特点,确定它们的用水标准,并按用水标准计算各类用水量,最后累计出总用水量。

原理:用水量 = 用水定额 × 用水规模。

1. 综合生活用水(Q_1)

综合生活用水包括居民生活用水和公共建筑用水。

$$Q_1 = q_1 N_1 / 1\,000 \quad (\mathrm{m^3/d}) \tag{2-1}$$

式中　N_1——规划人口数量,人。

q_1——综合生活用水标准,L/(人·d);

2. 工业企业用水

工业企业用水包括企业职工生活用水(Q_2)、淋浴用水(Q_3)和生产用水(Q_4)三部分。

1)企业职工生活用水(Q_2)

$$Q_2 = \frac{1}{1\,000}\sum_{i=1}^{n} M(N'_{2i}q'_{2i} + N''_{2i}q''_{2i}) \quad (\mathrm{m^3/d}) \tag{2-2}$$

式中　M——某工厂或车间工作班数;

N'_{2i}、N''_{2i}——高温和一般车间每一班工作人数,人;

q'_{2i}、q''_{2i}——高温和一般车间生活用水定额,L/(人·班);

其余符号意义同前。

2)企业职工淋浴用水(Q_3)

$$Q_3 = \frac{1}{1\,000}\sum_{i=1}^{n} M(N'_{3i}q'_{3i} + N''_{3i}q''_{3i}) \quad (\mathrm{m^3/d}) \tag{2-3}$$

式中 N'_{3i}、N''_{3i}——高温和一般车间每一班职工淋浴人数，人；

q'_{3i}、q''_{3i}——高温和一般车间职工淋浴用水定额，L/(人·班)；

其余符号意义同前。

3）生产用水(Q_4)

$$Q_4 = \sum_{i=1}^{n} Q_{4i} = \sum_{i=1}^{n} q_{4i}N_{4i}(1 - \phi_i) \quad (\mathrm{m^3/d}) \tag{2-4}$$

式中 Q_{4i}——某工业企业生产用水量，m^3/d；

q_{4i}——某工业企业生产用水标准，m^3/万元或 m^3/单位产品；

N_{4i}——相应工业企业每日总产值或总产量；

ϕ_i——相应工业企业用水重复利用率(%)。

3. 浇洒道路和绿地用水(Q_5)

$$Q_5 = \frac{1}{1\,000}(q_5A_5 + q'_5A'_5) \tag{2-5}$$

式中 q_5、q'_5——每天浇洒单位道路、绿地面积用水量，L/(m^2·d)；

A_5、A'_5——规划的道路、绿地面积，m^2。

4. 管网漏损水(Q_6)

管网漏损水(Q_6)为前 5 项的 10% ~12%，当单位管长供水量小或供水压力高时，可适当增加

$$Q_6 = (10\% \sim 12\%)(Q_1 + Q_2 + Q_3 + Q_4 + Q_5) \tag{2-6}$$

5. 未预见用水(Q_7)

未预见用水(Q_7)为前 6 项的 8% ~12%，即

$$Q_7 = (8\% \sim 12\%)(Q_1 + Q_2 + Q_3 + Q_4 + Q_5 + Q_6) \tag{2-7}$$

6. 消防用水 Q_x

$$Q_x = N_xq_x \tag{2-8}$$

式中 q_x——消防用水定额，L/s；

N_x——同时发生火灾次数。

7. 最高日设计用水量(Q_d)

最高日设计用水量为前 7 项之和

$$Q_d = Q_1 + Q_2 + Q_3 + Q_4 + Q_5 + Q_6 + Q_7 \tag{2-9}$$

（二）年递增率法

对于已经进入稳定发展的城市，年用水量有规律性地递增，有可能逐年递增率 P (%)基本上是平稳的，则可用下列公式计算：

$$Q_t = Q_0\left(1 + \frac{P}{100}\right)^t \tag{2-10}$$

式中 Q_t——第 t 年预估用水量，m^3/d；

Q_0——基准年的用水量，m^3/d；

P——用水量逐年递增率(%)；

t——第 t 年。

(三)线性回归法(一元线性回归模型)

城市日平均用水量亦可用一元线性回归模型进行预测计算,公式可写为:

$$Q_t = Q_0 + \Delta Q \cdot t \tag{2-11}$$

式中 Q_t——第 t 年预估用水量,m^3/d;

Q_0——基准年的用水量,m^3/d;

ΔQ——日平均用水量的年平均增量,根据历史数据回归计算求得,m^3/d;

t——第 t 年。

(四)一元二次曲线回归预测法

城市日平均用水量亦可用一元二次曲线回归模型进行预测计算,公式可写为:

$$Q_t = Q_0 + at + bt^2 \tag{2-12}$$

式中 Q_t——第 t 年预估用水量,m^3/d;

Q_0——基准年的用水量,m^3/d;

a、b——待定参数,根据用水量数据用最小二乘法确定;

t——第 t 年。

(五)非线性回归的增长曲线预测法

城市发展规律可能呈现在初始阶段发展很快,总用水量呈快速递增趋势,而后城市发展趋势,缓慢增长到稳定甚至适度减少的趋势,生长曲线可用下式表达:

$$Q_t = \frac{L}{1 + ae^{-bt}} \tag{2-13}$$

式中 Q_t——第 t 年预估用水量,m^3/d;

a、b——待定参数;

L——预测用水量的上限值,m^3/d;

t——第 t 年。

三、设计用水量计算有关参数确定

(一)用水量标准

用水量标准是指设计年限内达到的用水水平,它是给水管网设计的主要依据,具体分为居民生活用水量标准、生产用水量标准、消防用水量标准和其他用水量标准。

1. 居民生活用水定额和综合生活用水定额

居民生活用水定额和综合生活用水定额(包括公共设施生活用水量)应根据当地国民经济和社会发展、水资源充沛程度、用水习惯等,在现有用水定额的基础上,结合城市总体规划和给水专业规划,本着节约用水的原则,综合分析确定。在缺乏实际用水资料的情况下,可按表 2-1 和表 2-2 选用。

表 2-1　居民生活用水定额　[单位:L/(人·d)]

城市规模	特大城市用水情况		大城市用水情况		中小城市用水情况	
分区	最高日	平均日	最高日	平均日	最高日	平均日
一	180～270	140～210	160～250	120～190	140～230	100～170
二	140～200	110～160	120～180	90～140	100～160	70～120
三	140～180	110～150	120～160	90～130	100～140	70～110

表 2-2　综合生活用水定额　[单位:L/(人·d)]

城市规模	特大城市用水情况		大城市用水情况		中小城市用水情况	
分区	最高日	平均日	最高日	平均日	最高日	平均日
一	260～410	210～340	240～390	190～310	220～370	170～280
二	190～280	150～240	170～260	130～210	150～240	110～180
三	170～270	140～230	150～250	120～200	130～230	100～170

注:(1)特大城市指:市区和近郊区非农业人口≥100 万的城市;

大城市指:市区和近郊区非农业人口 50 万及以上,不满 100 万的城市;

中小城市指:市区和近郊区非农业人口不满 50 万的城市。

(2)一区包括:湖北、湖南、江西、浙江、福建、广东、广西、海南、上海、江苏、安徽、重庆;

二区包括:四川、贵州、云南、黑龙江、吉林、辽宁、北京、天津、河北、山西、河南、山东、宁夏、陕西、内蒙古河套以东和甘肃黄河以东的地区;

三区包括:新疆、青海、西藏、内蒙古河套以西和甘肃黄河以西的地区。

(3)经济开发区和特区城市,根据用水实际情况,用水定额可酌情增加。

(4)当采用海水或污水再生水等作为冲厕用水时,用水定额相应减少。

2. 公共建筑生活用水量

按相应的室内给水排水和热水供应设计规范确定。

3. 工业企业用水量标准

1)生产用水定额

工业企业用水量应根据生产工艺要求确定。大工业用水户或经济开发区宜单独进行用水量计算;一般工业企业的用水量可根据国民经济发展规划,结合现有工业企业用水资料分析确定。

生产用水定额一般有单位产值耗水量(m^3/万元)、单位产品用水量(m^3/单位产品)和单台设备每日用水量(m^3/台)。

2)工业企业职工生活用水定额

工业企业职工生活用水定额指每一职工每班的生活用水量,根据车间性质决定定额,一般车间采用 25 L/(人·班),高温车间采用 35 L/(人·班)。

3)工业企业职工淋浴用水定额

工业企业职工淋浴用水定额指每一职工每班的淋浴用水量,根据车间性质决定定额,一般车间采用40 L/(人·班),特殊车间,如有毒、严重粉尘、高温、处理传染性材料、动物原料等车间采用60 L/(人·班),淋浴延续时间为下班后1 h。

4. 消防用水量

城市消防用水量通常储存在水厂清水池,灭火时由二级泵站向城市管网供给足够水量。

城市消防给水设计流量,应按同一时间内的火灾起数和一起火灾灭火设计流量经计算确定。城镇、居民区室外同一时间内的火灾起数和一起火灾灭火设计流量不应小于表2-3的规定。

表2-3 城镇、居民区室外消防用水量

人数(万人)	同一时间内的火灾起数(起)	一起火灾灭火设计流量(L/s)
≤1.0	1	15
≤2.5	1	20
≤5.0	2	30
≤10.0	2	35
≤20.0	2	45
≤30.0	2	60
≤40.0	2	75
≤50.0	3	75
≤60.0	3	90
≤70.0	3	90
>70.0	3	100

注:城镇的室外消防用水量应包括居住区、工厂、仓库(含堆场、储罐)和民用建筑的室外消火栓用水量。当工厂、仓库和民用建筑的室外消火栓用水量按表2-4、表2-5计算,其值与按本表计算不一致时,应取其较大值。

工厂、仓库和民用建筑同一时间内的火灾次数如表2-4所示。

表2-4 工厂、仓库和民用建筑同一时间内的火灾次数

名称	基地面积(hm^2)	附近居住区人数(万人)	同一时间内的火灾次数	备注
工厂	≤100	≤1.5	1	按需水量大的一座建筑物(或堆场、储罐)计算
		>1.5	2	工厂、居住区各一次
	>100	不限	2	按需水量大的两座建筑物(或堆场、储罐)计算
仓库、民用建筑	不限	不限	1	按需水量大的一座建筑物(或堆场、储罐)计算

注:采矿、选矿等工业企业,如各分散基地有单独的消防给水系统,可分别计算。

5. 浇洒道路和绿地用水量

浇洒道路和绿地用水量应根据路面、绿化、气候和土壤等条件确定。

浇洒道路用水量可按浇洒面积以 2.0 ~ 3.0 L/(m^2 · d)计算；浇洒绿地用水量可按浇洒面积以 1.0 ~ 3.0 L/(m^2 · d)计算。

表 2-5　建筑物室外消火栓设计流量　（单位:L/s）

耐火等级	建筑物名称及类别			建筑体积(m^3)					
				$V\leq$ 1 500	1 500 < V ≤3 000	3 000 < V ≤5 000	5 000 < V ≤20 000	20 000 < V ≤50 000	V > 50 000
一、二级	工业建筑	厂房	甲、乙	15		20	25	30	35
			丙	15		20	25	30	40
			丁、戊	15					20
		仓库	甲、乙	15			25	—	
			丙	15			25	35	45
			丁、戊	15					20
	民用建筑	住宅		15					
		公共建筑	单层及多层	15			25	30	40
			高层	—			25	30	40
	地下建筑(包括地铁)、平战结合的人防工程			15			20	25	30
三级	工业建筑	乙、丙		15	20	30	40	45	—
		丁、戊		15			20	25	30
	单层及多层民用建筑			15	20		25	30	—
四级	丁、戊类工业建筑			15	20		25	—	
	单层及多层民用建筑			15	20		25	—	

注:(1)成组布置的建筑物应按消火栓设计流量较大的相邻两座建筑物的体积之和确定。

(2)火车站、码头和机场的中转库房，其室外消火栓设计流量应按相应耐火等级的丙类物品库房确定。

(3)国家级文物保护单位的重点砖木、木结构的建筑物室外消火栓设计流量，按三级耐火等级民用建筑物消火栓设计流量确定。

(4)当单座建筑的总建筑面积大于 500 000 m^2 时，建筑物室外消火栓设计流量应按本表规定的最大值增加 1 倍。

(5)宿舍、公寓等非住宅类居住建筑的室外消火栓设计流量，应按本表中的公共建筑确定。工业园区、商务区、居住区等市政消防给水设计流量，宜根据其规划区域的规模和同一时间的火灾起数，以及规划中的各类建筑室内外同时作用的水灭火系统设计流量之和经计算分析确定。

（二）用水量变化

城市用水量逐日逐时都在变化，这种变化受诸多因素的影响。如生活用水量随着生活习惯、季节等变化；生产用水量则受生产工艺、生产计划等影响而变化。为了反映用水量变化情况，引入用水量变化系数和用水量变化曲线。

1. 用水量变化系数

1) 日变化系数 K_d

最高日用水量 Q_d 与平均日用水量 $\overline{Q}_d$ 的比值称为日变化系数 K_d。

$$K_d = \frac{Q_d}{\overline{Q}_d} \tag{2-14}$$

2) 时变化系数 K_h

最高日最高时用水量 Q_h 与该日平均时用水量 $\overline{Q}_h$ 的比值称为时变化系数 K_h。

$$K_h = \frac{Q_h}{\overline{Q}_h} \tag{2-15}$$

3) 用水量变化系数的确定

(1) 根据城市最高日用水量变化曲线确定。

根据城市最高日用水量变化曲线查出最高日最高时用水百分数，再除以平均时用水百分数即为时变化系数。

(2) 经验参数。

最高日城市综合用水的时变化系数 K_h 宜采用 1.2～1.6，日变化系数 K_d 宜采用 1.1～1.5；工业企业职工生活用水的时变化系数 K_h 宜采用 2.5～3.0；工业生产用水可均匀分配。

2. 用水量变化曲线

当设计给水系统时，为了合理确定调节构筑物（二级泵站），确定清水池的容量，需了解最高日 24 h 的用水量逐时变化情况，将最高日内各小时用水量按时间顺序，并用比例线段绘制的曲线，称为用水量变化曲线，某城市用水量变化曲线如图 2-1 所示。

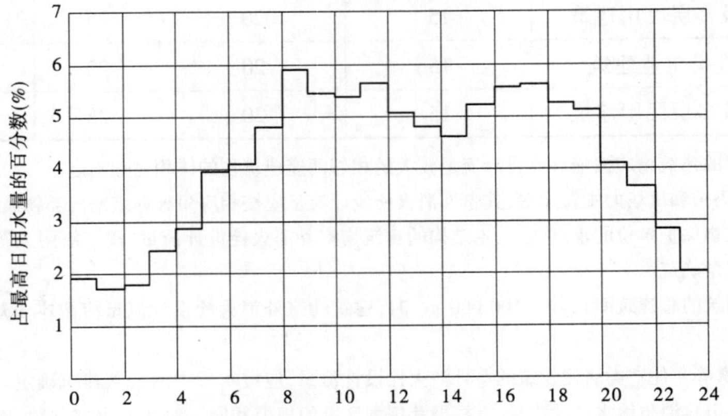

图 2-1　某城市用水量变化曲线

某工业企业职工生活用水量时变化曲线如图 2-2 所示。

用水量变化曲线是多年统计资料整理的结果，资料统计时间越长，数据越完整，用水

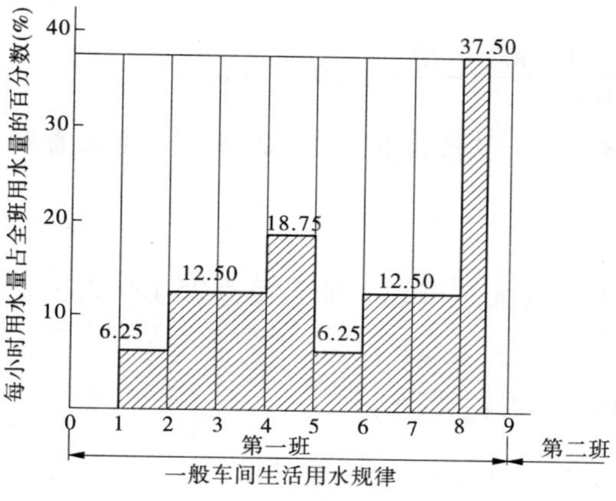

图 2-2　某工业企业职工生活用水量时变化曲线

量变化曲线与实际用水情况就越接近。对于新设计的给水系统,用水量变化规律只能按工程所在地区的气候、居住条件、工业生产工艺、设备生产能力、产值情况,参考附近城市的实际用水资料确定。对于扩建改建工程,应进行实地调查,获得用水量及其变化规律的资料。

四、设计用水量计算实例

我国华北某地一工业区,规划居住人口 10 万人,用水普及率预计为 100%,其中老市区人口 8.2 万人,新市区人口 1.8 万人;老市区房屋卫生设备较差,最高日综合生活用水量定额采用 190 L/(人·d),新市区房屋卫生设备比较先进和齐全,最高日综合生活用水量定额采用 205 L/(人·d)。该工业区内设有职工医院、饭店、招待所、学校、娱乐商业等公共建筑。居住区(包括公共建筑)生活用水量变化规律见表 2-6 第(2)项所列。工业区在两个企业:甲企业有职工 9 000 人,分三班工作(0 时、8 时和 16 时),每班 3 000 人,无一般车间,每班下班后需沐浴;乙企业有 7 000 人,分两班制(8 时和 16 时),每班 3 500 人,无高温车间,每班有 2 400 人沐浴,车间生产轻度污染身体。甲、乙企业的职工生活用水量时变化曲线如图 2-2 所示。生产用水量:甲企业每日 24 000 m^3,均匀合用;乙企业每日 6 000 m^3,集中在上班后前 4 小时内均匀使用。城市浇洒道路面积为 4.5 hm^2,用水量定额采用 1.5 L/(m^2·d),浇洒道路时间为 6~7 时,绿化面积为 6.0 hm^2,用水量定额采用 2.0 L/(m^2·d),浇洒绿地时间为 8~9 时。管网漏损水量按水量的 10% 取值,未预见水量按水量的 9.09% 取值。试计算该工业区以下各项用水量:

(1)最高日设计用水量及逐时用水量;

(2)最高日平均时和最高时设计用水量;

(3)消防时所需总用水量。

【解】

(1)工业区最高日设计用水量及逐时用水量计算。

①生活用水量计算。

a. 居住区综合生活用水量

$$Q_1 = \sum_{i=1}^{2} \frac{N_i q_i}{1\ 000} = \frac{82\ 000 \times 190 + 18\ 000 \times 205}{1\ 000} = 19\ 270(\mathrm{m^3/d})$$

根据表2-6第(2)项逐时变化系数计算居住区(包括公共建筑)的各小时用水量列于表2-6第(3)项内。

b. 工业企业职工生活用水量

职工生活用水量标准采用:高温车间为35 L/(人·班);一般车间为25 L/(人·班),则甲、乙企业职工生活用水量:

$$Q_2 = \frac{1}{1\ 000}\sum_{i=1}^{n} M(N'_{2i}q'_{2i} + N''_{2i}q''_{2i})$$
$$= \frac{3 \times 3\ 000 \times 35 + 2 \times 3\ 500 \times 25}{1\ 000}$$
$$= 315 + 175 = 490(\mathrm{m^3/d})$$

将图2-2中的变化系数,按班制分配于表2-6中的(4)、(8)项,甲企业高温车间生活用水量按(4)项变化系数计算,各小时用水量列于表2-6第(5)项;乙企业一般车间生活用水量按第(8)项变化系数计算,各小时用水量列于表2-6第(9)项。

c. 工业企业职工沐浴用水量

职工沐浴用水量标准:高温污染车间为60 L/(人·班),一般车间为40 L/(人·班),则甲、乙企业职工沐浴用水量:

$$Q_3 = \frac{1}{1\ 000}\sum_{i=1}^{n} M(N'_{3i}q'_{3i} + N''_{3i}q''_{3i})$$
$$= \frac{3 \times 3\ 000 \times 60 + 2 \times 2\ 400 \times 40}{1\ 000}$$
$$= 540 + 192 = 732(\mathrm{m^3/d})$$

沐浴时间在下班后1 h内使用,甲、乙企业列于表2-6中第(6)、(10)项。

②工业企业生产用水量计算。

工业企业生产用水量:

$$Q_4 = \sum_{i=1}^{n} Q_{4i} = 24\ 000 + 6\ 000 = 30\ 000(\mathrm{m^3/d})$$

甲企业24 h均匀使用,则平均每小时用水量为1 000 m^3;乙企业在上班后4 h内使用,按两班制计算,平均每小时用水量为750 m^3,分别列于表2-6中的第(7)、(11)项。

③市政用水量计算。

$$Q_5 = \frac{1}{1\ 000}(q_5A_5 + q'_5A'_5)$$
$$= \frac{1.5 \times 45\ 000 + 2.0 \times 60\ 000}{1\ 000}$$
$$= 67.5 + 120 = 187.5(\mathrm{m^3/d})$$

考虑供水的安全可靠性,在设计时市政用水量一般放在用水高峰时段,市政用水量列于表2-6中第(12)项。

④管网漏损水量及未预见用水计算(Q_6+Q_7)。

a. 管网漏损水量(Q_6)

管网漏损水量(Q_6)按前5项的10%计，即

$$\begin{aligned}Q_6 &= 10\% \cdot (Q_1 + Q_2 + Q_3 + Q_4 + Q_5)\\ &= 0.1 \times (19\ 270 + 490 + 732 + 30\ 000 + 187.5)\\ &= 5\ 067.95(\mathrm{m^3/d})\end{aligned}$$

取 $Q_6 = 5\ 068\ \mathrm{m^3/d}$。

b. 未预见用水(Q_7)

未预见用水(Q_7)按前6项的9.09%计，即

$$\begin{aligned}Q_7 &= 9.09\% \cdot (Q_1 + Q_2 + Q_3 + Q_4 + Q_5 + Q_6)\\ &= 9.09\% \times (19\ 270 + 490 + 732 + 30\ 000 + 187.5 + 5\ 068)\\ &= 5\ 067.45(\mathrm{m^3/d})\end{aligned}$$

取 $Q_7 = 5\ 068\ \mathrm{m^3/d}$。

则管网漏损水量及未预见用水为10 136 $\mathrm{m^3/d}$。

当工程规模、施工质量和维护管理水平一定时，系统每小时漏损水量与管网压力 H 的1/2次方成正比；发生在每小时的未预见用水基本上随用水量的增加而增加。权衡考虑诸因素，未预见用水及管网漏损水量24 h均匀分配，较为经济合理，见表2-6第(13)项。

因此，该工业区最高日设计用水量为：

$$\begin{aligned}Q_d &= Q_1 + Q_2 + Q_3 + Q_4 + Q_5 + Q_6 + Q_7\\ &= 19\ 270 + 490 + 732 + 30\ 000 + 187.5 + 5\ 068 + 5\ 068\\ &= 60\ 815.5(\mathrm{m^3/d})\end{aligned}$$

取 $Q_d = 60\ 816\ \mathrm{m^3/d}$

该工业区的用水量变化如表2-6第(14)、(15)项所列。

(2)最高日平均时和最高时设计用水量计算。

a. 最高日平均时设计用水量

按下式计算：

$$\overline{Q}_h = \frac{Q_d}{T} = \frac{60\ 816}{24} = 2\ 534(\mathrm{m^3/d})$$

b. 最高日最高时设计用水量

由表2-6第(14)项查出：最高用水时发生在8～9时，$Q_h = 3\ 845.4\ \mathrm{m^3/h}$ 占最高日设计用水量的百分数为6.32%，则：

$$K_h = \frac{Q_h}{\overline{Q}_h} = \frac{3\ 845.4}{2\ 534} = 1.52$$

或

$$K_h = \frac{6.32\%}{\frac{100\%}{24}} = 1.52$$

(3)工业区所需消防用水量。

该工业区在规划年限内的人口为 10 万人，参照《建筑设计防火规范》(2018 版)(GB 50016—2014)，确定消防用水量为 35 L/s，同时发生火灾次数为 2 次，则该工业区所需消防总流量，按下式计算：

$$Q_x = N_x q_x = 35 \times 2 = 70(\text{L/s})$$

设计该工业区给水系统时，作为消防校核计算的依据。

表 2-6　用水量计算表

时间	居住区(包括公共建筑)用水量		甲企业				乙企业				市政用水量(m³)	未预见用水及管网漏损水量(m³)	每小时用水量	
	占一天用水量的百分数(%)	用水量(m³)	高温车间生活用水量 变化系数	高温车间生活用水量 用水量(m³)	沐浴用水量(m³)	生产用水量(m³)	一般车间生活用水量 变化系数	一般车间生活用水量 用水量(m³)	沐浴用水量(m³)	生产用水量(m³)			用水量(m³)	占最高日用水量的百分数(%)
(1)	(2)	(3)	(4)	(5)	(6)	(7)	(8)	(9)	(10)	(11)	(12)	(13)	(14)	(15)
0~1	1.1	212	31.30	16.4	180	1 000	37.50	16.41	96			422.33	1 943.1	3.20
1~2	0.7	135	12.05	12.7		1 000						422.33	1 569.9	2.58
2~3	0.9	173	12.05	12.7		1 000						422.33	1 608.4	2.64
3~4	1.1	212	12.05	12.7		1 000						422.33	1 647.0	2.71
4~5	1.3	251	12.05	12.7		1 000						422.33	1 685.5	2.77
5~6	3.91	753	12.05	12.7		1 000						422.33	2188.4	3.60
6~7	6.61	1 274	12.05	12.7		1 000					67.5	422.33	2 776.2	4.57
7~8	5.84	1 125	12.05	12.7		1 000						422.33	2 560.4	4.21
8~9	7.04	1 357	31.30	16.4	180	1 000				750	120	422.33	3 845.4	6.32
9~10	6.69	1 289	12.05	12.7		1 000	6.25	5.47		750		422.33	3 479.6	5.72
10~11	7.17	1 382	12.05	12.7		1 000	12.50	10.94		750		422.33	3 577.6	5.88
11~12	7.31	1 409	12.05	12.7		1 000	12.50	10.94		750		422.33	3 604.6	5.93
12~13	6.62	1 276	12.05	12.7		1 000	18.75	16.41				422.33	2 727.1	4.48
13~14	5.23	1 008	12.05	12.7		1 000	6.25	5.47				422.33	2 448.3	4.03
14~15	3.59	692	12.05	12.7		1 000	12.50	10.94				422.33	2 137.7	3.52
15~16	4.76	917	12.05	12.7		1 000	12.50	10.94				422.33	2 363.2	3.89
16~17	4.24	817	31.30	16.4	180	1 000	37.50	16.41	96	750		422.33	3 298.2	5.42
17~18	5.99	1 154	12.05	12.7		1 000	6.25	5.47		750		422.33	3 344.7	5.50
18~19	6.97	1 343	12.05	12.7		1 000	12.50	10.94		750		422.33	3 539.0	5.82
19~20	5.66	1 091	12.05	12.7		1 000	12.50	10.94		750		422.33	3 286.6	5.40
20~21	3.05	588	12.05	12.7		1 000	18.75	16.41				422.33	2 039.1	3.35
21~22	2.01	387	12.05	12.7		1 000	6.25	5.47				422.33	1 827.8	3.01
22~23	1.42	274	12.05	12.7		1 000	12.50	10.94				422.33	1 719.6	2.83
23~24	0.79	152	12.05	12.7		1 000	12.50	10.94				422.33	1 598.2	2.63
累计	100	19 270		315	540	24 000		175	192	6 000	187.5	10 136	60 816	100

思考题

1. 设计城市给水系统时应考虑哪些用水量?

2. 什么是用水定额?设计时,用水定额选定的高低对给水工程有何影响?

3. 影响生活用水量的主要因素有哪些?

4. 说明日变化系数和时变化系数的意义,并解释各符号的意义。

习　题

调查你家乡城市用水量计算方法及相关计算参数的取值情况。

能力提升

根据如下基础资料,进行用水量计算。

1. 规划布局

(1)人口规划。

近期总人口 7 743 人;远期总人口 11 000 人。

(2)道路布局。

规划道路分三级,一级道路(过境主干道路)24 m,二级道路(环形道路、远景规划的过境公路)14 m,三级道路(组团内支路)6 m。规划道路、广场用地 14.8 hm^2。

(3)公共设施。

镇政府驻地主要考虑给水、供电、邮政、公厕、垃圾站、污水处理站、汽车加油站、维修站等用地。

(4)用地。

规划公共建筑用地 15.29 hm^2;居住建筑用地 21 hm^2;同时规划一些绿化用地和景观用地。

2. 用水量标准

(1)综合生活用水量(包括居民生活用水和公共建筑用水)。

根据《室外给水设计规范》(GB 50013—2006),按乡镇供水建议的生活用水指标综合考虑,取近期人均综合生活用水量指标为 180 L/(人·d),远期人均综合生活用水量指标为200 L/(人·d)。

(2)乡镇企业用水量。

乡镇企业用水量指标取 2.0 万 $m^3/(km^2 \cdot d)$,规划规模近期:2.16 hm^2;规划规模远期:3.23 hm^2。

(3)浇洒道路、场地和绿地用水量。

浇洒道路和场地用水量取 0.2 万 $m^3/(km^2 \cdot d)$,规模近期:5.87 hm^2;规模远期:4.8 hm^2;绿化用水量取 0.15 万 $m^3/(km^2 \cdot d)$,规模近期:6.29 hm^2;规模远期:11.79 hm^2。

每日考虑道路广场与绿化地的40%的面积浇洒。

(4)未预见用水量。

一般这部分用水量取上述用水量的10%。

(5)消防用水量。

按乡镇内同一时间的火灾次数为2次,一次灭火用水量为25 L/s,灭火时间以2 h计。消防用水量为乡镇内常备水量,仅在水厂清水池考虑这部分水量,不计入乡镇内日产水量。

提示:按分类估算法(定额法)计算。

学习情境二　给水系统的工作工况

一、给水系统各单元设计流量的确定——流量关系

为了保证供水的可靠性,给水系统中所有构筑物都应以最高日设计用水量Q_d为基础进行设计计算。但是,给水系统中各组成部分的工作特点不同,其设计流量也不一样。下面通过给水系统流量关系分析来确定给水系统各工程设施的设计流量。

(一)取水构筑物、一级泵站及水处理构筑物

取水构筑物、一级泵站及水处理构筑物的设计流量主要取决于一级泵站和水厂的工作情况,通常一级泵站及水处理构筑物是连续均匀工作的,因此取水构筑物、一级泵站及水处理构筑物的设计流量均按最高日平均时设计用水量加上水厂自用水量计算。

$$Q_1 = \frac{\alpha Q_d}{T} \tag{2-16}$$

式中 α——水厂自用水系数,一般$\alpha = 1.05 \sim 1.1$,对于地下水水源,仅设置网前消毒给水系统,取$\alpha = 1.0$;

T——每天工作小时数,h;

Q_d——最高日设计用水量,m^3。

(二)二级泵站、输水管、配水管网及调节构筑物

二级泵站、输水管、配水管网的设计流量及水塔、清水池的调节容积,按照用户用水情况和一、二级泵站的工作情况确定。

1.二级泵站工作情况

二级泵站的工作情况与管网中是否设置流量调节构筑物(水塔或高位水池等)有关。当管网中无流量调节构筑物时,为安全、经济地满足用户对给水的要求,二级泵站必须按照用户用水量变化曲线工作,即每时每刻供水量应等于用水量。这种情况下,二级泵站最大供水流量应等于最高日最高时设计用水量Q_h;为使二级泵站在任何时候既能保证安全供水,又能在高效率下经济运转,设计二级泵站时,应根据用水量变化曲线选用多台大小搭配的水泵(或采用改变水泵转速的方式)来适应用水量变化。在实际运行时,由管网的压力进行控制。例如,当管网压力上升时,表明用水量减少,应适当减少水泵或将大泵换成小泵(或降低水泵转速);反之,应增加水泵或将小泵换成大泵(或提高水泵转速)。水

泵切换(或转速改变)均可自动控制。这种供水方式,完全通过二级泵站的工况调节来适应用水量的变化,使二级泵站供水曲线符合用户用水曲线。目前,大中城市一般不设水塔,均采用此种供水方式。

对于用水量变化较大的小城镇、农村或自备给水系统的小区域供水,除采用上述供水方式外,可修建水塔或高位水池等流量调节构筑物来调节供水与用水之间的流量不平衡,以改善水泵的运行条件。

2. 二级泵站设计流量

给水管网最高时供水来自给水处理系统,水厂将处理好的清水先存放在清水池中,由供水泵站加压后送入管网。若单水源给水系统或用水量变化较大,可能需要在管网中设置水塔或高位水池,水塔或高位水池在供水低峰时将水量储存起来,而在供水高峰时与供水泵站一起向管网供水,这样可以减小供水泵站设计规模。

1)供水设计的原则

(1)设计供水总流量必须等于设计用水量。

(2)对于多水源给水系统,由于有多个泵站,水泵工作组合方案多,供水调节能力比较强,一般不需要在管网中设置水塔或高位水池进行用水量调节,设计时直接使各水源供水泵站的设计流量之和等于最高时用水量,但各水源供水量的比例应通过水源能力、制水成本、输水费用、水质情况等技术经济比较确定。

(3)对于单水源给水系统,可以考虑管网中不设水塔(或高位水池)或者设置水塔(或高位水池)两种方案。

当给水管网中不设水塔(或高位水池)时,供水泵站设计供水流量为最高时用水流量;当给水管网中设置水塔(或高位水池)时,应先设计泵站供水曲线,具体要求是:

供水一般分两级,如高峰供水时段分一级,低峰供水时段分一级,最多可以分三级,即在高峰和低峰供水量之间加一级,分级太多不便于水泵机组的运转管理。

泵站各级供水线尽量接近用水线,以减小水塔(或高位水池)的调节容积,一般各级供水量可以取相应时段用水量平均值。

分级供水时,应注意每级能否选到合适的水泵,以及水泵机组的合理搭配,并尽可能满足目前和今后一段时间内用水量增长的需要。

必须使泵站 24 h 供水量之和与最高日用水量相等,如果在用水量变化曲线上绘制泵站供水量曲线,各小时供水量用其占最高日总用水量(也就是总供水量)的百分数表示,24 h 供水量百分数之和应为 100%。

如图 2-3 所示,4.17% 处的虚线代表日平均供水量,相当于给水处理系统的供水量;图中点划线即泵站供水曲线,分为两级,第一级从 22 时到次日 5 时,供水量为 2.22%,第二级从 5 点到 22 点,供水量为 4.97%,最高日泵站总供水量为 $2.22\% \times 7 + 4.97\% \times 17 = 100\%$。

从图 2-3 所示的用水量变化曲线可以看出水塔(或高位水池)的流量调节作用。当供水量高于用水量时,多余的水进入水塔或高位水池内储存;相反,当供水量低于用水量时,水则从水塔或高位水池流出,以补充泵站供水量的不足。由此可见,供水线和用水线越接近,则水塔调节流量就越小。为了适应流量的变化,泵站工作的分级数或水泵机组数可能增加。尽管各城市的具体条件有差别，水塔或高位水池在管网内的位置可能不同（可放在管网的起端、中间或末端），但水塔或高位水池的调节流量作用并不因此而有变化。

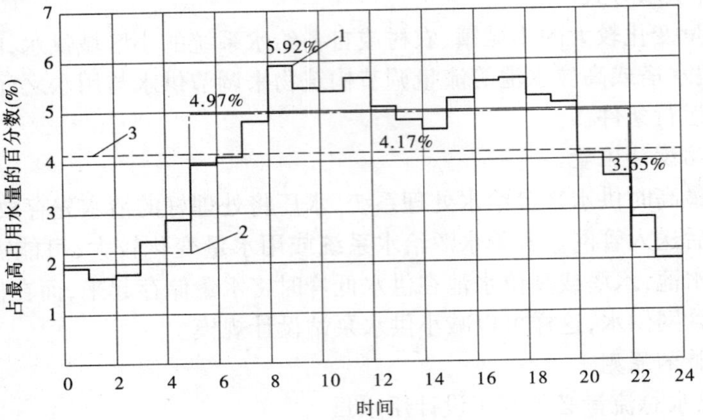

1—用水曲线；2—二级泵站供水曲线；3— 一级泵站供水曲线

图 2-3　用水量变化曲线

2）管网中无流量调节设施时泵站流量

在这种情况下，任何时刻的供水量都等于用水量，为使水泵高效工作，应使用大小搭配的多台水泵来适应用水量的变化。

3）管网中有流量调节设施时泵站流量

特点：每小时供水量可以不等于用水量，但 24 h 总供水量等于总用水量；二级泵站的工作是按照设计供水曲线进行的，设计供水曲线是根据用水量变化曲线拟定的。拟定时应注意：供水曲线尽量接近于用水曲线，且分级数不宜超过三级。

例题　某城市最高日用水量为 50 000 m^3/d，最高日内用水量变化曲线如图 2-3 所示。

（1）若管网中不设水塔或高位水池，试求供水泵站设计供水流量是多少？

（2）若管网中设置水塔或高位水池，试求供水泵站设计供水流量是多少？水塔或高位水池的设计供水流量是多少？水塔或高位水池的最大进水流量是多少？

【解】　（1）当管网中不设水塔或高位水池时，供水泵站设计供水流量为：

$$50\,000 \times 5.92\% \times 1\,000 \div 3\,600 = 822\ (\mathrm{L/s})$$

（2）当管网中设置水塔或高位水池时，供水泵站设计供水流量为：

$$50\,000 \times 4.97\% \times 1\,000 \div 3\,600 = 690\ (\mathrm{L/s})$$

水塔或高位水池的设计供水流量为：

$$50\,000 \times (5.92\% - 4.97\%) \times 1\,000 \div 3\,600 = 132\ (\mathrm{L/s})$$

水塔或高位水池的最大进水流量（21 ~22 时，称为最大转输时）为：

$$50\,000 \times (4.97\% - 3.65\%) \times 1\,000 \div 3\,600 = 183\ (\mathrm{L/s})$$

3. 输水管和配水管网的设计流量

输水管和配水管网的计算流量均应按输配水系统在最高日最高时工作情况确定，并与管网中有无水塔（或高位水池）及其在管网中的位置有关。

（1）当管网中无水塔时，泵站到管网的输水管和配水管网都应以最高日最高时设计用水量（Q_h）作为设计流量。

（2）当管网起端设水塔时（网前水塔），泵站到水塔的输水管直径应按泵站分级工作的最大一级供水流量计算，水塔到管网的输水管和管网的设计流量仍按最高时用水量（Q_h）计算。

（3）当管网末端设水塔时（对置水塔或网后水塔），因最高时用水量必须从二级泵站和水塔同时向管网供水，将泵站到管网的输水管以泵站分级工作的最大一级供水流量作为设计流量，水塔到管网的输水管流量按照最大用水时水塔输入管网的流量进行计算。

4. 清水池和水塔

1）清水池和水塔的作用

清水池用来调节一、二级泵站供水量的差额。一级泵站通常均匀供水，而二级泵站一般为分级供水，因此一、二级泵站的每小时供水量并不相等。为了调节两泵站供水量的差额，必须在一、二级泵站之间建造清水池。如图 2-4 所示，线 2 表示二级泵站工作线，线 1 表示一级泵站工作线。一级泵站供水量大于二级泵站供水量这段时间内，图 2-4 中为 22 时到次日 5 时，多余水量在清水池中储存；而在 5 时至 22 时，因一级泵站供水量小于二级泵站，这段时间内需取用清水池中存水，以满足用水量的需要。但在 1 d 内，储存的水量刚好等于取用的水量，即清水池所需调节容积或等于图 2-4 中二级泵站供水量大于一级泵站时累计的 *A* 部分面积，或等于 *B* 部分面积。换言之，等于累计储存的水量或累计取用的水量。

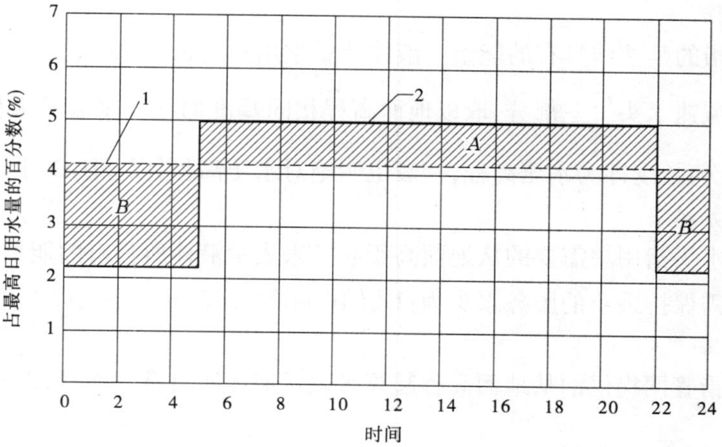

图 2-4　清水池调节容积示意图

水塔用来调节二级泵站供水量与用户用水量的差额。当用户用水量小于二级泵站供水量时，多余的水进入水塔储存；当用户用水量大于二级泵站供水量时，管网中的水由二级泵站和水塔共同提供。

2)清水池和水塔的调节容积计算

清水池和水塔的调节容积计算,通常采用两种方法:一种是根据24 h供水量和用水变化曲线来推算,一种是凭经验估算。

当有城市24 h用水量的详细变化资料时,清水池和水塔的调节容积可按连续相加法进行计算,清水池调节容积按最高日用水量的10%~20%估算。水塔的调节容积按最高日用水量的2.5%~6%估算。清水池中除了储存调节用水,还存放消防用水和水厂生产用水。因此,清水池有效容积W等于:

$$W = W_1 + W_2 + W_3 + W_4 \tag{2-17}$$

式中 W_1——清水池调节容积,m^3;

W_2——消防储水量,m^3,按2 h火灾延续时间计算;

W_3——水厂冲洗滤池和沉淀池排泥等生产用水,等于最高日用水量的5%~10%;

W_4——安全储水量。

水塔除了储存调节用水量,还需储存室内消防用水量。因此,水塔设计有效容积W为:

$$W = W_1 + W_2 \tag{2-18}$$

式中 W_1——调节容积;

W_2——消防储水量,按10 min室内消防用水量计算。

二、给水系统能量关系

(一)基本概念

1.水压高程

水压高程指的是液体具有的能量。液体能量常用几何长度表示,它包括位置高度Z、压强水头$\frac{p}{\gamma}$和流速水头$\frac{v^2}{2g}$三部分,取以地面高程相同基准面起算来表示液体所具有的能量,此能量的几何长度即为水压高程,一般也叫绝对水压高程,以mH_2O计。

2.最小服务水头

最小服务水头指用户需要的从地面高程起算来表示液体所具有的能量,以mH_2O计。城市给水管网需保持最小的服务水头为:1层10 m、2层12 m,3层及以上每层增加4 m。

3.自由水压

自由水压指管网提供的从地面高程起算来表示液体所具有的能量,以mH_2O计。

4.控制点

控制点是指整个给水系统中水压最不容易满足的地点(又称最不利点),用以控制整个供水系统的水压;只要控制点的最小服务水头满足用户及消防等要求,则全管网的各点服务水头就能符合要求。一般情况下,控制点通常在系统的下列地点:

(1)地形最高点;

(2)距离供水起点最远点;

(3)要求自由水压最高点。

（二）水塔高度确定

水塔是靠重力作用将所需的流量送到用户的。水塔在管网中的位置，可靠近水厂、位于管网中间或靠近管网末端，不管哪类水塔，水塔高度是指水柜底面或最低水位离地面的高度。水塔高度 H_t 计算示意图见图 2-5。

$$H_t = \Delta Z + H_a + \sum h \tag{2-19}$$

式中　ΔZ——水塔位置和控制点地形高差，m；

H_a——管网控制点最小服务水头，mH_2O；

$\sum h$——水塔到控制点管路水头损失，mH_2O。

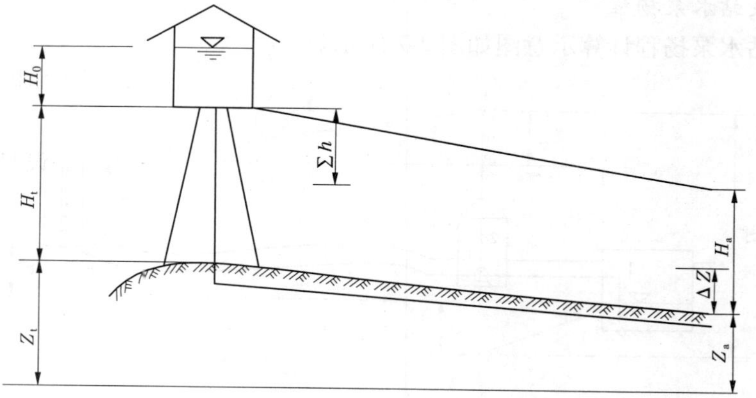

图 2-5　水塔高度计算示意图

1. 一级泵站水泵扬程

一级泵站水泵扬程计算示意图如图 2-6 所示。

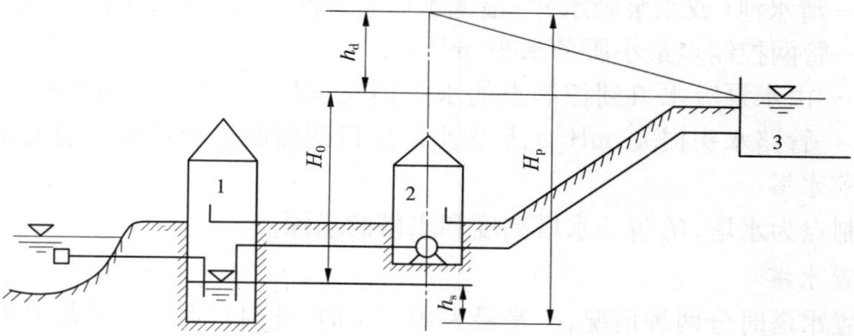

1—吸水井；2—一级泵站；3—水厂构筑物

图 2-6　一级泵站水泵扬程计算示意图

水泵扬程的计算如下：

$$H_p = H_0 + \sum h \tag{2-20}$$

其中

$$\sum h = h_s + h_d$$

则有

$$H_p = H_0 + h_s + h_d$$

式中　H_0——静扬程，水泵吸水井最低水位和水厂配水井水面高程之差，m；

$\sum h$——由水泵吸水井最低水位到水厂配水井水面管路水头损失，mH_2O；

h_s——吸水管路水头损失，mH_2O；

h_d——水泵出口到水厂配水井水面管路水头损失，mH_2O。

2. 二级泵站水泵扬程

二级泵站水泵扬程计算示意图如图 2-7 所示。

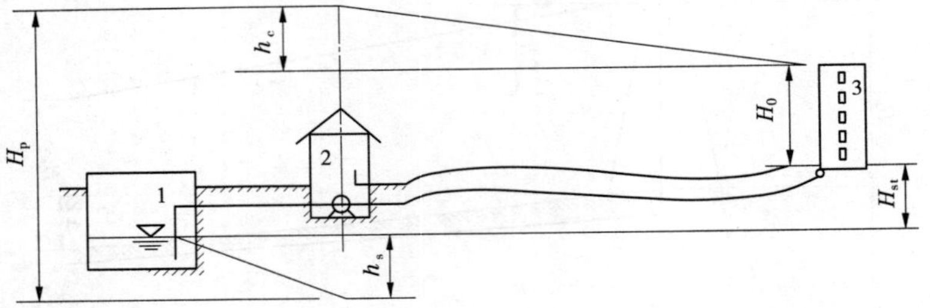

1—清水池或吸水井；2—二级泵站；3—控制点用户

图 2-7　二级泵站水泵扬程计算示意图

1）无水塔

$$H_p = H_{st} + H_0 + \sum h \tag{2-21}$$

式中　H_{st}——清水池（或水泵吸水井）最低水位与管网控制点地面高程之差，m；

H_0——管网控制点最小服务水头，mH_2O；

$\sum h$——由水泵吸水口到控制点的水头损失，以 mH_2O 计，$\sum h = h_s + h_c$，h_s为吸水管路水头损失，mH_2O，h_c为水泵出口到控制点管路水头损失，mH_2O。

2）有网前水塔

此时控制点为水塔，H_0包括水塔高度和水塔的水深。

3）有对置水塔

当有对置水塔时分两种情况，一是最大用水量时，此时控制点在水塔和泵站的供水分界线上；二是最大转输流量时，此时控制点为水塔。

4）二级泵站

有二级泵站，还应根据消防、事故等特殊工况进行校核。

三、管网计算工况

（一）设计工况

最高日最高时是正常供水中最不利的工作情况，此时供水流量大，分析推算出来的出厂水压较大。为确保供水安全可靠,系统中的给水管网、水塔高度和水泵扬程等都是按此时的工况设计的。

1. 流量

按最高日最高时流量(Q_h)设计。

2. 水塔高度和水泵扬程

水塔高度(H_t)和水泵扬程(H_p)按控制点最小服务水头确定。

(二)校核工况

1. 消防工况

此种情况是指在最高日最高时发生火灾,此时管网既供应最高时用水量 Q_h,又供应消防所需流量 Q_x,其总流量为 Q_h+Q_x,是用水流量最大的一种工作情况。虽然消防时比最高时用水时所需服务水头要小得多,但因消防时通过管网的流量增大,各管段的水头损失相应增加,按最高时确定的水泵扬程有可能不满足消防时的需要,这时须放大个别管段的直径,以减小水头损失。在个别情况下,因最高时和消防时的水泵扬程相差很大(多见于中小型管网),须设专用消防泵供消防时使用。

1)校核流量

按最高日最高时流量(Q_h)与消防流量(Q_x)之和计算。

2)水塔高度和水泵扬程

水塔高度(H_t)和水泵扬程(H_p)按失火点自由水头不小于 10 mH_2O 确定。

2. 事故工况

当最不利管段发生故障、管网主要管线损坏时,必须及时检修,在检修期间和恢复供水前,该管段停止输水,整个管网的水力特性必然改变,供水能力降低。根据有关规范规定,城市给水管网在事故工况下,必须保证 70% 以上用水量,但设计水压不能降低,在这种情况下,大部分管线流量减小,水头损失减小,但由于主要管线损坏不能通水,部分管线的流量会明显增加,使水头损失增加很多,因此所需出厂水压仍有可能最大。

1)校核流量

事故流量按最高日最高时流量(Q_h)的 70% 计。

2)水塔高度和水泵扬程

水塔高度(H_t)和水泵扬程(H_p)按控制点最小服务水头确定。

3. 转输工况

若为最大转输,设置对置水塔或靠近供水末端的网中水塔的管网系统,当泵站供水流量大于用户用水流量时,多余的水将通过管网流入水塔内储存,流入水塔的流量叫作转输流量,其中转输流量为最大的那 1 h 的流量。此时,虽然管网中用水量较小,但因最大转输流量通过整个管网才能进入水塔,输水距离长,其管网水头损失仍可能较大,且水塔较高,因此也可能出现出厂水压最高的情况。

1)校核流量

校核流量取最大转输流量。

2)水泵扬程

水泵扬程(H_p)由水塔高度(H_t)确定。

四、管网计算内容

管网设计计算时,主要内容有水量计算、管径确定、水头损失计算、水压确定,并确定供水设备。通常依据工程(如新建、改建、扩建等)性质不同,大体上分两种情况考虑:

(1)供水起点水压未知,已知管网控制点所需水压,要进行管路设计,确定水泵扬程和水塔高度,一般适用于新建工程。步骤如下:管段流量计算、管段水力计算、管路计算、确定水泵和水塔、节点水压高程计算。

(2)供水起点水压已知,要通过管路设计以满足各用户水量及水压要求。步骤如下:在充分利用能量的条件下选定经济管径、管段水力计算、复核各节点水压高程是否满足要求。

思考题

1. 当取用地表水源时,水处理构筑物、泵站和管网等各按什么流量设计?

2. 管网中有、无水塔及水塔位置的变更,对二级泵站的工作情况和设计流量有何影响?

3. 当已知用水量曲线时,怎样定出二级泵站工作线?

4. 清水池和水塔各起什么作用? 其有效容积由哪几部分组成? 哪些情况下应设置水塔?

5. 怎样确定清水池和水塔的调节容积?

6. 无水塔的管网系统,二级泵站可采取什么方法和措施来适应用户用水量的变化,试举例说明。

7. 如何理解水塔和清水池的调节容积是可以相互转移的?

8. 在水厂运行中,可通过哪些措施减小清水池调节水量所需的调节容积? 为什么?

9. 有水塔和无水塔的管网,二级泵站的计算流量有何差别?

10. 什么是控制点? 它具有什么基本特征? 每一管网系统中各种工况的控制点是否是同一地点? 试举例说明。

11. 为什么水塔应建造在地形较高的地方?

12. 管网应按哪种供水条件进行设计计算? 设计计算完毕后还应按哪些供水条件进行校核计算?

13. 为什么要进行管网的校核计算,各自的核算条件是什么? 怎样根据设计计算和校核计算结果进行泵站的水泵组合设计?

能力提升

某城市给水系统中最高日用水量为20万m^3/d,每小时用水量百分比见表2-7,试求:

(1)最高日最高时流量和平均时流量;

(2)无水塔时,清水池的调节容积;

(3)若二级泵站采用2.78%(20时到次日5时)和5.00%(5时到20时)两级供水,

计算水塔和清水池的调节容积。

表 2-7 某城市用水量变化情况

时间	0~1	1~2	2~3	3~4	4~5	5~6	6~7	7~8
用水量百分比(%)	1.70	1.67	1.63	1.63	2.56	4.35	5.14	5.64
时间	8~9	9~10	10~11	11~12	12~13	13~14	14~15	15~16
用水量百分比(%)	6.00	5.84	5.07	5.15	5.15	5.15	5.27	5.52
时间	16~17	17~18	18~19	19~20	20~21	21~22	22~23	23~24
用水量百分比(%)	5.75	5.83	5.62	5.00	3.19	2.69	2.58	1.87

学习情境三 管段设计流量计算

一、沿线流量

在给水管网中，每一段管线均与若干用户的配水支管相连接，向两侧和下游用水户供水。用水户可分为两类：一类是大用水户，即用水量大、集中出流，故称为集中流量，常用 Q_1、Q_2、…、Q_n表示，如工厂、宾馆、医院等；另一类是小用户，其用水量常用 q_1、q_2、…、q_n 表示，管道沿线分配的小用户用水量称为沿线流量，如图 2-8 所示。

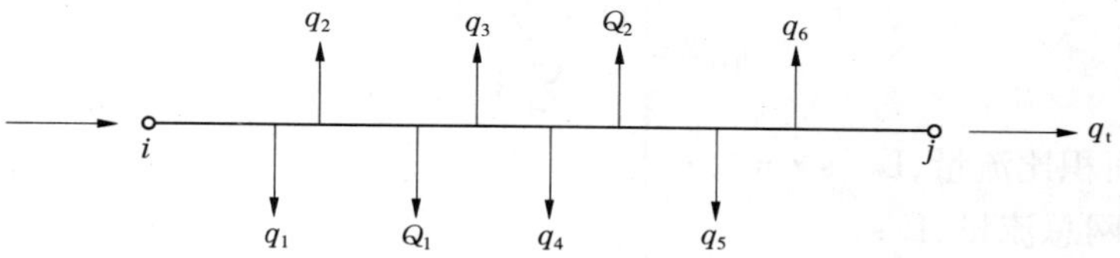

图 2-8 干管供水情况

管道实际供水时向两侧供水比较复杂，常采用简化计算方法。对于集中流量，可直接作为一个计算节点或分配到管段和上下游计算节点上，而沿线流量则通过比流量法进行简化计算。

比流量是指假设小用户是沿线均匀分布在配水干管上或均匀分布在整个供水面积上，则单位长度管线或管线单位面积上所承担的配水流量，有长度比流量和面积比流量两种。

（一）长度比流量法

假定水量沿管网长度均匀流出，则管线单位长度上的配水流量称为长度比流量，记作

q_{cb},用下式计算:

$$q_{cb} = \frac{Q - \sum Q_i}{\sum l} \tag{2-22}$$

式中 q_{cb}——长度比流量,L/(s · m);

Q——管网总流量,L/s;

$\sum Q_i$——大用户集中用水量总和,L/s;

$\sum l$——管网的计算长度,m,计算时,单侧配水的管段按实际长度的一半计入,双侧配水的管段,计算长度等于实际长度,两侧不配水的管段长度不计入。

由长度比流量法计算每一段管段的沿线流量(见图 2-9):

$$q_1 = q_{cb} l \tag{2-23}$$

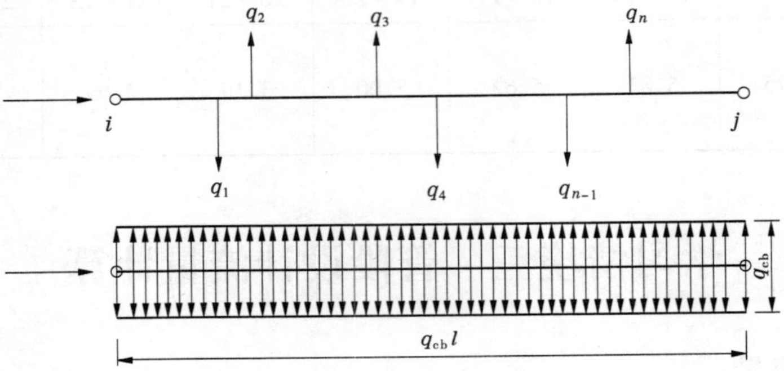

图 2-9 长度比流量法计算沿线流量

(二)面积比流量法

假定沿线流量均匀分布在整个供水面积上,则单位面积上的配水流量称为面积比流量,记作 q_{mb},用下式计算:

$$q_{mb} = \frac{Q - \sum Q_i}{\sum A} \tag{2-24}$$

式中 q_{mb}——面积比流量,L/(s · m^2);

Q——管网总流量,L/s;

$\sum Q_i$——大用户集中用水量总和,L/s;

$\sum A$——给水区域内沿线配水的供水面积总和,m^2。

则每一计算管段沿线流量记作 q_1,为:

$$q_1 = q_{mb} A_i \tag{2-25}$$

式中 A_i——该管段负担的供水面积,m^2。

每一管段所负担的供水面积可按分角线法和对角线法划分(见图 2-10)。

(三)用比流量法计算沿线流量的注意事项

(1)面积比流量法考虑了沿线供水面积(人数)对管线配水的影响,计算结果更接近实际配水情况,但计算较麻烦。当供水区域的干管分布比较均匀时,用长度比流量法和面

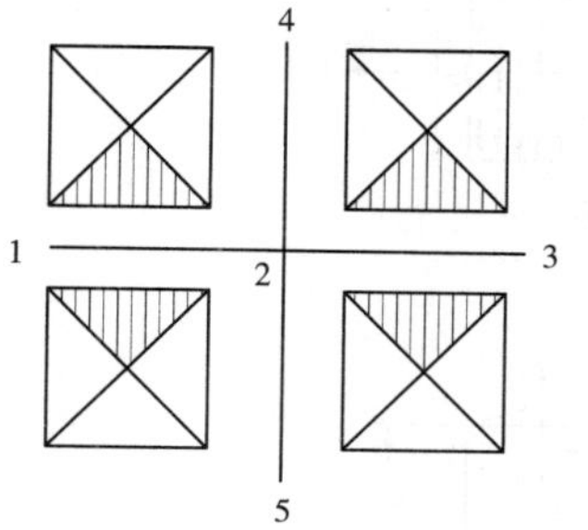

(a)分角线法

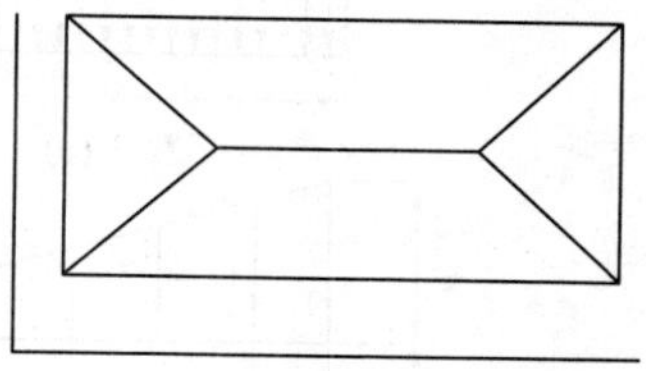
(b)对角线法

图 2-10　面积比流量计算沿线流量

积比流量法计算的结果相差很小，这时，用长度比流量法较好。

(2)当供水区域内各区卫生设备或人口密度相差较大时，各区的比流量应分别计算。

(3)同一管网，比流量的大小随用水量变化而变化，各种工况下需分别计算。

二、节点流量计算

求出各管段的沿线流量后，因为管道中的沿线流量是顺管线沿途流向用户的，所以管段里的流量是沿程变化的，沿着水流方向逐渐减小。管段的口径和水头损失还是不易确定的。为了便于水力计算，将沿线流量分配在管段两端的节点上，这样管网计算图上便只有集中于节点的流量(包括集中流量和沿线流量转化到节点上的流量)。

(一)集中流量的处理方法

大用户集中流量简化有两种方法，一种是将集中流量位置作为一个计算节点，另一种是根据集中流量位置与上下游节点的距离，把集中流量分配到上下游计算节点上(按与上下游节点的距离成反比分配)。

(二)沿线流量转化到节点上

因为管道中的沿线流量是顺管线沿途流向用户的，所以管段中的流量是沿着水流方向逐渐减小的。为了方便计算，根据连续性方程和能量方程，可将管段的沿线流量(q_1)简化为两部分流量，分别从管段的起端(αq_1)和末端流出($q_1-\alpha q_1$)，这样就可以计算出恒定管段折算流量($q_1-\alpha q_1+q_t$)，在实际计算中取 $\alpha=0.5$，沿线流量转化到节点上计算方法如图 2-11 所示(以长度比流量法计算为例)。

通过比流量、沿线流量及节点流量计算后($q_{cb}\rightarrow q_1=q_{ch}l\rightarrow q_i$)，管网计算图上便只有集中于节点的流量(包括大用户集中流量)。

三、沿线流量、节点流量计算实例

某城市最高时总用水量为 270 L/s，其中集中供应的工业用水量为 120 L/s(分别在节点 2、3、4 集中出流 40 L/s)。各管段长度(单位为 m)和节点编号如图 2-12 所示。管段 1—5、2—3、3—4 为一侧供水，其余为双侧供水。

试求：

(1)比流量；

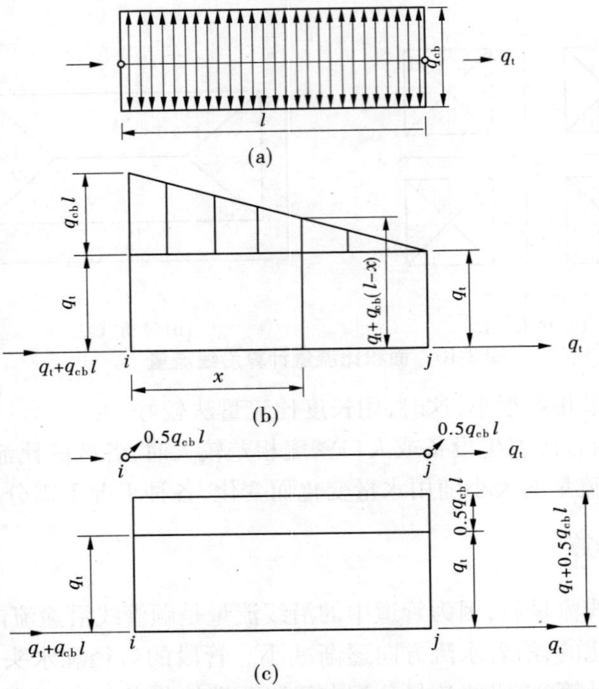

图 2-11　沿线流量转化到节点上(以长度比流量法计算为例)

(2)各管段的沿线流量;

(3)各节点流量。

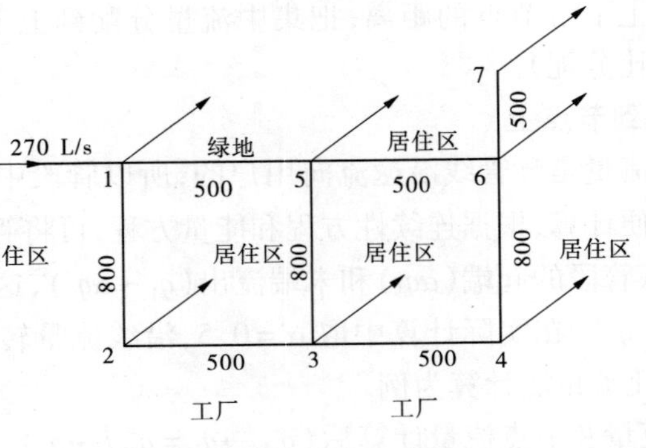

图 2-12　管段长度和节点编号图

【解】　(1)配水干管计算总长度。

$$\begin{aligned}\sum l &= 0.5l_{1-5} + 0.5l_{2-3} + 0.5l_{3-4} + l_{1-2} + l_{3-5} + l_{5-6} + l_{4-6} + l_{6-7}\\ &= 0.5 \times (500 + 500 + 500) + 3 \times 800 + 500 + 500\\ &= 4\,150(\mathrm{m})\end{aligned}$$

(2)配水干管比流量。

$$q_{cb}=\frac{Q-\sum Q_i}{\sum l}=\frac{270-120}{4\ 150}=0.036\ 14(\mathrm{L/(s\cdot m)})$$

(3)沿线流量。

各管段的沿线流量计算见表2-8。

表2-8　沿线流量计算表

管段编号	管段计算长度(m)	比流量(L/(s·m))	沿线流量(L/s)
1—2	800	0.036 14	28.91
2—3	0.5×500=250		9.04
3—4	0.5×500=250		9.04
1—5	0.5×500=250		9.04
3—5	800		28.91
4—6	800		28.91
5—6	500		18.07
6—7	500		18.07
合计	4 150		150

(4)节点流量。

各节点的节点流量计算见表2-9。

表2-9　节点流量计算表

节点	节点连的管段	节点流量(L/s)	集中流量(L/s)	节点总流量(L/s)
1	1—2、1—5	0.5×(28.91+9.04)=18.98		18.98
2	1—2、2—3	0.5×(28.91+9.04)=18.98	40	58.98
3	2—3、3—4、3—5	0.5×(9.04+9.04+28.91)=23.50	40	63.50
4	3—4、4—6	0.5×(9.04+28.91)=18.98	40	58.98
5	1—5、3—5、5—6	0.5×(9.04+28.91+18.07)=28.01		28.01
6	4—6、5—6、6—7	0.5×(28.91+18.07+18.07)=32.53		32.53
7	6—7	0.5×18.07=9.04		9.04
合计		150.02	120	270.02

将节点流量的集中流量标注于相应节点上，节点流量计算结果如图2-13所示。

四、管段流量计算

(一)计算原理及原则

管网各节点流量求出后，可进行管网流量分配，确定各管段的计算流量。

流量分配前，将大用户的集中流量布置在附近的节点上，则管网各节点输出流量总和等于二级泵站及水塔的总水量。

按照质量守恒原理，流向某节点的流量等于该节点流出的流量。若以流向节点的流

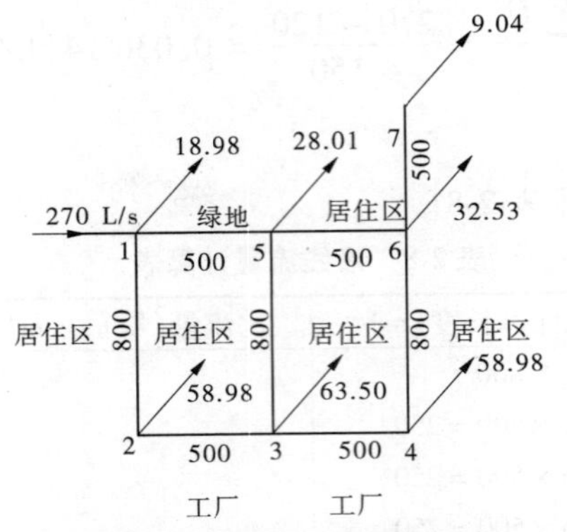

图 2-13　管网节点流量例题计算结果图

量为正值，以流出节点的流量为负值，则两者代数和等于零，即

$$\pm q_i + Q_j = 0$$

依此条件，用二级泵站、水塔输送至管网的总流量，沿各节点进行流量分配，所得出的每条管段所通过的初步流量，即为各管段的计算流量。

对于树状管网，其每一管段的水流方向只有一个，各管段的计算流量比较容易确定。而环状管网则比较复杂，每一节点的流量，可以从不同方向供给。因此，在进行流量分配时，必须先定出各管段的水流方向。

流量分配时，应按以下原则进行：

(1)确定供水主要流向，拟定各管段的水流方向，并力求使水流沿最短线路到达大用水户及调节构筑物。

(2)在平行的干管中，分配给每条管线的流量应基本相同，以免一条干管损坏时，其余干管负荷过重。

(3)分配流量时，各节点必须满足$\sum Q=0$的条件。

(二)树状管网管段计算流量

单水源的树状管网中，从水源(二级泵站、高位水池等)供水到各节点的每一管段的水流方向和计算流量都是确定的，每一管段的计算流量等于该管段后面(顺水流方向)的所有节点流量和大用户用水量之和。

如图 2-14 所示的树状管网，部分管段的计算流量有：

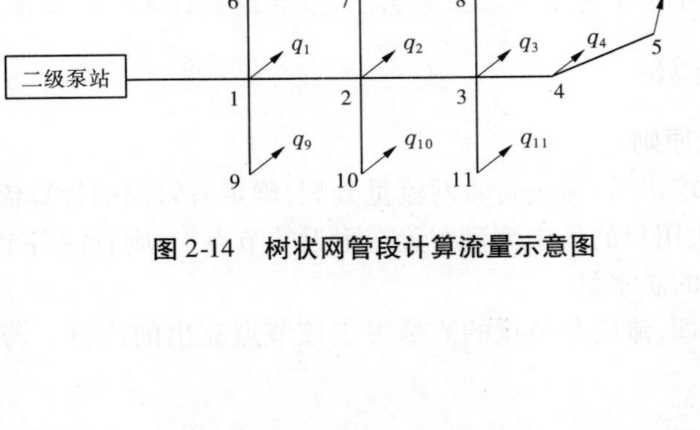

图 2-14　树状网管段计算流量示意图

$$q_{4-5} = q_5$$

$$q_{3-4} = q_4 + q_5$$

$$q_{2-3} = q_3 + q_4 + q_5 + q_8 + q_{11}$$

(三)环状管网管段初分流量

对于环状管网来说,根据连续性方程(满足节点流量平衡条件),其管段流量分配方案不是唯一的,是有多种组合可能的。在管网设计计算时,必须人为地先假定各管段的流量分配值,也叫流量预分配,以此确定管段的经济管径。在流量预分配时,应遵循经济性和可靠性的原则。

环状管网流量分配的依据是节点流量平衡条件,并保证各干管的流量沿主要流向逐渐减少,具体步骤如下:

(1)按供水方向,初步拟定各管段的水流方向,并确定控制点的位置。

(2)按可靠性原则,选定几条主要的平行干线分配相近流量,避免主要管线损坏时,其余管线负荷过重,使管网流量减少过多,各干管通过的流量沿主要流向逐渐减少,不要忽多忽少。

(3)对于干管间的连接管可分配相应小些的流量。

对于多水源管网来说,其流量分配原则与要求同单水源管网,所不同的只是多水源管网中存在一供水分界线。我们可先将多水源管网中各水源点所负责的供水区域初步确定,对各区域内的管网流量分配可视为单水源供水考虑,然后对于位于供水分界线上的管段节点流量,可考虑为各水源点对该节点供给的节点流量之和。

环状管网的初分流量为预分配,用来选择管径,真正值由平差结果来定。以如图2-15所示的一环状管网的6、9节点为例,有:

$$q_{5-6} = q_6 + q_{6-3} + q_{6-9}$$

$$q_9 = q_{6-9} + q_{8-9}$$

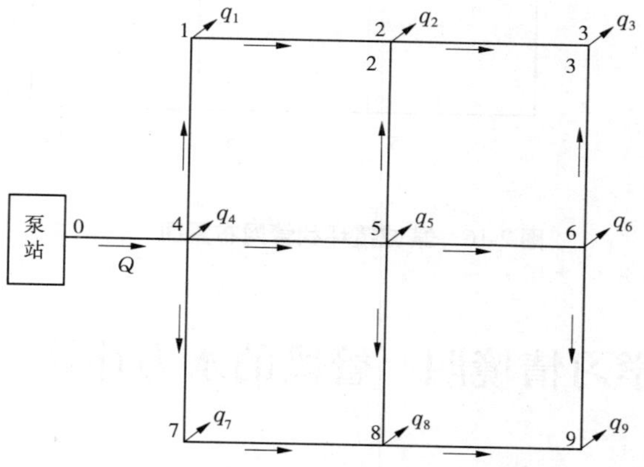

图2-15　环状管网的初分流量示意图

思考题

1. 什么叫比流量？什么是沿线流量、集中流量？比流量是否随用水量变化而变化？

2. 什么叫长度比流量、面积比流量？怎样计算？各有什么优缺点及适用条件？

3. 什么是节点流量，它是否存在？为何能用来进行管网计算？

4. 为什么管网计算须先求出节点流量，怎样计算节点流量？

5. 为什么要分配流量，流量分配要考虑哪些要求，树状管网和环状管网流量分配有何异同？

6. 什么是供水分界线？单水源管网与多水源管网的流量分配有什么区别？

习　题

某城镇环状管网布置图如图 2-16 所示，已知该城镇最高用水时的设计水量为 699 m^3/h，其中，大用户集中用水量分别为 15 L/s、20 L/s，分别作用于 11 节点、12 节点。各管段长度为：$l_{0-1}=2\ 000$ m、$l_{1-2}=l_{4-5}=l_{7-8}=l_{10-11}=l_{1-3}=l_{4-6}=l_{7-9}=l_{10-12}=500$ m，$l_{2-5}=l_{5-8}=l_{8-11}=l_{1-4}=l_{4-7}=l_{7-10}=l_{3-6}=l_{6-9}=l_{9-12}=550$ m，其中，管段 0—1 为输水管段，管段 1—2、1—3 为单侧配水，其余均为双侧配水。试对管网中各管段的流量进行初分配。

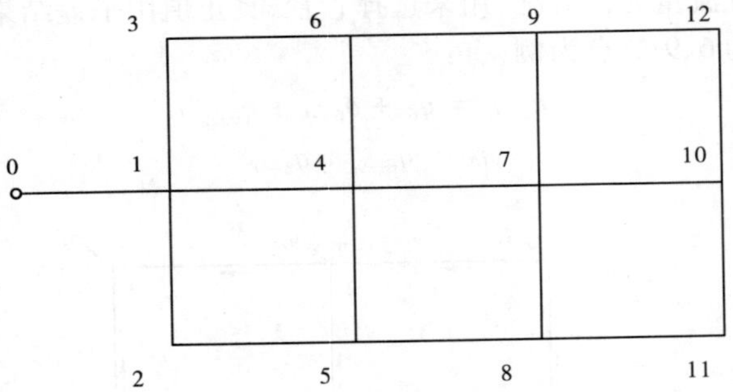

图 2-16　某城镇环状管网布置图

学习情境四　管段的水力计算

一、管材的选用

(一)供水管道的要求

供水企业的根本任务是向用户提供清洁的饮用水，连续供应有压力的水，同时降低供水费用。为此，供水管网作为供水系统的重要环节，对于它的硬件有以下几点要求：

(1)封闭性能高。

管道水密性的好坏,直接影响管网运行成本及运行安全。如果水密性较差,则管道漏水严重,水量损失较大,其运行成本增加;漏水会泡软管道基础或直接冲刷地层,造成很大的安全隐患(对在公路、铁路下埋设的管道更加严重),可能导致严重事故的发生。

(2)强度应能承受各种外部荷载。

由于给水管道通常是沿公路埋地敷设的,有的甚至需要穿越公路或铁路,为保证其运行安全,除在施工时要严格按照施工规范进行施工外,更应注意选择强度有保证的管材。

(3)水力条件好。

内壁光滑的管道,摩阻系数小,则水流流经管道的水头损失相应降低,水泵扬程减小,管网运行所需电费也随之降低。

(4)价格低廉,使用寿命长,并要求具有一定的抗水土侵蚀能力。

(二)常用管材介绍

给水工程常用的给水管材有金属管(铸铁管和钢管等)、非金属管(预应力钢筋混凝土管和自应力钢筋混凝土管、塑料管等)两大类。各管材具体性能介绍如下。

1. 铸铁管

铸铁管是给水管网及输水管道最常用的管材。根据制造过程中采用的材料和工艺不同,可分为灰口铸铁管和球墨铸铁管。后者的质量和价格均比前者高得多。两者的产品规格基本相同,连接方式主要有两种:承插式和法兰式,如图 2-17 所示。

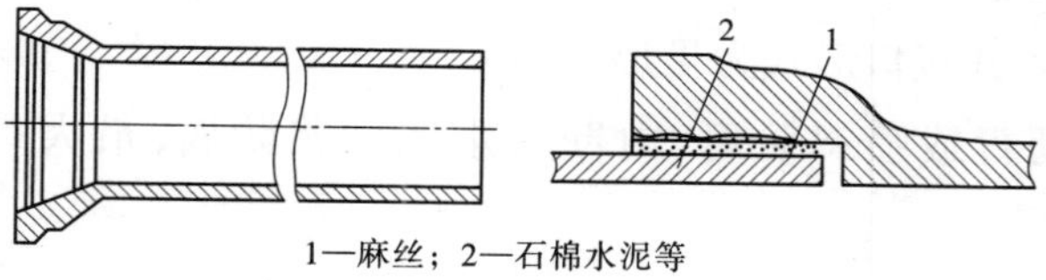

1—麻丝;2—石棉水泥等

(a)承插式

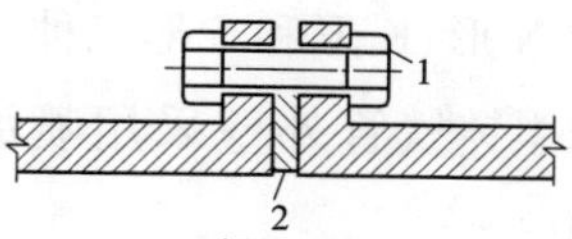

1—螺栓;2—垫片

(b)法兰式

图 2-17　铸铁管接口形式

承插式接口适用于埋地管线,安装时将插口插入承口内,两口之间的环形空隙用接口材料填实。接口材料一般可用橡胶圈、膨胀性水泥或石棉水泥。膨胀性填料接口是利用材料的膨胀性达到接口密封的目的的。当承插式铸铁管采用橡胶圈接口时,安装时无须敲打接口,可以减轻劳动强度,加快施工进度。

法兰式接口常用于构造物内部管线,如泵站内或水塔的进、出水管等。其优点是接头严密,检修方便。为使接口不漏水,在两法兰盘之间嵌以 3 ~5 mm 厚的橡胶垫片。

国产铸铁管内径为 75 ~1 500 mm,长度为 4 ~6 m,按承受压力分为普压管、高压管和低压管 3 种规格,如表 2-10 所列。

表 2-10　铸铁管规格表

类别	高压管				普压管				低压管			
	直径（mm）	长度（m）	试验压力（MPa）	工作压力（MPa）	直径（mm）	长度（m）	试验压力（MPa）	工作压力（MPa）	直径（mm）	长度（m）	试验压力（MPa）	工作压力（MPa）
连铸	75～1 200	4～5	2.5～3	1	75～1 500	4～6	2～2.5	0.75	75～900	4～5	1.5～2	0.45
砂型离心	150～500	5～6	2.5～3	1	75～1 500	4～6	2～2.5	0.75	75～900	4～5	1.5～2	0.45

灰口铸铁管抗腐蚀性好，经久耐用，价格较钢管低，以往使用最广。但其质脆，不耐震动和弯折，工作压力较钢管低，管壁较钢管厚，且自重大，易发生接口漏水、水管断裂等事故。近年来，在我国城市供水管网中已逐步停止使用，广泛采用性能优越的球墨铸铁管。

2. 球墨铸铁管

该管材是选用优质生铁，采用水冷金属型模离心浇注技术，并经退火处理，获得的稳匀的金相组织，能保持较高的延伸率，故亦称为可延性铸铁管。球墨铸铁管具有高强度、高延伸度、抗腐蚀的卓越性能。

球墨铸铁管采用柔性接口。按接口形式分为机械式、滑入式两种。机械式接口形式又分为 N 形、K 形和 S 形三种，滑入式接口形式为 T 形。

球墨铸铁管外壁采用喷涂沥青或喷锌防腐，内壁衬水泥砂浆防腐，最大口径达 *DN*2200。

由于球墨铸铁管性能好且施工方便，不需要在现场进行焊接及防腐操作，加上产量及口径的增加、管配件的配套供应等，其已在国内得到广泛应用。

3. 钢管

钢管有焊接钢管和无缝钢管之分。以防腐蚀性能来说，可分为保护层型、无保护层型与质地型；按壁厚又有普通钢管和加厚钢管之分。国内最大钢管直径可达 *DN*4000，每节钢管的长度一般在 10 m 左右。

保护层型（主要指的是管道内壁）有金属保护层型与非金属保护层型。金属保护层型常用的有表面镀层保护层型、表面压合保护层型。表面镀层保护层型中常见的是镀锌管，镀锌管也有冷镀锌管和热镀锌管之分，热镀锌管因为保护层致密均匀、附着力强、稳定性比较好，目前仍大量采用。而冷镀锌管由于保护层不够致密均匀、稳定性差，一般使用寿命不到 5 年就会锈蚀，出现“红水”“黑水”现象，铁腥味严重，各种有害细菌超过国家生活饮用水水质标准，各地已在生活给水管道中禁止使用。

金属管道应考虑防腐措施。金属管道内防腐宜采用水泥砂浆衬里，金属管道外防腐宜采用环氧煤沥青、胶粘带等。当金属管道敷设在腐蚀性土中以及电气化铁路附近或其他有杂散电流存在的地区时，为防止发生电化学腐蚀，应采取阴极保护措施（外加电流阴极保护或牺牲阳极）。

钢管的特点是耐高压、耐震动、质量较轻、单管长度大和接口方便，但承受外荷载的稳定性差，耐腐蚀性差，管壁内外都需有防腐措施，造价较高。在给水管网中，通常只在管径大和水压高处，以及因地质、地形条件限制或穿越铁路、河谷和地震地区时使用。钢管用焊接或法兰接口。所用配件如三通、弯管、渐缩管等，由钢板卷焊而成，也可直接用标准铸铁配件连接。

4. 预应力钢筋混凝土管和自应力钢筋混凝土管

预应力钢筋混凝土管即配置了预应力钢筋的钢筋混凝土管，它分为普通管和加钢筒管两种。它具有良好的抗渗性和抗裂性，输送能力强，使用寿命长，用来代替钢管和铸铁管，可节约大量金属材料，降低工程造价，广泛应用于小城镇给水工程。

预应力钢筋混凝土管的最大工作压力为 1.18 MPa，管径一般为 400 ~ 1 400 mm，管节长 5 m。

预应力钢筒混凝土管是一种新型的刚性管材。它是在预应力钢筋混凝土管芯内放入钢筒，具有钢材的耐高压、耐震动等特点，价格比钢管便宜，且防腐性能好，施工、维护方便。它广泛应用于长间隔输水干线、压力倒虹吸、城市供水工程等。目前，能制造的 PCCP 管最大管径达 *DN*4000 mm 以上，单根管长为 6 m，工作压力为 0.2 ~ 2.5 MPa。

自应力钢筋混凝土管是用自应力混凝土并配置一定数量的钢筋制成的。它工艺简单，成本较低，工作压力为 0.4 ~ 1 MPa，管径一般为 100 ~ 600 mm，具有良好的抗渗性和耐久性，施工安装方便，水力条件好。但由于容易出现二次膨胀及横向断裂，目前主要用于小城镇及农村供水系统中。

以上管材接口均采用承插式橡胶圈接口。弯头和渐缩管等采用特制铸铁或钢制管件，因自重大，质地脆，搬运时严禁抛掷和碰撞。

5. 塑料管

塑料管具有表面光滑、水头损失小、不易结垢、耐腐蚀、质量轻、加工和接头方便等优点，但管材强度低、膨胀系数大、易老化。

常用的塑料管有硬聚氯乙烯管（UPVC）、聚乙烯管（PE）、高密度聚乙烯管（HDPE）、聚丙烯管（PP）、聚丙烯腈 - 丁二烯 - 苯乙烯塑料管（ABS）等。塑料管根据管壁结构不同可分为不同种类，如 PE 管分为双壁波纹管、缠绕结构壁管、塑钢缠绕管、钢带增强螺旋波纹管。如表 2-11 所示为 PE80 级聚乙烯管材公称压力和规格尺寸。

表 2-11　PE80 级聚乙烯管材公称压力和规格尺寸

公称外径（mm）	公称壁厚（mm）			
	标准尺寸比			
	*SDR*21	*SDR*17	*SDR*13.6	*SDR*11
	公称压力（MPa）			
	0.60	0.80	1.00	1.25
32	—	—	—	3.0
（40）	—	—	—	3.7
50	—	—	—	4.6
63	—	—	4.7	5.8
（75）	—	4.5	5.6	6.8
90	4.3	5.4	6.7	8.2
110	5.3	6.6	8.1	10.0
160	7.7	9.5	11.8	14.6
200	9.6	11.9	14.7	18.2
（250）	11.9	14.8	18.4	22.7
315	15.0	18.7	23.2	28.6
400	19.1	23.7	29.4	36.3
（450）	21.5	26.7	33.1	40.9
500	23.9	29.7	36.8	45.4
（560）	26.7	33.2	41.2	50.8
630	30.0	37.4	46.3	57.2
710	33.9	42.1	52.2	—
800	38.1	47.4	58.8	—
900	42.9	53.3	—	—
1 000	47.7	59.3	—	—

注：（1）括号内管径为非常用规格；

（2）*SDR* 为外径与壁厚的比值。

由于塑料管的种类很多，不同种类管材的性能特点不尽相同，故在设计中应当根据各工程的实际情况合理选择塑料管材种类，并确定其管壁形式、接口方式及能采用的管径范围等。

上述各种给水管多埋在道路下。水管管顶覆土厚度，在不冰冻地区由外部荷载、水管强度以及其他管线交叉情况等确定，金属管道的管顶覆土厚度通常不小于 0.7 m。非金属管道的管顶覆土厚度应大于 1 ~1.2 m，覆土必须夯实，以免受到动荷载的作用而遭到破坏。冰冻地区的覆土厚度应考虑土壤的冰冻线深度。

（三）管材选用条件

给水管材应根据水压、外部荷载、土的性质、施工维护和材料供应等条件确定，一般可参照表 2-12 选择。

表 2-12　各种管材的选用

管道	接口		连接配件方式	优缺点及适用条件
	形式	性质		
铸铁管	承插口、法兰接口	刚性接口、半柔性及柔性接口	可直接连接标准铸铁配件	(1)使用年代较久，应用最为普遍；(2)防腐能力比钢管强，但内外仍需一般防腐处理；(3)较钢管质脆、强度差；(4)有标准配件，适用于配件及支管过多的管线；(5)管道接口施工麻烦、劳动强度大
球墨铸铁管	承插口、法兰接口	滑入式橡胶柔性接口	可直接连接标准铸铁配件	(1)管材强度、工作压力较高；(2)敷设方便、适应性强，可埋设、穿越各种障碍；(3)耐腐蚀性差，内外都需做较强的防腐处理；(4)造价较高
钢管	较灵活，可焊接，法兰丝扣以及制承插口	一般为刚性	(1)直接连接标准铸铁配件；(2)用钢配件连接；(3)小口径也可与白铁配件连接	(1)能防腐，内外不需做防腐处理；(2)有不同性质接口，适应不同地基；(3)管道短，接口多；(4)管道口径较小；(5)管道强度较低
预应力和自应力钢筋混凝土管	承插口	橡胶柔性接口	(1)采用特制的转换口配件来连接标准的配件；(2)采用特制的钢配件连接；(3)采用钢筋混凝土配件连接	(1)承插式胶圈柔性接口对各种地基的适应能力强；(2)防腐能力强，不需要做内外防腐处理；(3)施工安装方便；(4)节约金属；(5)承插口加工黏度要求高，如间隙不均匀将影响止水；(6)尚无标准配件，不宜使用于配件及支管过多的管线

续表 2-12

管道	接口		连接配件方式	优缺点及适用条件
	形式	性质		
塑料管	焊接、螺纹连接、法兰连接、黏结	刚性接口	(1)采用镀锌焊接管(白铁)配件；(2)采用特制圆锥形管螺纹塑料配件	(1)耐腐蚀；(2)管内光滑不易结垢，水头损失小；(3)质量轻，安装方便；(4)价格较低；(5)管材强度低，热胀冷缩大

二、管径的确定

确定管网中每一管段的直径是输水和配水系统设计计算的主要内容之一。管段的直径应按分配后的流量确定。

(一)根据流速确定

通过流量分配，求出各管段计算流量，再按下式拟定管径：

$$D = \sqrt{\frac{4Q}{\pi v}} \tag{2-26}$$

式中 D——管段直径，m；

Q——管段的计算流量，m^3/s；

v——流速，m/s。

由式(2-26)可以看出，管径不但和管段流量有关，还与管段水流流速有关。因此，必须选取适宜的流速。

1. 允许流速

一般最大流速限定为2.5～3.0 m/s，最小流速限定为0.6 m/s。需根据经济条件和经营管理费用等因素，选择经济流速。

为了防止管网因水锤现象而损坏，在技术上最大设计流速限定在2.5～3.0 m/s；当输送浑浊的原水时，为了避免水中悬浮物质在水管内沉积，最低流速通常应大于0.60 m/s，由此可见，在技术上允许的流速范围是较大的。因此，还需在上述流速范围内，根据当地的经济条件，考虑管网的造价和经营管理费用，来选定合适的流速。

2. 经济流速

从式(2-26)可以看出，当流量一定时，管径与流速的平方根成反比，即流速大一些，管径就会减小，相应的管网造价便可降低，但水头损失明显增加，所需的水泵扬程将增大，从而使经营管理费(主要指电费)增大，同时流速过大，管内压力高，因水锤现象引起的破坏作用也随之增大。相反，若流速小，管径增大，管网造价会增加。但因水头损失减小，可节约电费，使经营管理费降低。因此，管网造价和经营管理费(主要指电费)这两项经济因素是决定流速的关键因素。在一定年限 t(称为投资偿还期)内，管网造价和经营管理费用之和为最小的流速，称为经济流速，以此来确定的管径，称为经济管径。

3. 平均经济流速

由于实际管网的复杂性，加上情况在不断的变化，例如流量在不断增加，管网逐步扩展，诸多经济指标如水管价格、电费等也随时变化，要从理论上计算管网造价和年管理费用相当复杂，且有一定难度。当条件不具备时，设计中也可采用由各地统计资料计算出的平均经济流速来确定管径，得出的是近似经济管径，如表 2-13 所示为平均经济流速。

表 2-13　平均经济流速

管径(mm)	平均经济流速 v_e(L/s)
$D=100\sim400$	0.6～0.9
$D\geqslant400$	0.9～1.4

当使用各地区提供的经济流速或按平均经济流速确定管网管径时，需考虑以下原则：

(1)一般大管径可取较大的经济流速，小管径可取较小的经济流速。

(2)定出管网所采用的最小管径(由消防流量确定)，当按 v_e 确定的管径小于最小管径时，一律采用最小管径。

(3)连接管属于管网的构造管，应注重安全可靠性，其管径应由管网构造来确定，即按与它连接的次要干管管径相当或小一级确定。

(4)由管径和管道比阻 α 之间的关系可知，当管径较小时，管径缩小或放大一级，水头损失会大幅度增减，而所需管材变化不多；相反，当管径较大时，管径缩小或放大一级，水头损失增减不很明显，而所需管材变化较大。因此，在确定管网管径时，一般对于管网起端的大口径管道可按略高于平均经济流速来确定管径，对于管网末端较小口径的管道，可按略低于平均经济流速确定管径，特别是对确定水泵扬程影响较大的管段，可适当降低流速，使管径放大一级，比较经济。

(5)当管线造价(含管材价格、施工费用等)较高而电价相对较低时，取较大的经济流速；反之，取较小的经济流速。

以上是指水泵供水时经济管径的确定方法，在求经济管径时，考虑了抽水所需的电费。若为重力供水，由于水源水位高于给水区所需水压，两者的标高差 H 可使水在管内重力流动。此时，各管段的经济管径应按输水管和管网通过设计流量时，供水起点至控制点的水头损失总和等于或略小于可利用的水头来确定。

(二)根据界限流量表确定

各城市的经济流速值应按当地条件，如水管材料和价格、施工条件、电费等来确定，不能直接套用其他城市的数据。另外，管网中各管段的经济流速也不一样，需随管网图形、该管段在管网中的位置、该管段流量和管网总流量的比例等决定。因为计算复杂，有时简便地应用“界限流量表”确定经济管径，见表 2-14。

表 2-14　界限流量表

管径(mm)	界限流量(L/s)	管径(mm)	界限流量(L/s)	管径(mm)	界限流量(L/s)
100	<9	350	68 ~ 96	700	355 ~ 490
150	9 ~ 15	400	96 ~ 130	800	490 ~ 685
200	15 ~ 28.5	450	130 ~ 168	950	685 ~ 822
250	28.5 ~ 45	500	168 ~ 237	1 000	822 ~ 1 120
300	45 ~ 68	600	237 ~ 355		

三、水头损失计算

(一)管(渠)道总水头损失

管(渠)道总水头损失可按下列公式计算:

$$h_z = h_y + h_j \tag{2-27}$$

式中　h_z——管(渠)道总水头损失,m;

h_y——管(渠)道沿程水头损失,m;

h_j——管(渠)道局部水头损失,m。

(二) 管(渠)道沿程水头损失

1. 塑料管

$$h_y = \lambda \cdot \frac{l}{d_j} \cdot \frac{v^2}{2g} \tag{2-28}$$

式中　λ——沿程阻力系数,与管道的相对当量粗糙度($\frac{\Delta}{d_j}$)和雷诺数(Re)有关;

Δ——管道当量粗糙度,mm;

l——管段长度,m;

d_j——管道计算内径,m;

v——管道断面水流平均流速,m/s;

g——重力加速度,m/s^2。

2. 混凝土管(渠)及采用水泥砂浆内衬的金属管道

$$i = \frac{h_y}{l} = \frac{v^2}{C^2 R} \tag{2-29}$$

式中　C——流速系数,$m^{1/2}/s$,$C = \frac{1}{n} R^y$;

n——管(渠)道的粗糙系数;

R——水力半径,m;

y——$y = 2.5\sqrt{n} - 0.13 - 0.75\sqrt{R}(\sqrt{n} - 0.1)$,适用于 $0.1 \leqslant R \leqslant 3.0$,当为 $0.011 \leqslant n \leqslant 0.040$ 管道计算时,y 也可取 1/6,即按 $C = \frac{1}{n} R^{1/6}$ 计算。

其余符号意义同前。

3. 输配水管道、配水管网水力平差计算

$$i = \frac{h_y}{l} = \frac{10.67q^{1.852}}{C_h^{1.852} d_j^{4.87}} \tag{2-30}$$

式中 q——设计流量，m^3/s；

C_h——海曾－威廉系数，其值见表 2-15；

其余符号意义同前。

表 2-15 海曾－威廉系数表

管道材料	C_h	管道材料	C_h
塑料管	150	新铸铁管、涂沥青或水泥的铸铁管	130
石棉水泥管	120～140	使用 5 年的铸铁管、焊接钢管	120
混凝土管、焊接钢管、木管	120	使用 10 年的铸铁管、焊接钢管	110
水泥衬里管	120	使用 2 年的铸铁管	90～100
陶土管	110	使用 30 年的铸铁管	75～90

在管网平差计算时，常用的水头损失计算公式：

$$h = sq^2 \tag{2-31}$$

式中 s——管道摩阻，s^2/m^5；

q——设计流量，m^3/s。

（三）管（渠）道的局部水头损失

$$h_j = \sum \xi \frac{v^2}{2g} \tag{2-32}$$

式中 ξ——管（渠）道局部水头损失系数；

其余符号意义同前。

（四）水力计算表及使用

在工程设计中，常按不同管材和相应水头损失计算公式预先算好，编制成各种管渠水力计算表，表中列有流量、管径、流速和水力坡度的配套数据，供水力计算时查表使用。本书附有铸铁管水力计算表及埋地聚乙烯（*SDR*11）给水管道水力坡降表供选用。

思考题

1. 什么是经济流速？影响经济流速的主要因素有哪些？设计时能否任意套用？

2. 平均经济流速一般是多少？依据经济流速初选管径时，还应注意哪些问题？为什么？

学习情境五　树状管网水力计算

一、树状管网水力计算步骤

(1)按城镇管网布置图,绘制计算草图,对节点和管段顺序编号,并标明管段长度和节点地形标高。

(2)按最高日最高时用水量计算节点流量,并在节点旁引出箭头,注明节点流量。大用户的集中流量也标注在相应节点上。

(3)在管网计算草图上,从距二级泵站最远的管网末梢的节点开始,按照任一管段中的流量等于其下游所有节点流量之和的关系,逐个向二级泵站推算每个管段的流量。

(4)确定管网的最不利点(控制点),选定泵房到控制点的管线为干线。有时控制点不明显,可初选几个点作为管网的控制点。

(5)根据管段流量和经济流速求出干线上各管段的管径和水头损失。

(6)按控制点要求的最小服务水头和从水泵到控制点管线的总水头损失,求出水塔高度和水泵扬程(若初选了几个点作为控制点,则使二级泵站所需扬程最大的管路为干线,相应的点为控制点)。

(7)支管管径参照支管的水力坡度选定,即按充分利用起点水压的条件来确定。

(8)根据管网中各节点的压力和地形标高,绘制等水压线图和自由水压线图。

二、树状管网水力计算实例

(一)计算条件

某管网布置如图2-18所示,用水量较大的工厂和公共建筑集中流量分别为 $q_6=25.0$ L/s 和 $q_9=17.4$ L/s,分别由管段5—6和管段8—9供给,其两侧无其他用户。最小服务水头(即用户从地面算起所需要的水压高程)为 $H_a=20$ m。

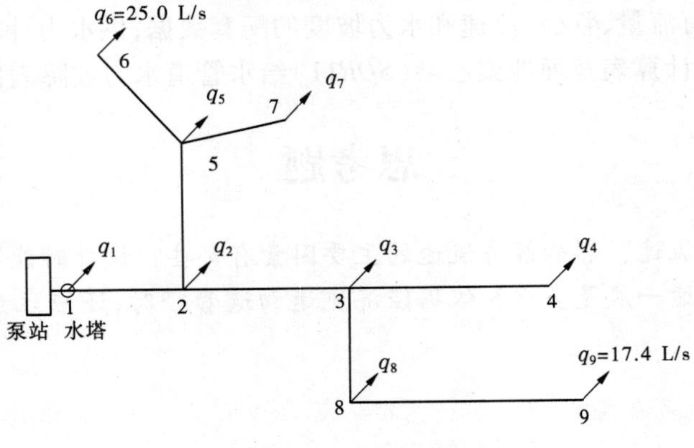

图 2-18　树状管网计算例题示意

1. 标高

管网各节点及水塔位置处地面标高见表2-16。

表2-16　管网各节点及水塔位置处地面标高

位置	1(水塔)	2	3	4	5	6	7	8	9
标高(m)	57.4	56.6	56.3	56.0	56.3	56.0	56.1	56.2	55.7

2. 节点流量

管网各节点流量值见表2-17。

表2-17　管网各节点流量值

位置	q_1	q_2	q_3	q_4	q_5	q_6	q_7	q_8	q_9
流量(L/s)	8.45	28.51	30.62	12.67	16.27	25.0	6.76	7.39	17.4

3. 各管段长度

各管段长度见计算过程中各表。

(二)计算要求

(1)管段流量计算,某管段的管段流量等于该管段后所有节点流量之和。

(2)管材选用给水铸铁管,确定管径。

(3)进行管段的水力计算,计算水头损失。

(4)确定水塔高度 H_t,并计算各节点水压高程和自由水压。

(5)确定水泵扬程 H_p。

(三)计算过程

1. 选择控制点,确定干管和支管

由于各节点要求的自由水压相同,根据地形和用水量情况,控制点选为节点4,干管定为1—2—3—4,其余为支管。

2. 确定各管段的计算流量

按 $q_i + \sum q_{ij} = 0$ 的条件,从管线终点(包括各支管)开始,向供水起点方向逐个节点推算,即可得到各管段的计算流量:

由4节点,得 $q_{3-4} = q_4 = 12.67$(L/s)

由3节点,得 $q_{2-3} = q_3 + q_{3-4} + q_8 + q_{8-9} = 30.62 + 12.67 + 7.39 + 17.4 = 68.08$(L/s)

同理,可得其余各管段计算流量。

3. 编制干管水力计算表

(1)由各管段的计算流量,查铸铁管水力计算表,参照经济流速,确定各管段的管径和相应的1 000i 及流速。

管段3—4的计算流量12.67 L/s,由铸铁管水力计算表查得:当管径分别为125 mm、150 mm、200 mm时,相应的流速分别为1.04 m/s、0.72 m/s、0.40 m/s。前已指出,当管径 $D = 100 \sim 400$ mm时,平均经济流速为0.6～0.9 m/s,管段3—4的管径应确定为150 mm,相应的1 000i = 7.20,流速 $v = 0.73$ m/s。同理,可确定其余管段的管径和相应的1 000i

和流速，其结果见计算表 2-18 中第(6)、(7)、(8)列。

(2)根据 $h = iL$ 计算出各管段的水头损失，计算结果见表第(9)列。

(3)计算干管各节点的水压标高和自由水压。

因管段起端水压标高 H_i 和终端水压标高 H_j 与该管段的水头损失 h_{ij} 存在下列关系：

$$H_i = H_j + h_{ij}$$

干管节点水压标高 H_i、自由水压 H_{0i} 与该处地形标高 Z_i 存在下列关系：

$$H_{0i} = H_i - Z_i$$

由于控制点 4 节点要求的水压标高为已知：

$$H_4 = Z_4 + H_{04} = 56.0 + 20 = 76.0(\text{m})$$

干管上各节点的水压标高和自由水压计算结果见表 2-18 中第(10)、(11)列。

表 2-18　干管水力计算表

节点	标高(m)	管段编号	管长(m)	流量(L/s)	管径(mm)	1 000i	流速(m/s)	水头损失(m)	水压标高(m)	自由水压(m)
(1)	(2)	(3)	(4)	(5)	(6)	(7)	(8)	(9)	(10)	(11)
4	56.0								76.00	20.00
		3—4	600	12.67	150	7.20	0.73	4.32		
3	56.3								80.32	24.02
		2—3	500	68.08	300	4.90	0.96	2.45		
2	56.6								82.77	26.17
		1—2	400	144.62	500	1.53	0.73	0.61		
1	57.4								83.38	25.98

4. 支管水力计算

由于干管上各节点的水压已经确定，即支管起点的水压已定，因此支管各管段的经济管径选定必须满足：从干管节点到该支管的控制点(常为支管的终点)的水头损失之和应等于或小于干管上此节点的水压标高与支管控制点所需的水压标高之差，即按平均水力坡度确定管径。但当支管由两个或两个以上管段串联而成时，各管段水头损失之和可有多种组合满足上述要求。现以支管 3—8—9 为例说明。

计算支管 3—8—9 的平均允许水力坡度，即

$$\text{允许 } 1\,000i = 1\,000 \times \frac{80.32 - (55.7 + 20.0)}{350 + 700} = 4.4$$

由 $q_{3\text{—}8} = 24.79$ L/s，查铸铁管水力计算表，参照允许 1 000i = 4.4，得 $D_{3\text{—}8} = 200$ mm，相应的实际 1 000i = 5.88，则：

$$h_{3\text{—}8} = \frac{5.88}{1\,000} \times 350 = 2.06(\text{m})$$

计算 8 点的水压标高和自由水压：

$$H_8 = H_3 - h_{3\text{—}8} = 80.32 - 2.06 = 78.26(\text{m})$$

$$H_{08} = H_8 - Z_8 = 78.26 - 56.2 = 22.06(\text{m})$$

由节点 8 的水压标高即可计算管段 8—9 的平均允许 1 000i 为：

$$\text{允许 } 1\,000i = 1\,000 \times \frac{78.26 - (55.7 + 20.0)}{700} = 3.66$$

由 $q_{8-9}=17.4$ L/s，查铸铁管水力计算表，参照允许 $1\ 000i=3.66$，得 $D_{8-9}=200$ mm 相应的实际 $1\ 000i=2.99$，则：

$$h_{8-9}=\frac{2.99}{1\ 000}\times 700=2.09(\text{m})$$

同理，可计算出节点 9 的水压标高和自由水压：

$$H_9=H_8-h_{8-9}=78.26-2.09=76.17(\text{m})$$

$$H_{09}=H_9-Z_9=76.17-55.7=20.47(\text{m})$$

按上述方法可计算出所有支管管段，计算结果见表 2-19。

表 2-19　支管水力计算表

节点	地形标高(m)	管段编号	管段长度(m)	流量(L/s)	参考 1 000i	管径(mm)	1 000i	水头损失(m)	水压标高(m)	自由水压(m)
(1)	(2)	(3)	(4)	(5)	(6)	(7)	(8)	(9)	(10)	(11)
3	56.3	3—8	350	24.79	4.40	200	5.88	2.06	80.32	24.02
8	56.2								78.26	22.06
8	56.2	8—9	700	17.40	3.66	200	2.99	2.09		
9	55.7								76.17	20.47
2	56.6	2—5	450	48.03	8.70	250	6.53	2.94	82.77	26.17
5	56.3								79.83	23.53
5	56.3	5—7	320	6.76	11.65	150	2.31	0.74	79.83	23.53
7	56.1								79.09	22.99
5	56.3	5—6	370	25.00	10.35	200	5.98	2.21	79.83	23.53
6	56.0								77.62	21.62

注：管段 8—9、管段 5—6 按现有水压条件均可选用 100 mm 管径，但考虑到消防水量的要求，管网最小管径定为 150 mm。

5. 确定水塔高度

水塔高度 $H_t=83.38-57.4=25.98$ m。

6. 确定二级泵站所需的总扬程

设吸水井最低水位标高 $Z_p=53.00$ m，泵站内吸、压水管的水头损失取 $\sum h_p=3.0$ m，水塔水柜深度为 4.5 m，水泵至 1 点间的水头损失为 0.5 m，则二级泵站所需总扬程为：

$$\begin{aligned}H_p&=H_{st}+\sum h+\sum h_p=(Z_t+H_t+H_0-Z_p)+h_{泵-1}+\sum h_p\\&=(57.4+25.98+4.5-53.0)+0.5+3.0\\&=38.38(\text{m})\end{aligned}$$

思考题

1. 简述树状管网的计算步骤。
2. 树状管网计算时，干管和支管如何划分，两者确定管径的方法有何不同？

习　题

一工厂区给水管网按树状管网考虑，节点1处和环状的城市给水管网相连，城市管网的工作压力为0.2 MPa，城市向该工矿区最高日最高时的供水量为60 L/s，各节点标高、节点流量及管段长度见图2-19。工厂区房屋多数为6层，因节点9距离节点1最远，选为计算的控制点，该点所需水头定为28 m，问各管段的口径选为多少？节点1若设一串联加压站，该加压站出水水头应为多少？

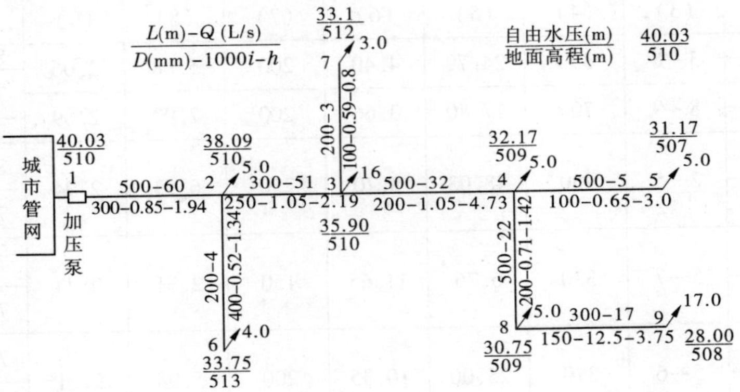

图 2-19　树状管网计算示意

提示：(1) 确定各管段中的计算流量。

在树状管网中，因水流方向已定，可以由距离管网最远的末端节点9向供水点推算，推算时应使每一节点流进的流量和流出的流量一致。如：管段3—4的流量为32.0 L/s，管段3—7的流量为3.0 L/s，节点3的节点流量为16.0 L/s，则管段2—3的管段流量为51.0 L/s。其他管段可依此类推。

(2) 根据管段流量和经济流速的关系选定口径，从水力计算表或附录查出管道每米的阻力，计算出各管段的水头损失。

(3) 计算节点水压高程。

按控制节点9的地面标高及所需水压（自由水头）求出该点水压线标高为 $508 + 28 = 536.0$ (m)，再加上管段8—9、4—8、3—4、2—3、1—2的水头损失值及标高差，求得节点1的水压标高为：$536.0 + 3.75 + 1.42 + 4.73 + 2.19 + 1.94 = 550.03$ (m)。

上述值减去节点 1 的地面标高，得加压站出水水头值为：550.03−510.0＝40.03（m）。

若计入局部水头损失（一般取沿程水头损失的 5%～10%），则计算的加压泵站出水总水头应略大于：（40.03+510.00−508.00−28.00）×（1+10%）+508.00+28.00−510.00＝41.43（m）。

学习情境六　环状管网计算

一、环状管网计算原理

根据水力学原理，环状管网计算时，必须满足下列基本水力条件。

（一）连续性方程

对任一节点来说，流入该节点的流量必须等于流出该节点的流量。规定流入节点流量为正，流出节点流量为负，则任一节点的流量代数和等于零，即：

$$Q_i + \sum q_{ij} = 0 \tag{2-33}$$

（二）能量方程

在环状管网任一闭合环路内，水流为顺时针方向的各段水头损失之和等于水流为逆时针方向的各段水头损失之和。即对任一节点来说，流入该节点的流量等于流出该节点的流量。若规定顺时针方向的各段水头损失为正，逆时针方向的各段水头损失为负，则在任一闭合环路内，各管段水头损失的代数和等于零，即 $\sum h_{ij} = 0$，如图 2-20 所示，根据能量方程有：

$$h_{1-2} + h_{2-4} + (-h_{3-4}) + (-h_{1-3}) = 0$$

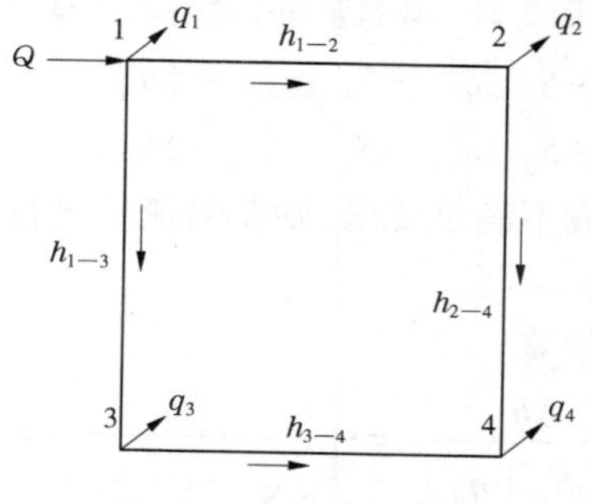

图 2-20　环状管网示意

对于环状管网，拟定管段水流方向，就可根据连续性方程（节点流量平衡）对管网各节点流量进行流量的初分配，根据初分流量和经济流速可拟定管径，并计算水头损失，但是能量方程有可能不满足，即环内正反两个方向的水头损失不相等。环内正反两个方向的水头损失之差，或闭合环内正反两个方向的水头损失代数和称作闭合差。若存在闭合差，表示水流不会按原拟定的水流方式流动，因此需调整管段流量，使闭合差等于零或减小到一定精度范围，这个调整流量的过程就叫管网平差。

管网平差计算时，一般基环和大环闭合差达到一定精度要求后，管网平差就结束。手工计算时，基环闭合差要求小于0.5 m，大环闭合差要求小于1.0 m；电算时，闭合差可达到任何精度，一般采用0.01~0.05 m。

二、环状管网平差计算

（一）哈代-克罗斯法

1.条件

将管段初分流量 $q_{ij}^{(0)}$ 赋予正负号，如顺时针为正，逆时针为负，进行管段的水力计算，即由 $q_{ij}^{(0)}$ 选出管径，计算出各管段的水头损失。对计算的水头损失和流量赋予相同的正负号，并计算各环中各管段水头损失代数和 $\sum h_{ij}$（闭合差 Δh）。如图 2-21 所示环状管网，有：

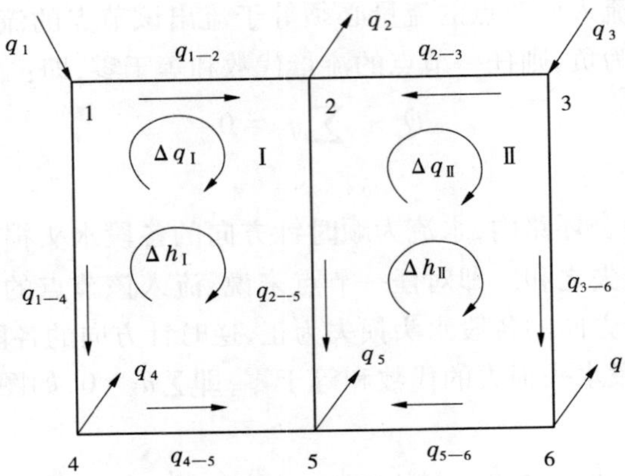

图 2-21　环状管网平差计算示意图

环Ⅰ　$S_{1-2}q_{1-2}^2+S_{2-5}q_{2-5}^2-S_{1-4}q_{1-4}^2-S_{4-5}q_{4-5}^2=\Delta h_{\mathrm{I}}$

环Ⅱ　$S_{3-6}q_{3-6}^2+S_{5-6}q_{5-6}^2-S_{2-3}q_{2-3}^2-S_{2-5}q_{2-5}^2=\Delta h_{\mathrm{II}}$

若计算的闭合差不为零或不满足要求，则要对流量进行校正，进行平差计算。

2.求校正流量

计算校正流量可按下式估算：

$$\Delta q=-\frac{\Delta h}{2\sum S_{ij}\mid q_{ij}\mid}=-\frac{\Delta h}{2\sum \dfrac{S_{ij}\mid q_{ij}^2\mid}{q_{ij}}}=-\frac{\Delta h}{2\sum \left|\dfrac{h_{ij}}{q_{ij}}\right|} \tag{2-34}$$

式中　Δq——某环的校正流量，L/s；

Δh——某环的闭合差，等于各管段水头损失代数和，m；

h_{ij}——管段的水头损失，m；

S_{ij}——管段的摩阻，s^2/m^5。

3.管段校正后的流量

$$q_{ij}^{(1)}=q_{ij}^{(0)}+\Delta q_{本}^{(0)}-\Delta q_{邻}^{(0)} \tag{2-35}$$

式中　$q_{ij}^{(1)}$——管段一次校正后的流量，L/s；

$q_{ij}^{(0)}$——管段的初分流量，L/s；

$\Delta q_{本}^{(0)}$——本环的校正流量,L/s;

$\Delta q_{邻}^{(0)}$——邻环的校正流量,L/s。

4.环状管网平差步骤及计算表格

计算步骤如下所述:

(1)根据连续性条件初步分配管段流量,并赋予管段流量正负号,如顺时针为正,逆时针为负;

(2)确定各管段管径,计算水头损失;

(3)把水头损失与流量赋予相同正负号,以顺时针方向为正,逆时针方向为负,计算各环的水头损失闭合差;

(4)计算各管段的 $|S_{ij}q_{ij}|$ 和每一环的 $\sum|S_{ij}q_{ij}|$;

(5)计算各环的校正流量;

(6)计算各管段的校正后流量;

(7)对管段流量加上校正后流量重新计算水头损失,直到最大闭合差小于允许误差。

管网平差计算用表见表 2-20。

表 2-20　管网平差计算用表

环号	管段	管长 l (m)	管径 D (mm)	初分流量			第一次校正				
				q(L/s)	1 000i	h(m)	$\left\|\frac{h}{q}\right\|$	Δq(L/s)	q(L/s)	1 000i	h(m)

5.环状管网计算步骤

(1)按城镇管网布置图,绘制计算草图,对节点和管段顺序编号,并标明管段长度和节点地形标高。

(2)按最高日最高时用水量计算节点流量,并在节点旁引出箭头,注明节点流量。大用户的集中流量也标注在相应节点上。

(3)在管网计算草图上,将最高时用水由二级泵站和水塔供入管网的流量(指对置水塔的管网),沿各节点进行流量预分配,定出各管段的计算流量。

(4)根据所定出的各管段计算流量和经济流速,选取各管段的管径。

(5)计算各管段的水头损失 h 及各个环内的水头损失代数和 $\sum h$。

(6)若 $\sum h$ 超过规定值(即出现闭合差 Δh),须进行管网平差,将预分配的流量进行校正,以使各个环的闭合差达到所规定的允许范围。

(7)按控制点要求的最小服务水头和从水泵到控制点管线的总水头损失,求出水塔高度和水泵扬程。

(8)根据管网各节点的压力和地形标高,绘制等水压线图和自由水压线图。

(二)环状管网平差简化计算方法

当用哈代-克罗斯法对管网进行平差计算时,每一次平差计算都须对所有环一起进行平差，工作量较大。在实际手工管网平差过程中，往往仅对闭合差较大的部分环进行平差，这样的校正平差方法叫最大闭合差环的校正法，是管网平差的简化计算方法。

采用最大闭合差环的校正法校正流量，关键在于最大闭合差环的选择。理解以下最大闭合差环的校正法对相邻环闭合差的影响情况，有利于管网简化计算中最大闭合差环的选择。

(1)由于大环闭合差等于构成该大环各基环闭合差的代数和，因此通常选择闭合差方向相同的相邻环组成大环，进行大环平差。

(2)当采用最大闭合差环的校正法时，对与大环闭合差方向相反的邻环是有利的，即闭合差会降低，而对与大环闭合差方向相同的邻环是不利的，即闭合差反而会升高。

如图2-22(a)所示，选择闭合差最大的环4—5—8—7—4(闭合差3.0 m，为逆时针)进行平差，以相邻环1—2—5—4—1(闭合差0.8 m，为顺时针)和环5—6—9—8—5(闭合差0.7 m，为顺时针)都是有利的。

如图2-22(b)所示，选择由环4—5—8—7—4和环5—6—9—8—5组成的大环4—5—6—9—8—7—4(闭合差4.5 m，为逆时针)进行平差，对相邻环1—2—5—4—1(闭合差0.9 m，为顺时针)和2—3—6—5—2(闭合差0.8 m，为顺时针)都是有利的。

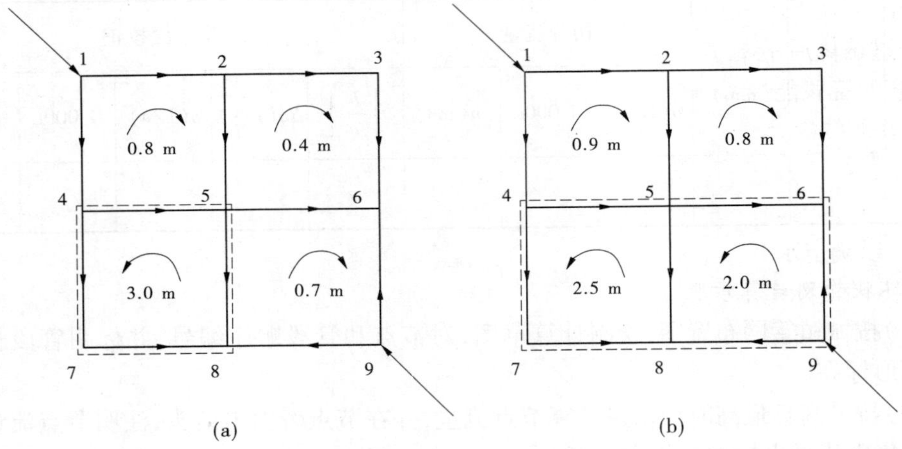

图2-22 管网平差简化算示意

(三)管网校核计算

管网中管段的管径和水泵的扬程是按最高日最高时用水量和水压要求设计的，但是用水情况会变化，为了核算选定的管径和水泵能否满足不同工作情况下的要求，就需进行其他用水量条件下的计算，以确保经济供水。通过核算，有时需将管网中个别管段适当放大，也有可能需要另选水泵。

1.消防时校核

消防时的核算，是先以最高时用水量确定的管径为基础，然后按最高时用水量另加消防流量进行流量分配。因此，应按最高时用水流量加消防流量及消防压力进行核算。核算时，将消防流量加在设定失火点处的节点上，即该节点总流量等于最高用水时节点流量加一次灭火用水流量，其他节点仍按最高用水时的节点流量，管网供水区内设定的灭火点数目和一次灭火用水流量均按《建筑设计防火规范》(2018 版)(GB 50016—2014)确定。若只有一处失火,可考虑发生在控制点处;若同时有两处失火,应从经济和安全等方面考虑,一处可放在控制点,另一处可设定在离二级泵站较远或靠近大用户的节点。

核算时,应按消防对水压的要求进行管网的水压分析计算,低压消防一般要求失火点处的自由水压不低于 10 mH_2O (98 kPa)。虽然消防时比最高时所需的服务水头要小得多,但因消防时通过管网流量增大,各管段的水头损失相应增加,按最高时确定的水泵扬程有可能不满足消防时的需要,因此需放大个别管段的管径,以减小水头损失。若最高时和消防时的水泵扬程相差很大,须专设消防泵供消防时使用。

2. 事故时校核

管网主要管段发生损坏时,必须及时检修,在检修时间内供水量允许减少,但设计水压一般不应降低。事故时管网供水流量与最高时设计流量之比,称为事故流量降落比,用 R 表示。R 的取值根据供水要求确定,城镇的事故流量降落比 R 一般不低于 70%,工业企业的事故流量降落比 R 按有关规定确定。

核算时,管网各节点的流量应按事故时用户对供水的要求确定。若无特殊要求,也可按事故流量降落比统一折算,即事故时,管网的节点流量等于最高时各节点的节点流量乘以事故降落比 R。

经过核算后不符合要求时,应在技术上采取措施。若当地给水管理部门检修力量较强,损坏的管段能及时修复,且断水产生的损失较小,事故时的管网核算要求可适当降低。

3. 最大转输时校核

设对置水塔的管网,在最高用水时由泵站和水塔同时向管网供水,但在一天内抽水量大于用水量的时段内,多余的水经过管网送入水塔储存,因此这种管网应按最大转输流量来核算,以确定水泵能否将水送进水塔。核算时,管网各节点的流量需先按最大转输时管网各节点的实际用水量求出。因节点流量随用水量的变化成比例地增减,所以最大转输时各节点流量可按下式计算:

$$q_{zi} = k_{zs} q_i \tag{2-36}$$

式中　q_i——最高用水时的节点流量,L/s;

k_{zs}——最大转输时节点流量折减系数,其值可按下式计算:

$$k_{zs} = \frac{Q_{zy} - \sum Q_{zi}}{Q_h - \sum Q_i} \tag{2-37}$$

式中　Q_{zy}、Q_h——最大转输时和最高用水时管网总用水量,L/s;

Q_{zi}、Q_i——最大转输时已确定节点流量和与之相对应的最高用水时的节点流量,L/s。

然后,按最大转输时的流量进行分配和计算。核算时,应按最大转输流量输入水塔水柜中最高水位所需水压进行管网的水压计算。

(四)计算结果整理

管网平差结束后,将最终平差结果 l_{ij}(m)、D_{ij}(mm)、q_{ij}(L/s)、i、h_{ij}(m)按一定的形式标注在管网平面图上相应的管段旁,进行下列内容的计算。

1.管网各节点水压标高和自由水压计算

对于起点水压未知的管网进行水压计算时,应选择管网的控制点,由控制点所要求的水压标高依次推出各节点的水压标高和自由水压,计算方法同枝状管网。由于存在闭合差,即 $\Delta h \neq 0$,利用不同管线水头损失所求得的同一节点的水压值常不同,但差异较小,不影响选泵,可不必调整。

网前水塔管网系统在进行消防和事故工作校核时,由控制点按相应条件推算到水塔处的水压标高可能出现三种情况:一是高于水塔最高水位,此时必须关闭水塔,其水压计算与无水塔管网系统相同;二是低于水塔最低水位,此时水塔无须关闭,仍可起调节流量作用,但由于水塔高度一定,不能改变,所以这种情况管网系统的水压应由水塔控制,即由水塔开始,推算到各节点(包括二级泵站);三是介于水塔最高水位和最低水位之间,此种情况水塔调节容积不能全部利用,应视具体情况按上述两种情况之一进行水压计算。

对于起点水压已定的管网进行水压计算时,无论何种情况,均从起点开始,按该点现有的水压值推算到各节点,并核算各节点的自由水压是否满足要求。

经上述计算得出的各节点水压标高、自由水压及该节点处的地形标高,按一定格式写在相应管网平面图的节点旁。

2.绘制管网水压线图

管网水压线图分为等水压线图和等自由水压线图两种,其绘制方法与绘制地形等高线图相似。当两节点间管径无变化时,水压标高将沿管线的水流方向均匀降低,据此从已知水压点开始,按 0.5~1.0 m 的等高距(水压标高差)推算出各管段上的标高点。在管网平面图中,用插值法按比例用细实线连接相同的水压标高点,即可绘出等水压线图。水压线的疏密可反映出管线的负荷大小,整个管网的水压线最好均匀分布。如某一地区的水压线过密,表示该处管网的负荷过大,所选用的管径偏小。水压线的密集程度可作为今后放大管径或增敷管线的依据。

由等水压线图标高减去各点地面标高得自由水压,用细实线连接相同的自由水压即可绘出等自由水压线图,如图 2-23 所示。管网等自由水压线图可直观反映整个供水区域内高、低压区的分布情况和服务水压偏低的程度。因此,管网水压线图对供水企业的管理和管网改造有很好的参考价值。

3.水塔高度计算

按最高时平差结果和设计水压求出水塔高度。在核算时,水塔高度若不能满足其他最不利工作情况的供水要求,一般不修正水塔高度。网前水塔只需将水塔关闭,而对置水塔只需调整供水流量。

4.水泵扬程及供水总流量计算

由管网控制点开始,按相应的计算条件(最高时、消防时、事故时、最大转输时),经管网和输水管推算到二级泵站,求出水泵扬程和供水总流量,便于选泵。管网有几种计算情况就对应有几组数据。各种管网系统在最不利工作情况下,二级泵站的设计供水参数见表 2-21。

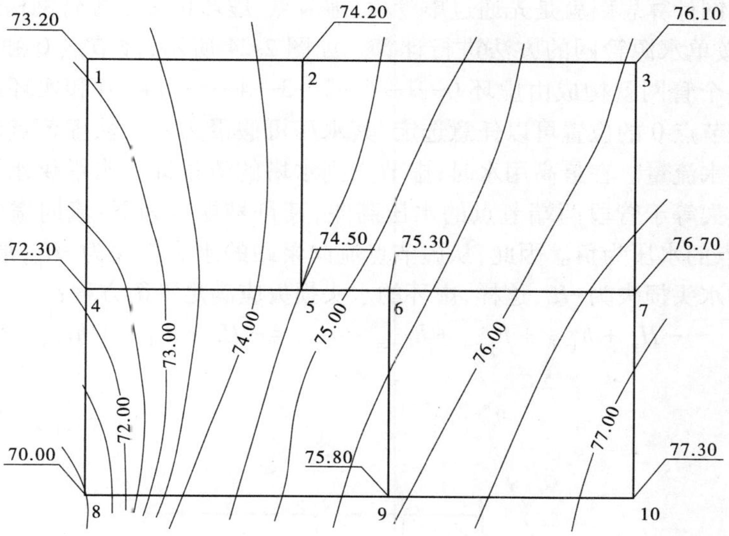

图 2-23　管网等自由水压线

表 2-21　各管网系统二级泵站设计供水参数

工作情况		无水塔管网系统	网前水塔管网系统		对置水塔管网系统
			不关闭水塔时	关闭水塔时	
最高时	流量(L/s)	Q_h	$Q_{Ⅱmax}$	—	$Q_{Ⅱmax}$
	扬程(m)	H_p	H_p	—	H_p
消防时	流量(L/s)	Q_h+Q_x	$Q_{Ⅱmax}+Q_x$	—	$Q_{Ⅱmax}+Q_x$
	扬程(m)	H_{px}	H_{px}	H_{px}	H_{px}
事故时	流量(L/s)	RQ_h	$RQ_{Ⅱmax}$	—	$RQ_{Ⅱmax}$
	扬程(m)	H_{psk}	H_{psk}	H_{psk}	H_{psk}
最大转输时	流量(L/s)	—	—	—	$Q_{Ⅱzs}$
	扬程(m)	—	—	—	H_{pz}

注：(1)$Q_{Ⅱmax}$、$Q_{Ⅱzs}$分别表示二级泵站最大一级和最大转输时供水量；

(2)R 为事故流量降落比，城镇的事故流量降落比 R 一般不小于 70%。

三、多水源管网计算

许多城市往往采用的是多水源管网系统，多水源管网的计算原理和单水源管网相同。对于多水源管网计算的关键是如何把多水源管网构建成单水源管网形式，再用单水源管网的计算方法进行平差计算。

多水源管网计算思路就是先通过虚管段、虚节点、虚环把多水源管网构造为单水源管网形式，然后按单水源管网的方法进行计算。如图 2-24 所示，虚节点 0 和虚管段 0—1、0—14，这样整个管网就构成由虚环 0—1—6—2—3—4—5—14—0 和实环组成的单水源管网形式。虚节点 0 的位置可以任意选定，其水压可假设为零。从虚节点流向泵站的流量即为泵站供水流量。在最高用水时，虚节点到水塔的流量即为水塔供水流量。规定虚管段的水头损失等于管段两端节点的水压高差，其符号规定如下：流向虚节点的水压为正，流离虚节点的水压为负。因此，从虚节点流向泵站的水头损失为$-H_p$，最高用水时，虚节点到水塔的水头损失为$-H_t$，这样，虚环的水头损失应满足平衡方程：

$$-H_p+h_{1-6}+h_{6-2}+h_{2-3}+h_{3-4}=-H_t+h_{14-5}+h_{5-4}$$

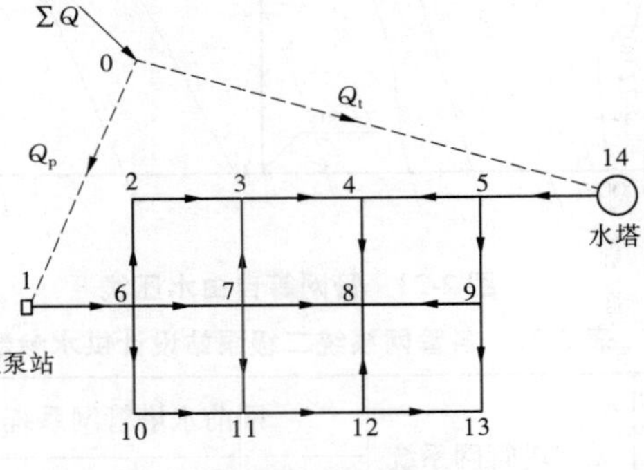

图 2-24　多水源管网计算示意图

若规定虚管段的水头损失正负号则有：

$$-(-H_p)-h_{1-6}-h_{6-2}-h_{2-3}-h_{3-4}+(-H_t)+h_{14-5}+h_{5-4}=0$$

即

$$H_p-h_{1-6}-h_{6-2}-h_{2-3}-h_{3-4}+h_{14-5}+h_{5-4}-H_t=0$$

多水源供水能量平衡如图 2-25 所示。

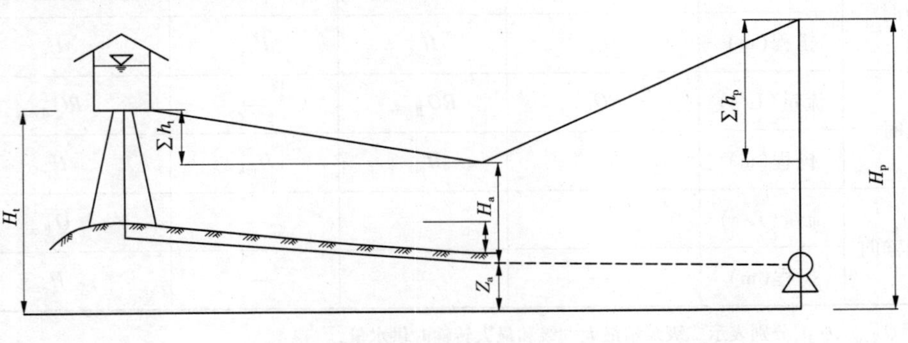

图 2-25　多水源供水能量平衡示意图(最大用水时)

思考题

1.什么是节点流量平衡条件？什么是闭合环路内水头损失平衡条件？为何环状管网计算须同时满足这两个条件？

2.什么是闭合差？闭合差大小及正负各说明什么问题？

3.什么是管网平差？为什么要进行管网平差？

4.绘制管网等水压线图有什么意义？应怎样绘制？

5.多水源管网水力计算和单水源管网计算，各应满足什么要求？

能力提升

某城镇给水管网布置图如图 2-26 所示，已知最高日最高时的流量为 219.8 L/s，试进行平差计算，并确定水塔高度。

假设各节点地面标高均为 1 900.00 m，水塔处地面标高为 1 920.00 m，控制点最小服务水头为 28 m。

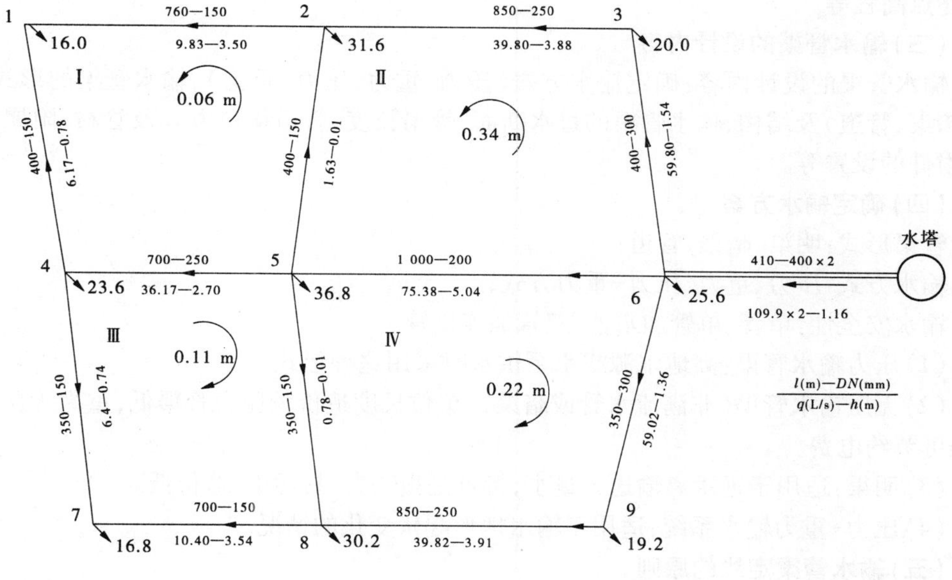

图 2-26　管网计算实训

提示：

(1)由管网总用水量和各管段长度计算各节点的节点流量，方法：求 q_b—q_l—q_i。

(2)拟定水流方向，进行管网初始流量分配，考虑经济流速选定各管段管径，计算各管段水头损失。

(3)进行第一次管网平差计算(计算闭合差、校正流量及管段调整后的流量和水头损失)参考相关资料。

(4)计算管段流量第一次平差调整后各环的闭合差 Δh，若 Δh 超过规定值，须进行第二次管网平差，直至各个环的闭合差达到所规定的允许范围。

(5)平差结束后，按控制点要求的最小服务水头和从控制点到水塔管线的总水头损失，求出水塔高度。

学习情境七　输水管渠设计

一、概述

(一)输水管渠的定义及分类

输水管渠是指沿线不发生流量变化的管渠,它的基本要求是保证不间断供水,输水管渠可分为两类。一类是从水源到水厂,设计流量为最高日平均时流量加水厂自用水量;另一类是从水厂到管网,设计流量为二级泵站最大供水量。

(二)输水管渠的设计依据

输水管渠的设计依据有设计流量,输水水质,输水区地形图及工程地质资料,输水起点、终点高程等。

(三)输水管渠的设计内容

输水管渠的设计内容:确定输水方式(压力、重力、压力-重力),输水管渠的形式(明渠、暗渠、管道)及结构,输水管渠的过水断面,管渠长度,管道接口方式及管材,附属构筑物、附件的设置等。

(四)确定输水方案

管渠形式:明渠、暗渠、管道;

输水方式:压力、重力、压力-重力方式;

输水安全性:单管、单管加水池、双管加连接管。

(1)压力输水管渠:高地水源或水泵供水时采用这种形式。

(2)无压输水管渠(非满流水管或暗渠):单位长度造价较压力管渠低,重力无压输水管渠可节约电费。

(3)明渠:适用于远距离输送大量水,特点是损耗大、易污染、造价低。

(4)压力-重力输水系统:适用于输水地形起伏变化的情况。

(五)输水管渠定线的原则

(1)沿现有道路或规划道路;

(2)尽量缩短输水距离;

(3)充分利用地形高差,优先考虑重力输水;

(4)尽可能避开障碍物和工程地质条件不良地区;

(5)减少拆迁,少占农田,不占农田;

(6)便于施工、运行、维护。

(六)输水管渠水力计算的任务

输水管渠水力计算的任务是确定管径和水头损失,以及达到一定事故流量所需的输水管的条数和需设置的连接管条数。具体要求是:

(1)保证正常水量、水压要求;

(2)保证事故流量(Q_a)为设计流量的70%,即$R=\dfrac{Q_a}{Q}\geqslant 70\%$。

（七）计算公式

（1）管径确定：

$$D=\sqrt{\frac{4Q}{\pi v_e}} \tag{2-38}$$

式中　v_e——平均经济流速，m/s，当 $D=100\sim400$ mm 时，v_e的取值为 0.6～0.9 m/s；$D>400$ mm 时，v_e的取值为 0.9～1.4 m/s。

（2）水头损失计算：

$$h=(1.05\sim1.10)il=(1.05\sim1.10)SQ^2 \tag{2-39}$$

二、输水管水力计算

（一）重力供水时的压力输水管

当水源在高地（如取用蓄水库水）时，若水源水位和水厂内第一个水处理构筑物之间有足够的水位高差克服两者管道的水头损失，可利用水源水位向水厂重力输水。

（1）当重力流压力输水管输水时，位置水头=水头损失，能量关系如图 2-27 所示。

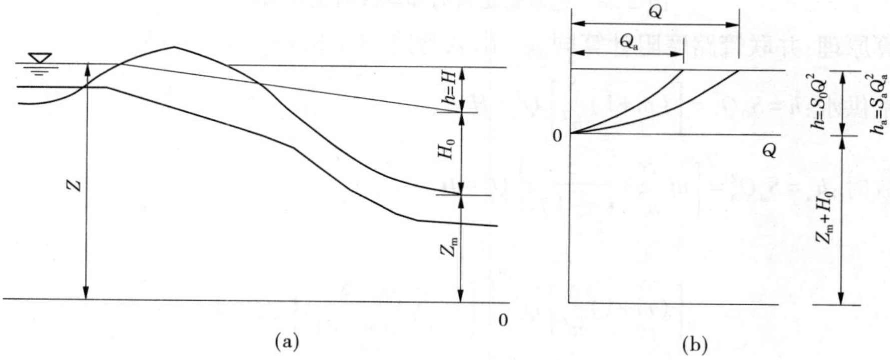

图 2-27　重力流压力输水管

（2）n 条并联输水管（S、n、Q）。

计算原理：并联管路摩阻

$$\frac{1}{\sqrt{S_0}}=\frac{1}{\sqrt{S_1}}+\frac{1}{\sqrt{S_2}}+\frac{1}{\sqrt{S_3}}+\cdots+\frac{1}{\sqrt{S_n}}$$

若 $S_1=S_2=S_3=\cdots=S$，则有：$S_0=\dfrac{S}{n^2}$

正常供水：
$$h=Q^2S_0=Q^2\frac{S}{n^2}=H$$

事故时：
$$h_a=Q_a^2S_a=Q_a^2\frac{S}{(n-1)^2}=H$$

则有
$$Q_a^2\frac{S}{(n-1)^2}=Q^2\frac{S}{n^2}$$

即

$$R=\frac{Q_a}{Q}=\frac{n-1}{n}\geqslant 70\%$$

(3) n 条并联输水管加 m 条连接管输水（S、n、m、Q）计算，输水管正常时和事故时工作情况如图 2-28 所示。

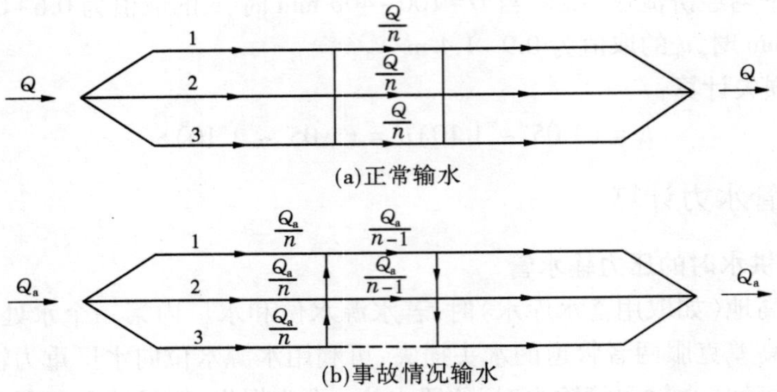

图 2-28　输水管正常时和事故时工作情况

计算原理：并联管路摩阻计算同前，串联管路：$S_0=S_1+S_2+S_3+\cdots+S_n$

正常供水：$h=S_0Q^2=\left[(m+1)\dfrac{S}{n^2}\right]Q^2=H$

事故时：$h_a=S_aQ_a^2=\left[m\dfrac{S}{n^2}+\dfrac{S}{(n-1)^2}\right]Q_a^2=H$

则有：

$$\left[(m+1)\frac{S}{n^2}\right]Q^2=\left[m\frac{S}{n^2}+\frac{S}{(n-1)^2}\right]Q_a^2=H$$

即

$$R=\frac{Q_a}{Q}=\sqrt{\frac{S_0}{S_a}}=\sqrt{\frac{S\dfrac{(m+1)}{n^2}}{\dfrac{m}{n^2}S+S\dfrac{1}{(n-1)^2}}}\geqslant 70\%$$

重力供水时，输水管及连接管条数根据表 2-22 选择。

表 2-22　m、n 值不同时的 R 值

n	当 m 为下列值时的 R 值				
	0	1	2	3	4
2	0.50	0.63	0.71	0.76	0.79
3	0.67	0.78	0.84	0.87	0.89
4	0.75	0.85	0.89	0.91	0.93

(二)水泵供水时的压力输水管

1.计算内容及依据

1)内容

在两条并联输水管条件下,连接管数(m)的确定。

2)依据

水泵特性曲线:$H_p=H_b-SQ^2$,S为水泵的摩阻;

输水管特性曲线:$H_p=H_{st}+S'Q^2$,S'为管路摩阻,$S'=S_p+S_d$。

2.设置网前水塔时

$$m+1=N=\frac{(S_1-S_d)R^2}{(S+S_p+S_d)(1-R^2)} \tag{2-40}$$

式中　S——水泵的摩阻,s^2/m^5;

S_p——泵站内部管道的摩阻,s^2/m^5;

S_1——事故输水管的摩阻,s^2/m^5;

S_d——输水系统正常工作时的总摩阻,s^2/m^5;

R——事故时允许流量降落比,按供水要求确定。

3.设置对置水塔时

$$m+1=N=\frac{(S_1-S_d)R^2}{(S+S_p+S_c+S_d)(1-R^2)} \tag{2-41}$$

式中　S_c——管网起点至控制点管路的总摩阻,s^2/m^5。

思考题

1.几条平行管线组成的压力输水系统,在中间设置连接管有什么作用?连接管数量应如何确定?如何计算连接管条数?

2.城镇的事故供水量规定为设计用水量的70%,为保证事故输水量,敷设两条平行输水管,需设置多少条连接管?

学习情境八　给水管道附件及附属设施

一、给水管道附件

为了保证给水系统正常运行,便于维修和使用,在管道上需设置必要的阀门、排气阀和泄水阀、消火栓等附件。

(一)阀门

阀门是控制水流、调节管道内的水量、水压的重要设备,并具有在紧急抢修中迅速隔离故障管段的作用。

输水管道和配水管网应根据具体情况设置分段和分区检修的阀门,通常在输配水干管直线段上距离400~1 000 m处装设一检修阀门，且不超过3条配水支管；干线与支线交接处的阀门应设在支线上。配水管网上的阀门，不应超过5个消火栓的布置长度。

阀门的口径一般与管道直径相同，但阀门价格较高，为降低造价，当管径大于500 mm时，允许安装0.8倍管径的阀门。

阀门的种类按闸板分为楔式和平行式两种；按闸杆上下移动分为明杆和暗杆两种。泵站一般采用明杆；输配水管道一般采用手动暗杆、楔式阀门。

(二)排气阀和泄水阀

排气阀的作用是自动排除管道中聚集的空气，一般安装在管网隆起点和平直段的必要位置。

泄水阀的作用是排除管道中的沉积物以及检修时放空管道内存水。一般安装在管网低处和平直段的必要位置。

(三)消火栓

消火栓按安装形式可分为地上式和地下式两种。相关规范规定，接室外消火栓的管网管径不得小于100 mm，消火栓保护半径不应超过150 m，相邻两消火栓的间距不应大于120 m，距离建筑物外墙不得小于5 m，距离行车道边不大于2 m且不宜小于0.5 m。

二、给水管网附属构筑物

(一)井室

管网中的各种附件一般装在井室内，以便操作和检修。井室的深度由管道的埋深确定。平面尺寸由管道直径和附件的种类及数量确定，为便于安装和维修，要求如下：

(1)承口或法兰下边缘至井底的距离不小于0.1 m。

(2)法兰盘和井壁的距离应大于0.15 m，承口外缘到井壁的距离应大于0.3 m。井室的形式可根据附件的类型、尺寸确定，可参照给水排水标准图选用。

(二)给水管线穿越障碍物的措施

1.管线穿越铁路和公路的措施

一般在路基下垂直穿越，通常采取如下措施：

(1)设套管。开槽法施工套管比管道直径大300 mm，管材采用钢制套管或钢筋混凝土套管。掘进顶管的施工套管比管道直径大500~800 mm，其管顶距轨底或路面不宜小于1.2 m。

当穿越临时铁路、次要公路及一般公路且埋深较大时，可不设套管。

(2)给水管线穿越铁路的两端，应设阀门井。在管线较低的一端，设泄水阀和集水井。

2.管道穿越河谷的措施

(1)当河道上设有桥梁时，管道可在人行道下悬吊过桥。

(2)可敷设倒虹管。

(3)管道直径较大，可修建管道桥。

(三)支墩

承插式接口的给水管道，在转弯、三通管端、管堵顶端等处，会产生向外的推力，易引起承插接口松动、脱节,造成破坏。因此,在承插式管道垂直或水平方向转弯等处应设置支墩。支墩可参考给水排水标准图进行设置。

当管径≤350 mm 或转角小于 10°且试验压力不大于 1.0 MPa 时,其接头足以承受推力,可不设支墩。

思考题

1.给水管有哪些附件?在何种情况下使用?

2.排气阀和泄水阀应在哪些情况下设置?设置位置应如何考虑?

3.在什么情况下应考虑设置给水支墩?有哪些设置要求?

学习情境九 管网设计成果整理

一、给水系统规划成果资料

(一)规划图

规划图纸的比例采用 1∶5 000~1∶10 000,图中应包括给水水源、取水位置,水厂厂址、泵站位置,以及输水管(渠)和管网的布置等,如图 2-29 所示。

(二)规划文本

文字说明应包括规划项目的性质、建设规模、方案的组成及优缺点,工程造价,所需主要设备材料以及能源消耗等,此外,应附规划设计的基础资料。

二、施工图

管道施工图包括管道带状平面图、管道纵断面图和大样图等。

(一)管道带状平面图

管道带状平面图是在管网规划的基础上进行设计的,通常采用 1∶500~1∶1 000 的比例,带状平面图的宽度应根据标明管道相对位置的需要而定,一般在 30~100 m 内。由于带状平面图是截取地形图的一部分,因此图上地物、地貌的标注方法应与相同比例的地形图一致,并按管道图的有关要求在图上标明以下内容:

(1)现状道路或规划道路中心线及转折点坐标;

(2)管道代号、管道与道路中心线或永久性地物间的相对距离、间距、节点号、管距、管道转弯处坐标及管道中心线的方位角、穿越障碍物的坐标等;

(3)与本管道相交或相近平行的其他管道的状况及相对关系;

(4)主要材料明细表及图纸说明。

对于小型或较简单的工程项目主要材料明细表及施工图说明常附在带状平面图上,对于中小型或较复杂的工程,常需单独编制整个工程的综合材料表及总说明,放在施工图图集的前部。

如图 2-30(b)所示为管道带状平面图。

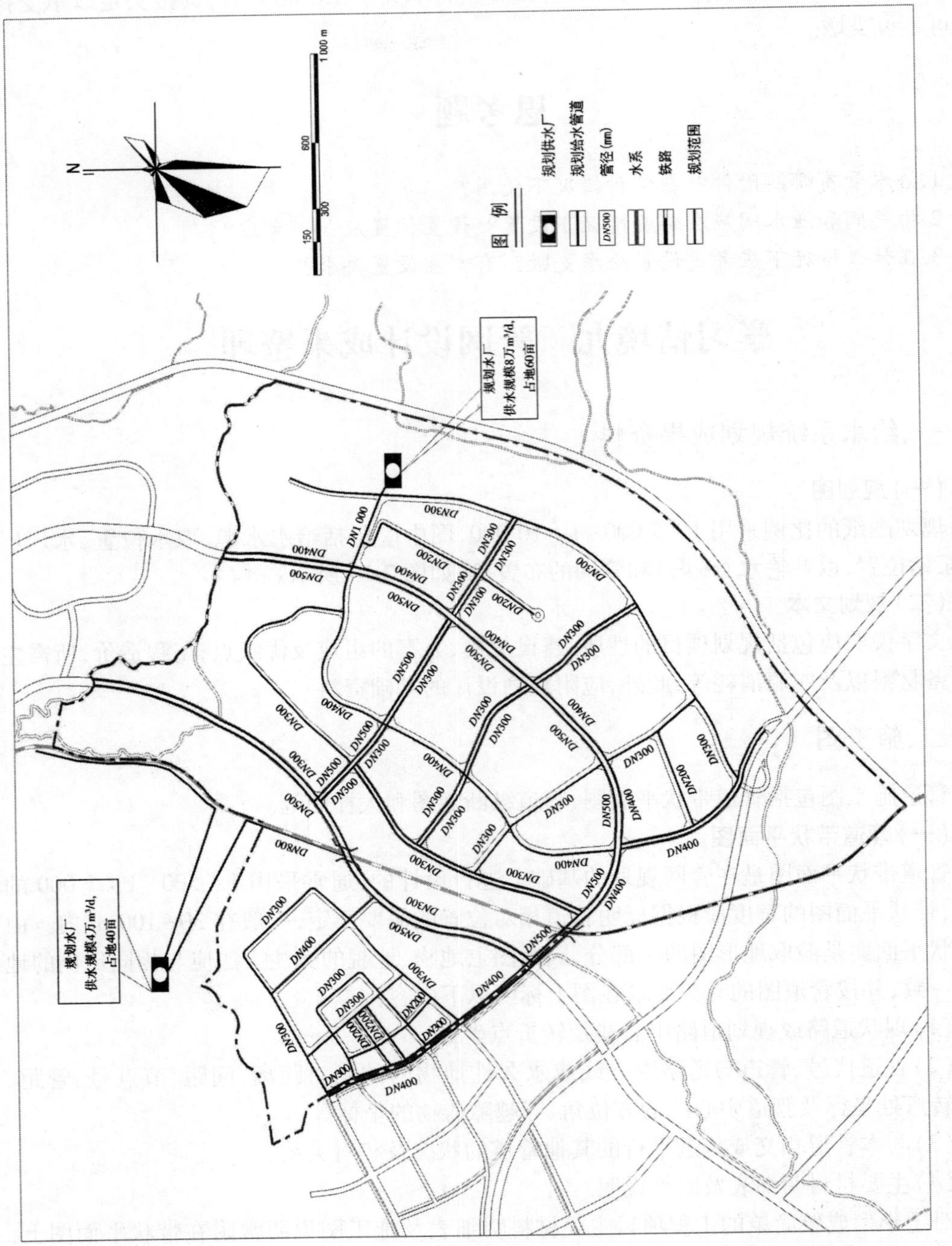

图 2-29 给水系统规划示意

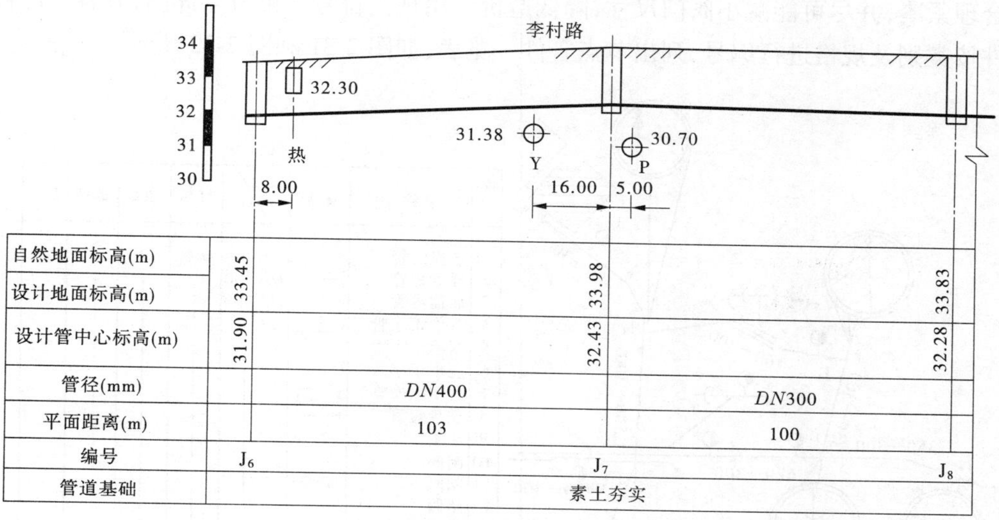

(a)纵断面图

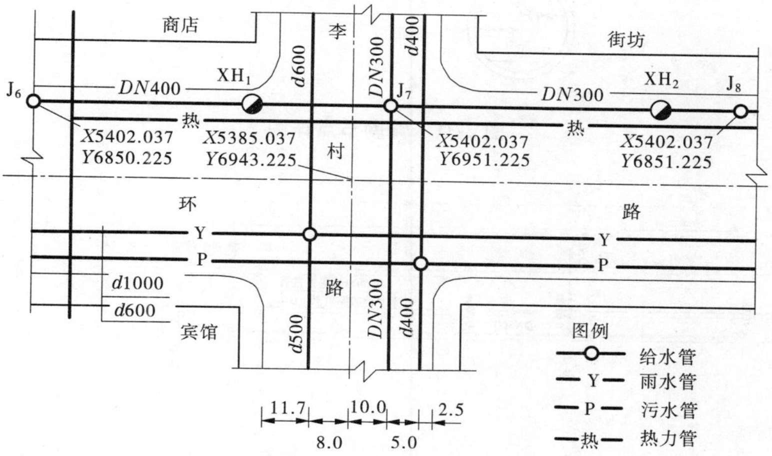

(b)平面图

图 2-30 给水管道纵断面图、平面图

(二)管道纵断面图

给水管道纵断面图采用横向比例为1∶1 000 或1∶500,纵向比例为1∶200 或1∶100绘制。图中应标注地面线、道路、铁路、排水沟、河谷、建筑物、构筑物的编号及与给水管道相关的各种地下管道、地沟、电缆沟等的相对距离和各自的标高。给水管道采用粗实线绘制,如图 2-30(a)所示。

(三)大样图

在给水管网中,管线相交点称为节点。在节点处通常设有弯头、三通、四通、渐缩、阀门、消火栓等管件和附件。

当给水管网、管材及管径确定后,应进行节点详图设计,力求使各节点的配件、附件布置合理紧凑，并尽可能减小阀门尺寸，降低造价。用规范符号绘出节点详图，其各个配件、附件按类别及规格进行编号，列出节点管件一览表，如图 2-31 和图 2-32 所示。

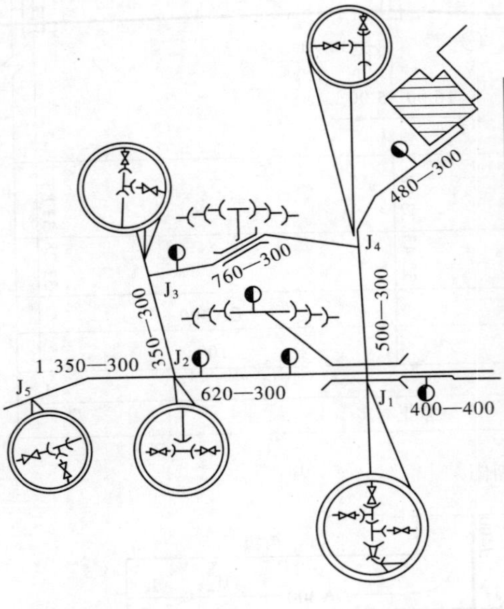

材料表

序号	名称	图例	规格型号	材料	数量	单位	备注
1	插盘短管		*DN*400	铸铁	2	个	
2	插盘短管		*DN*300				
3	插盘短管		*DN*200				
4	双承丁字管						
5	双承丁字管						
6	三承丁字管						
7	双承渐缩管						
8	承盘短管						
9	弯头						
10	闸阀						
11	闸阀						
12	闸阀						
13	管道						
14	管道						

图 2-31　管网节点详图

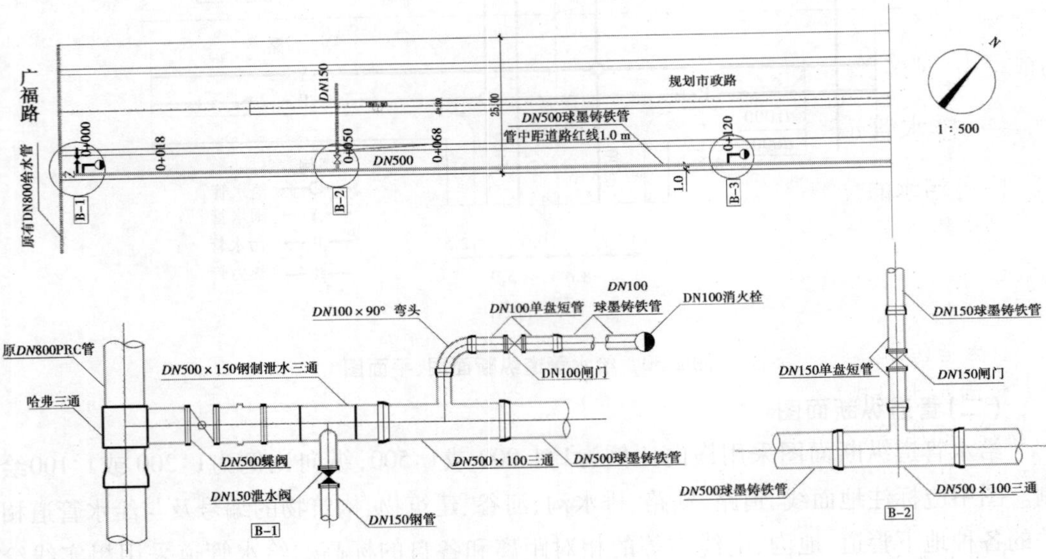

图 2-32　管网节点大样图示例

单元三　城镇排水管网规划布置

【知识目标】

在学习排水管道系统基本概念、室外给水排水设计规范、有关排水系统规划设计实例分析的基础上能合理确定排水体制、排水管道系统布置形式,并完成排水管渠系统(污水管道、雨水管渠、合流制管渠)的布置。

【能力目标】

根据城镇总体规划资料、给水排水现状资料和有关自然条件资料,确定排水系统体制,完成污水管道系统、雨水管道系统和合流制管渠系统的布置。

【素质目标】

培养学生吃苦耐劳、一丝不苟的学习态度,团结协作、尊重他人的工作方式。

学习情境一　排水系统体制的选择

在人们的日常生活和生产活动中,都要使用水。水在使用过程中受到了污染,成为污水,需进行排除与处理。此外,城市内降水(雨水和冰雪融化水),径流流量较大,也应及时排放。将城市污水、降水有组织地排除与处理的工程设施称为排水系统。在城市规划与建设中,对排水系统进行全面统一安排,称为城市排水工程规划。

一、排水管道系统的组成

(一)污水的分类

城市排水可分为三类,即生活污水、工业废水和降水径流。城市污水是指排入城市排水管道的生活污水和工业废水的总和。

生活污水、工业废水以及降水的来源和特征如下所述。

1.生活污水

生活污水是指居民日常生活污水(来自住宅)、公共建筑的生活污水(来自机关、学校、医院、商店等)和企业内的生活污水(来自工厂的厕所、浴室、厨房等),通常所说的生活污水是指前两者,后者统计在企业生产的废水中。这类污水中含有较多的有机物,并带有病原微生物和寄生虫卵等。

2.工业废水

工业废水是指在工业生产过程中所产生的废水,来自工厂车间或矿场等地。根据它的污染程度不同,又分为生产废水和生产污水两种。

1)生产废水

生产废水是指在生产过程中,水质只受到轻度污染或仅是水温稍有升高的水,可经简单处理即可在生产中重复使用或不经处理直接排放的废水,如机械设备的冷却水等。

2)生产污水

生产污水是指在生产过程中,水质受到较严重的污染,需经处理后方可排放的废水。其污染物质,有的是无机物,如发电厂的水力冲灰水;有的是有机物,如食品工厂废水;有的含有机物、无机物,并有毒性,如石油工业废水、化学工业废水等。废水性质随工厂类型及生产工艺过程不同而异。

3.降水

降水是指地面上径流的雨水和冰雪融化水。降水径流的水质与流经下垫面情况有关,一般是较清洁的,但初期雨水径流却比较脏。近年来研究表明,对雨水进行适当处理后再排放是必要的。雨水径流排除的特点是:时间集中、量大,以暴雨径流危害最大。

以上三种水,均需及时妥善地处置。如解决不当,将会妨碍环境卫生、污染水体,影响工农业生产及人民生活,并给人们的身体健康带来严重危害。

城市排水工程规划的任务就是将上述三种水汇集起来,输送到污水处理厂(其中工业生产废水与降水一般可直接排入附近水体),经过处理后再排放。

(二)排水管道系统

排水管道系统一般由排水收集设施、排水管道、提升泵站、废水输水管(渠)和排放口等组成。

二、排水系统的体制及其选择

城市污水由生活污水、工业废水和降水组成,这些污水既可采用同一个管渠系统排除,也可采用两个或两个以上各自独立的管渠系统排除,污水的这种不同的排除方式称为排水体制。它有合流制和分流制两种基本方式。

(一)合流制

所谓合流制是指用同一个管渠收集和输送生活污水、工业废水和降水的排水方式。

根据污水汇集后的处置方式不同,又可把合流制分为下列三种情况。

1.直排式合流制排水系统

管道系统的布置就近坡向水体,分若干排出口,混合的污水未经处理直接排入水体(见图3-1),国内外很多老城市以往大多采用的是这种直排式合流制排水系统。但由于污水未经无害化处理就排放,使收纳水体遭受严重污染,因此这种直排式合流制排水系统目前不应采用。

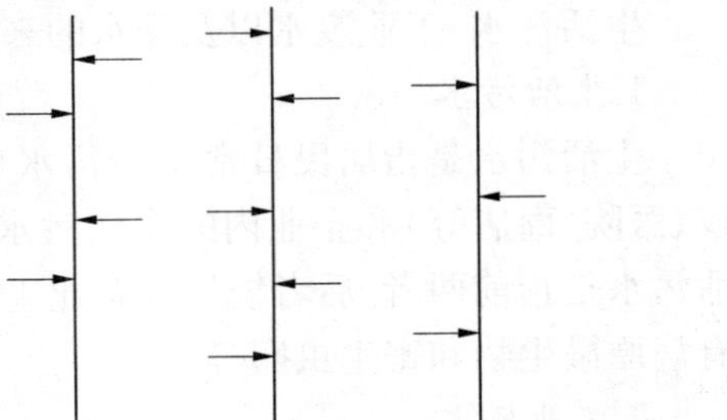

图3-1　直排式合流制排水系统

2.截流式合流制排水系统

这是为了改善老城市直排式合流制排水系统严重污染水体的缺点而采用的一种排水体制(见图3-2)。

这种系统是沿河岸边铺设一条截流干管,同时在截流干管上设置溢流井(堰、管),并在下游设置污水处理厂。当晴天和初降雨时,所有污水都排入污水处理厂进行处理,处理后的

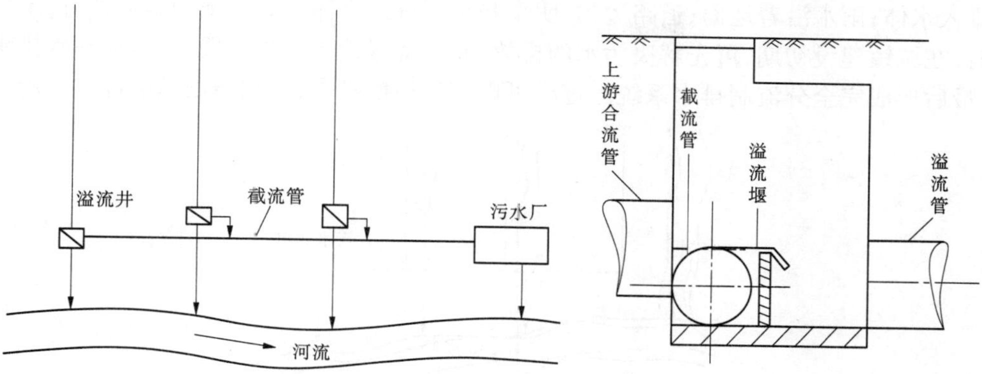

图 3-2 截流式合流制排水系统

水再排入水体或再利用。随着降水量的增加，雨水径流量也增加，当混合污水的流量超过截流干管的输水能力后，将会有部分污水经溢流井直接流入水体。这种排水系统虽然比直排式有了较大的改进，但在雨天时，仍有部分混合污水未经处理而直接进入水体，使水体遭受污染。国内外在对老城区的旧合流制改造时，通常采用这种方式。

3.完全合流制排水系统

该系统是将污水和雨水合流于一条管渠，全部送往污水处理厂进行处理（见图 3-3）。这种排水系统的卫生条件较好，但工程量较大，初期投资大，污水厂的运行管理不便。因此，目前国内采用不多。

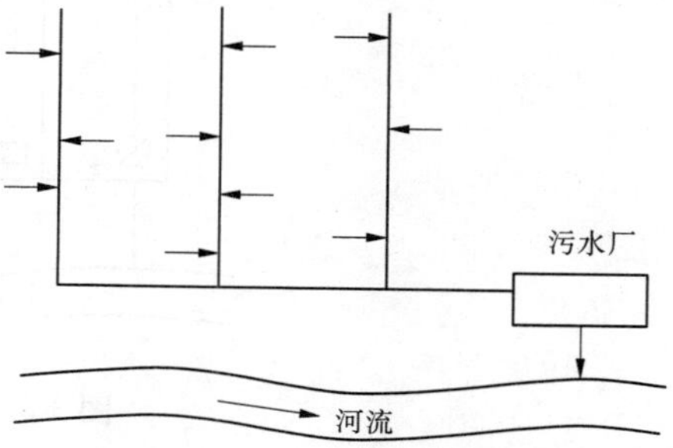

图 3-3 完全合流制排水系统

（二）分流制

分流制排水系统是将生活污水、工业废水和雨水分别在两个或两个以上各自独立的管渠内排除的系统。排除生活污水、工业废水的系统称为污水排水系统；排除雨水的系统称为雨水排水系统。根据雨水的排除方式不同，分流制又分为下列三种情况。

1.完全分流制排水系统

在同一排水区域内，既有污水管道系统，又有雨水管道系统（见图 3-4）。生活污水和工业废水通过污水排水系统送至污水处理厂，经处理后再排入水体；雨水通过雨水排水系统直接排入水体。这种排水系统比较符合环境保护的要求，但城市排水管渠的一次性投资较大。

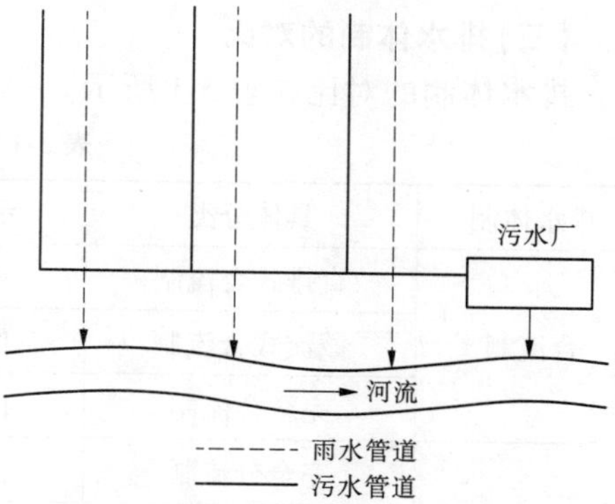

图 3-4 完全分流制排水系统

2.不完全分流制排水系统

这种体制只有污水排水系统，没有完整的雨水排水系统（见图 3-5）；各种污水通过处理后排入水体；雨水沿着地面、道路边沟、明渠和小河进入水体。如城镇的地势适宜，不易积水时，在城镇建设初期，可先解决污水的排放问题，待城镇进一步发展后，再建雨水排水系统，最后形成完全分流制排水系统。这样可以节省初期投资，有利于城镇的逐步发展。

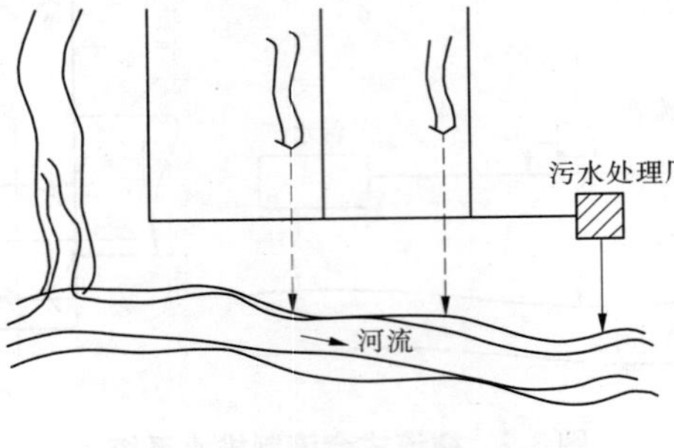

图 3-5　不完全分流制排水系统

3. 半分流制排水系统

该系统既有污水排水系统，又有雨水排水系统，如图 3-6 所示。

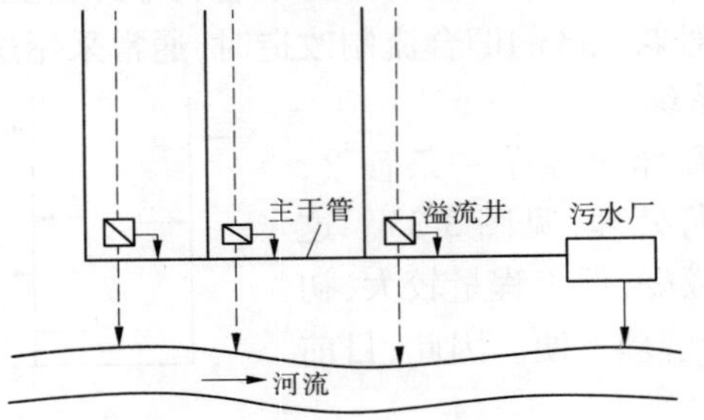

图 3-6　半分流制排水系统

由于初期雨水污染较严重，要进行处理才能排放，因此在雨水截流干管上设置溢流井，把初期雨水引入污水管道送到污水厂一并处理和利用。该体制的排水系统，可以更好地保护水环境，但工程费用较大，目前使用不多。在一些工厂，由于地面污染较严重，初期雨水也被严重污染，应进行处理才能排放，在这种情况下，可以考虑采用半分流制排水系统。

(三)排水体制的对比

排水体制的对比如表 3-1 所示。

表 3-1　排水体制的对比

排水体制	具体分类	示意图	优点	缺点
合流制	直排式合流制	图 3-1	省钱	污染大
	截流式合流制	图 3-2	晴天无污染	雨天有污染
	完全合流制	图 3-3	无污染	投资大
分流制	完全分流制	图 3-4	雨污分流	投资大
	不完全分流制	图 3-5	投资小	雨天有污染
	半分流制	图 3-6	雨天污染小	投资大

（四）排水体制的选择

在工业企业中，一般采用分流制排水系统。然而，由于工业废水的成分和性质很复杂，不但不宜与生活污水混合，而且彼此之间也不宜混合，否则易造成污水和污泥处理复杂化，给废水重复利用和有用物质的回收利用造成很大困难。因此，工业企业多数采用分质分流、清污分流等管道系统来分别排除污水。但如果生产污水的成分和性质同生活污水类似，可将生产污水和生活污水用同一管道系统来排除。

在一个城镇中，有时既有分流制，又有合流制，这种体制可称为混合制。该体制一般是在具有合流制的城镇需要扩建排水系统时出现的。在大城市中，因各区域的自然条件以及修建情况可能相差较大，因地制宜地在各区域采用不同的排水体制也是合理的，如美国的纽约，以及我国的上海等地便是这样形成的混合制排水系统。

合理地选择排水体制，是城镇和小区排水系统设计的重要问题，它不仅从根本上影响排水系统的设计、施工和维修管理，而且对城镇和小区的规划和环境保护影响深远，同时影响排水系统的工程总投资和初期投资。通常，排水体制的选择必须符合城镇建设规划，在满足环境保护要求的前提下，根据当地的具体条件，通过技术经济比较决定。

从城镇规划方面看，合流制仅有一条管渠系统，地下建筑相互间的矛盾较少，占地少，施工方便，但这种体制不利于城镇的分期发展。

从环境保护方面看，直排式合流制排水系统不符合卫生要求，新建的城镇和小区已不再采用。完全合流制排水系统卫生条件好，有利于环境保护，但工程量大，初期投资大，污水厂的运行管理不便，特别是在目前我国经济实力还不十分雄厚的情况下，这种体制暂不采用。在老城市的改造中，常采用截流式合流制，充分利用原有的排水设施，与直排式相比，减小了对环境的危害，但仍有部分混合污水通过溢流井排入水体，环境污染问题依然存在。分流制排水系统的管线多，但卫生条件较好，虽然初降雨水对水体污染相当严重，但它比较灵活，容易适应社会发展的需要，一般又能符合城镇卫生的要求，在国内外得到推荐应用，也是城镇排水系统体制发展的方向。不完全分流制排水系统，初期投资少，有利于城镇建设的分期发展，在新建城镇和小区可考虑采用这种体制。半分流制排水系统卫生情况比较好，但管渠数量多，建造费用高，一般仅用在地面污染较严重的区域（如某些工业区）。

从投资方面看，排水管道工程占整个排水工程总投资的比例很大，一般占60%～80%，排水体制的选择对基建投资影响很大，必须慎重考虑。合流制只敷设一条管渠，其管渠断面尺寸与分流制的雨水管渠相差不大，施工矛盾较小，据估计，管道总投资较分流制低20%～40%，但泵站和污水处理厂的造价要比分流制高。如果是新建的城镇和小区，初期投资受到限制时，可以考虑采用不完全分流制，先建污水管道系统而后建雨水管道系统，以节省初期投资，有利于城镇分期发展，且工期短，见效快，随着工程建设的发展，逐步建设雨水排水系统。我国过去许多新建的工业小区和居民区均采用不完全分流制排水系统。

从排水系统的管理上看，合流制管道系统在晴天时污水只是部分分流，流速较低，容易产生沉淀。根据经验，管道中的沉淀物易被暴雨水流冲走，这样，合流制管道系统的维护管理费用可以降低；但是，流入污水厂的水量和水质变化较大，增加了污水厂运行管理的复杂性。而分流制管道系统可以保证管内水流的流速，不致发生沉淀；同时，流入污水厂的水量和水质较合流制变化小得多,污水厂的运行管理易于控制。

总的看来,排水系统体制的选择,应根据城镇和工业企业规划、当地降水情况、排放标准、原有排水设施、污水处理和利用情况、地形和水体条件等,在满足环境保护要求的前提下,全面规划,按近期设计,考虑远期发展,通过技术经济比较,综合考虑而定。一般情况下,新建的城镇和小区宜采用分流制和不完全分流制;老城镇的城区由于历史原因,宜采用合流制,要改造成完全分流制难度较大,故在同一城镇内可采用不同的排水体制,旧城区可采用截流式合流制,易改建地区和新建的小区宜采用分流制或不完全分流制;在干旱少雨地区,或街道较窄、地下设施较多而修建污水和雨水两条管线有困难的地区,也可考虑采用完全合流制。

思考题

1.排水管道系统是由哪些部分组成的？分别说明各组成部分的作用。

2.什么是排水系统的体制？简要说明如何进行体制的选择。

习 题

1.截流式合流制排水系统和不完全分流制排水系统的缺点都有暴雨时对水体有污染,请问造成污染的污染源是什么？

2.请画出合流制排水系统和分流制排水系统的6个示意图。

学习情境二 排水管网系统布置

一、排水管网布置原则与形式

(一)排水管网布置原则

(1)按照城市总体规划,结合当地实际情况布置排水管道,并对多方案进行技术、经济比较;

(2)确定排水区界、排水流域和排水体制,然后布置排水管道,应按主干管、干管、支管的顺序进行布置;

(3)充分利用地形,尽量采用重力流排除污水和雨水,并力求使管线最短和埋深最小;

(4)协调好与其他地下管线和道路等工程的关系,考虑好与企业内部管网的衔接;

(5)规划时要考虑到使管渠的施工、运行和维护方便;

(6)规划布置时应远近期相结合,考虑分期建设的可能性,并留有充分的发展余地。

(二)排水管网系统布置形式

城镇排水管网系统在平面上的布置,应根据地形、竖向规划、污水厂的位置、土壤条件、河流情况以及污水的种类和污染程度等因素确定。下面介绍几种以地形为主要考虑因素的城镇排水管网系统布置形式(见图3-7)。

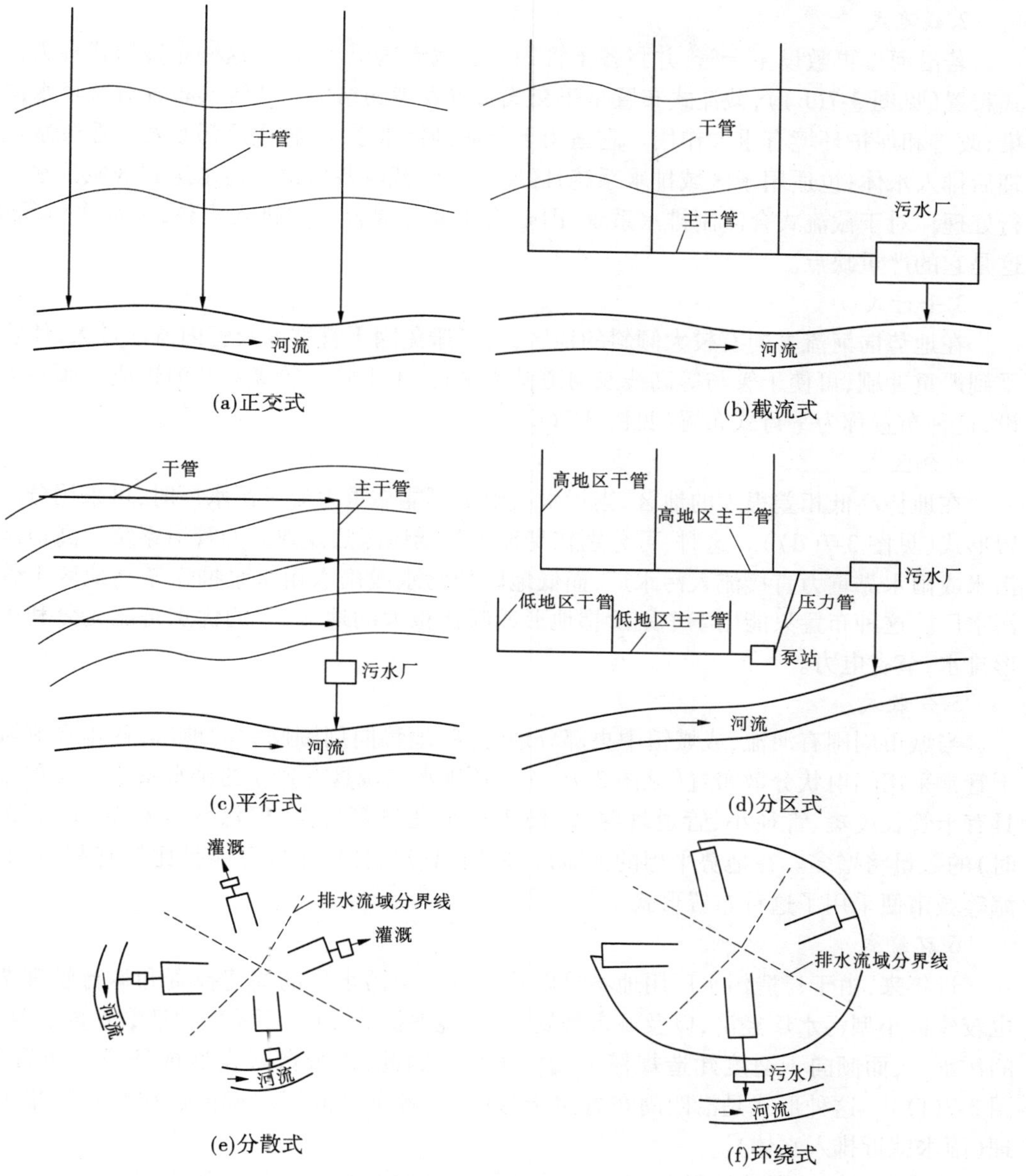

图 3-7 以地形为主要考虑因素的城镇排水管网系统布置形式

1.正交式

在地势向水体适当倾斜的地区,各排水流域的干管可以最短距离沿与水体垂直相交的方向布置,这种布置称为正交式布置(见图 3-7(a))。正交式布置的干管长度短,管径小,因而经济,污水和雨水排出也迅速,这种布置形式多用于原老城市合流制排水系统。但由于污水未经处理就直接排放,使水体遭受严重污染,影响环境。因此,在现代城镇中,这种布置形式仅用于排除雨水。

2.截流式

若沿河岸再敷设主干管,并将各干管的污水截流送至污水厂,这种布置形式称为截流式布置(见图3-7(b)),截流式布置是正交式布置发展的结果。截流式布置对减轻水体污染,改善和保护环境有重大作用。它适用于分流制排水系统,将生活污水及工业废水经处理后排入水体;也适用于区域排水系统,区域主干管截流各城镇的污水送到区域污水厂进行处理。对于截流式合流制排水系统,因雨天有部分混合污水排入水体,造成水体污染,这是它的严重缺点。

3.平行式

在地势向河流方向有较大倾斜的地区,为了避免因干管坡度及管内流速过大,使管道受到严重冲刷,可使干管与等高线及河道基本平行、主干管与等高线及河道成一倾斜角敷设,这种布置称为平行式布置(见图3-7(c))。

4.分区式

在地势高低相差很大的地区,当污水或雨水不能靠重力流至污水厂时,可采用分区布置形式(见图3-7(d))。这时,可分别在高地区和低地区敷设独立的管道系统。高地区的污水或雨水靠重力直接流入污水厂,而低地区的污水或雨水用水泵抽送至高地区干管或污水厂。这种布置只能用于个别阶梯地形或起伏很大的地区,它的优点是能充分利用地形排水,节省电力。

5.分散式

当城市周围有河流,或城镇中央部分地势高、地势向周围倾斜的地区,各排水流域的干管常采用辐射状分散布置(见图3-7(e)),各排水流域具有独立的排水系统。这种布置具有干管长度短、管径小、管道埋深浅、便于污水灌溉等优点,但污水厂和泵站(需设置时)的数量将增多。在地势平坦的大城市,采用辐射状分散布置可能是比较有利的,如上海等城市便采用了这种布置形式。

6.环绕式

近年来,由于建造污水厂用地不足以及建造大型污水厂的基建投资和运行管理费用也较建造小型污水厂经济,以及城市规划、水环境保护等原因,不希望建造数量多、规模小的污水厂,而倾向于适度建造规模大的污水厂。因此,由分散式发展成环绕式布置(见图3-7(f))。这种形式是沿四周布置主干管的,将各干管的污水截流送往污水厂集中处理(雨水就近排入水体)。

由于各城市地形差异很大,大中城市不同区域的地形条件也不相同,排水管道的布置要紧密结合各区域地形的特点和排水体制进行,同时要考虑排水管渠流动的特点,即大流量干管坡度小,小流量支管坡度大。在实际情况下,单独采用一种布置形式较少,通常是根据当地条件,因地制宜地采用综合布置形式较多。

二、污水管网布置

污水管网布置的主要内容有确定排水区界,划分排水流域;选择污水厂和出水口的位置;拟定污水主干管及干管的路线;确定需要提升的排水区域和设置泵站的位置等。平面布置的正确合理,可为设计阶段奠定良好的基础,并使整个排水系统投资节省。

(一)确定排水区界,划分排水流域

排水区界是污水排水系统设置的界限。一般情况下,凡是卫生设备设置完善的建筑区都应设置污水管道,它是根据城市总体规划决定的。

在排水区界内,根据地形及城镇的竖向规划划分排水流域。在丘陵和地形起伏地区,可按等高线划出分水线,通常分水线与流域的分界线基本一致,由分水线所围成的地区即为一个排水流域。在地形平坦无显著分水线的地区,可依据面积的大小划分,使各相邻流域的管道系统能合理分担排水面积,使干管在最大合理埋深的情况下,让流域内绝大部分污水自流排出。如有河流或铁路等障碍物贯穿,应根据地形、周围水体及倒虹吸管的设置情况等,通过方案比较,决定是否分为几个排水流域。每一个排水流域应有一根或一根以上的干管,根据流域高程情况,确定干管水流方向和需要污水提升的地区。

图 3-8 所示为某市排水流域的划分。该市被河流划分为 4 个区域,根据自然地形,划分为 4 个排水流域。每个流域内有一条或若干条干管,Ⅰ、Ⅲ两流域形成河北排水区,Ⅱ、Ⅳ两流域形成河南排水区,两排水区的污水分别进入各区的污水厂,经处理后排入河流。

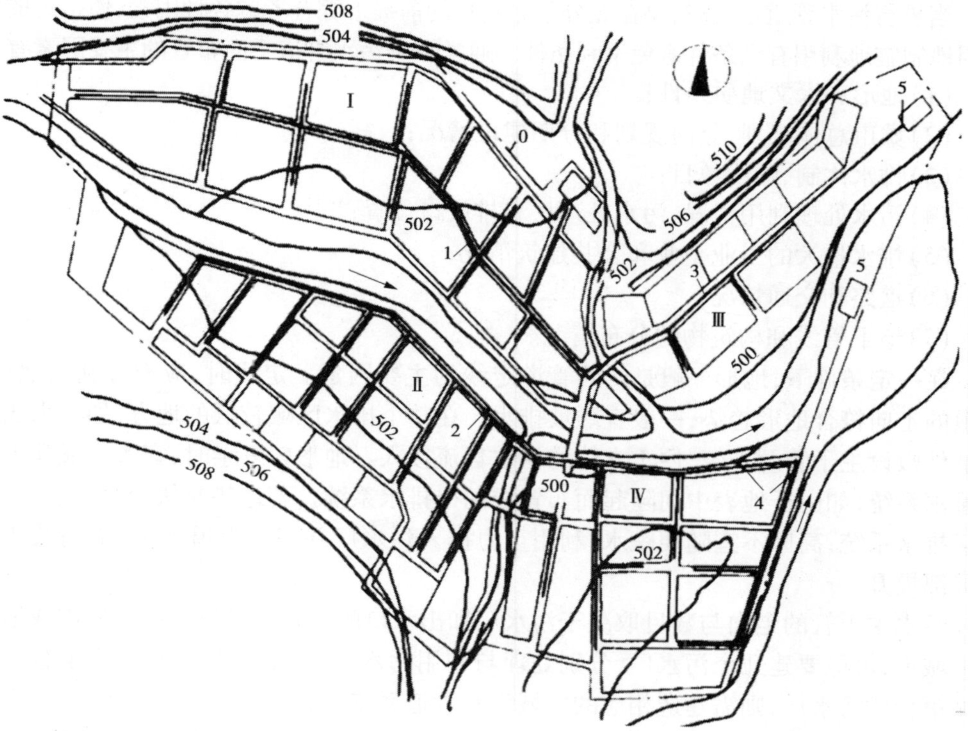

0—排水区界;Ⅰ、Ⅱ、Ⅲ、Ⅳ—排水流域编号;

1、2、3、4—各排水流域干管;5—污水处理厂

图 3-8　某市排水流域的划分及污水管道平面布置

(二)选择污水厂和出水口位置

现代化的城镇需将各排水流域的污水通过主干管送到污水厂,经处理后再排放,以保护受纳水体。因此,当污水管道系统布置时,应遵循以下原则选定污水厂和出水口的位置。

(1)出水口应位于城市河流的下游；

(2)出水口不应设回水区，以防回水区的污染；

(3)污水厂要位于河流的下游，并与出水口尽量靠近，以减少排放渠道的长度；

(4)污水厂应设在城镇夏季主导风向的下风侧，并与城镇、工矿企业以及郊区居民点保持300 m以上的卫生防护距离；

(5)便于处理后出水回用和安全排放，便于污泥集中处理和处置；

(6)污水厂应设在地质条件较好、不受洪涝灾害影响的地区，并有扩建的可能；

(7)有方便的交通、运输和电力条件。

综合考虑以上原则，在取得当地卫生和环保部门同意的前提下，确定污水厂和出水口的位置。

(三)污水管道的布置与定线

污水管道平面布置，一般按主干管、干管、支管的顺序进行。在总体规划中，只确定污水主干管和干管的走向与平面位置。在详细规划中，还要确定污水支管的走向及位置。

当进行污水管道定线时，要在充分掌握资料的前提下综合考虑各种因素，使拟定的路线能因地制宜地利用有利条件避免不利条件。通常影响污水管道平面布置的主要因素有：

(1)地形和水文地质条件；

(2)城市总体规划、竖向规划和分期建设情况；

(3)排水体制、路线数目；

(4)污水处理利用情况、污水处理厂和排放口位置；

(5)排水量大的工业企业和公共建筑情况；

(6)道路和交通情况；

(7)地下管线和构筑物的分布情况。

在一定条件下，地形一般是影响管道定线的主要因素。定线时，应充分利用地形，使管道的走向符合地形趋势，一般宜顺坡排水。在整个排水区域较低的地方，如集水线或河岸低处敷设主干管及干管，便于支管的污水自流接入。地形较复杂时，宜布置成几个独立的排水系统，如由于地表中间隆起而布置成两个排水系统。若地势起伏较大，宜布置成高低区排水系统，高区不宜随便跌水，利用重力排入污水厂并减少管道埋深；个别低洼地区应局部提升。

污水主干管的走向与数目取决于污水厂和出水口的位置与数目。如大城市或地形平坦的城市，可能要建几个污水厂，分别处理与利用污水，这就需要敷设几条主干管。若几个城镇合建污水厂，则需建造相应的区域污水管道系统。

污水干管一般沿城镇道路敷设，不宜设在交通繁忙的快车道下和狭窄的道路下，也不宜设在无道路的空地上，通常设在污水量较大或地下管线较少一侧的人行道、绿化带或慢车道下。当道路宽度超过40 m时，可考虑在道路两侧各设一条污水管，以减少连接支管的数目以及与其他管道的交叉，并便于施工、检修和维护管理。污水干管最好以排放大量工业废水的工厂(或污水最大的公共建筑)为起端，除了能较快发挥效用，还能保证良好的水力条件。某城市污水管道平面布置如图3-8所示。

污水支管的平面布置取决于地形及街区建筑特征，并应便于用户接管排水。当街区面积较小而街区污水管道可采用集中出水方式时，街道支管敷设在服务街区较低侧的街道下，如图 3-9(a)所示，称低边式布置；当街区面积较大且地形平坦时，宜在街区四周的街道敷设污水支管，如图 3-9(b)所示，建筑物的污水排出管可与街道支管连接，称周边式；当街区已按规定确定，街区内的污水管道已按各建筑物的需要设计组成一个系统时，可将该系统穿过其他街区并与所穿过的街区的污水管道相连接，如图 3-9(c)所示，称为穿坊式布置。

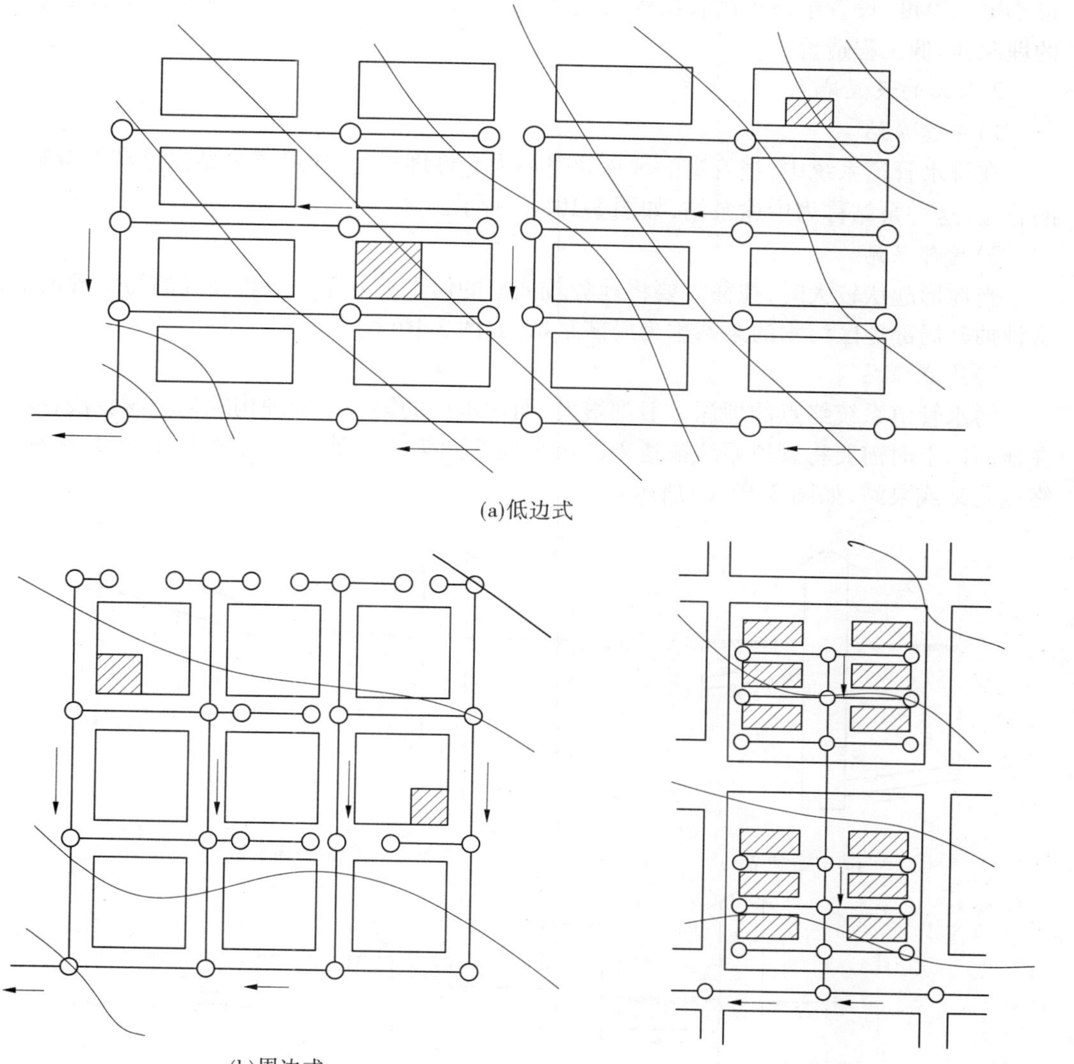

(a)低边式

(b)周边式

(c)穿坊式

图 3-9　污水管道平面布置

(四)确定污水管道系统的控制点和泵站的设置地点

1.控制点

控制点是指在污水排水区域内，对管道系统的埋深起控制作用的点。各条干管的起点一般都是这条管道的控制点。这些控制点中离出水口最远最低的点,通常是整个管道系统的控制点。具有相当深度的工厂排出口也可能成为整个管道系统的控制点,它的埋深影响整个管道系统的埋深。

确定控制点的管道埋深,一方面应根据城市的竖向规划,保证排水区域内各点的污水都能自流排出,并考虑发展留有适当的余地;另一方面,不能因照顾个别点而增加整个管道系统的埋深。对于这些点,应采取加强管材强度、填土提高地面高程以保证管道所需的最小覆土厚度,设置泵站提高管位等措施,以减小控制点的埋深,从而减小整个管道系统的埋深,降低工程造价。

2.泵站的设置地点

1)中途泵站

在排水管道系统中,当管道的埋深超过最大允许埋深时,应设置泵站以提高下游管道的管位,这种泵站称为中途泵站,如图 3-10(a)所示。

2)局部泵站

当地形起伏较大时,往往需要将地势较低处的污水抽升至地势较高处的污水管道中,这种抽升局部地区污水的泵站称为局部泵站,如图 3-10(b)所示。

3)终点泵站

污水管道系统终点的埋深一般都很大,而污水厂的第一个处理构筑物埋深较浅,或设在地面以上时需要将管道系统输送来的污水抽升到第一个处理构筑物中,这种泵站称为终点泵站或泵站,如图 3-10(c)所示。

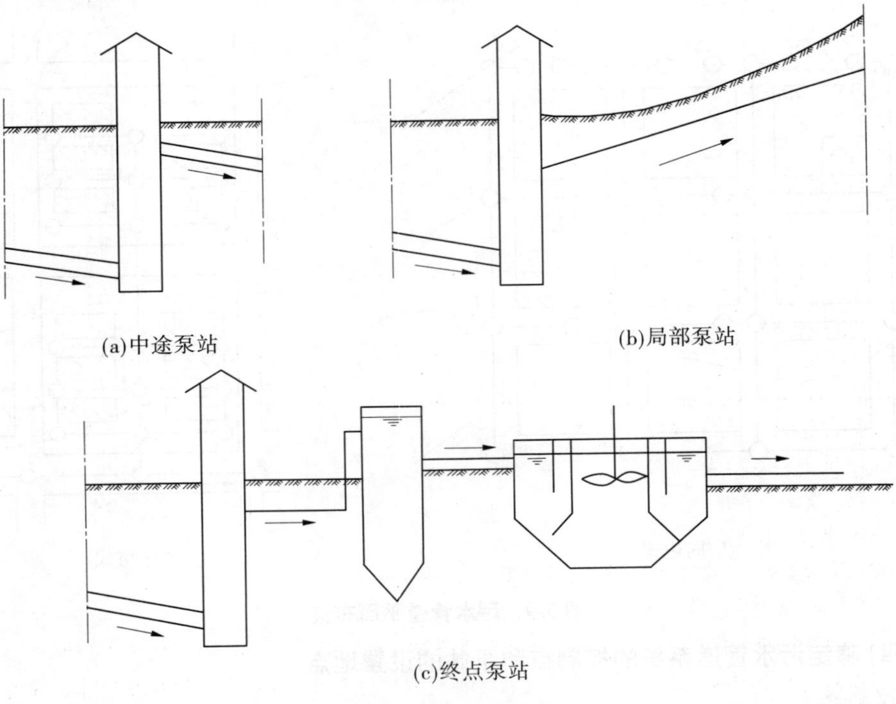

(a)中途泵站　(b)局部泵站

(c)终点泵站

图 3-10　污水泵站的种类

泵站设置的具体位置，应综合考虑环境卫生、地址、电源和施工条件等因素，并应得到规划、环保、城建等部门的许可。

（五）确定污水管道在街道下的具体位置

随着城镇现代化水平的发展，街道下各种管线以及地下工程设施越来越多，这就需要在各单项管道工程规划的基础上，综合规划，统筹考虑，合理安排各种管线的空间位置，以利于施工和维护管理。

由于污水管道在使用过程中难免会出现渗漏和损坏现象，有可能对附近建（构）筑物的基础造成危害，甚至污染生活饮用水。因此，污水管道与建（构）筑物应有一定间距，当与生活给水管道交叉时，应敷设在生活给水管的下方。污水管道与其他地下管线（构筑物）的最小净距参照表 3-2。

表 3-2 污水管道与其他地下管线（构筑物）的最小净距

<table>
<tr><th colspan="3">名称</th><th>水平净距（m）</th><th>垂直净距（m）</th><th>名称</th><th>水平净距（m）</th><th>垂直净距（m）</th></tr>
<tr><td colspan="3">建筑物</td><td>见注（3）</td><td>—</td><td>热力管线</td><td>1.5</td><td>0.15</td></tr>
<tr><td colspan="3">给水管</td><td>见注（4）</td><td>0.4</td><td>乔木</td><td>1.5</td><td>—</td></tr>
<tr><td colspan="3">排水管</td><td>—</td><td>0.15</td><td>地上柱杆</td><td>见注（5）</td><td>—</td></tr>
<tr><td colspan="3">再生水管</td><td>0.5</td><td>0.4</td><td>道路侧石边缘</td><td>1.5</td><td>—</td></tr>
<tr><td rowspan="4">燃气管</td><td>低压</td><td>$P\leqslant0.05$ MPa</td><td>1.0</td><td rowspan="4">0.15</td><td>铁路钢轨（或坡脚）</td><td>5.0</td><td>轨底 1.2</td></tr>
<tr><td>中压</td><td>0.05 MPa<$P\leqslant0.4$ MPa</td><td>1.2</td><td>电车（轨底）</td><td>2.0</td><td>1.0</td></tr>
<tr><td rowspan="2">高压</td><td>0.4 MPa<$P\leqslant0.8$ MPa</td><td>1.5</td><td>架空管架基础</td><td>2.0</td><td>—</td></tr>
<tr><td>0.8 MPa<$P\leqslant1.6$ MPa</td><td>2.0</td><td>油管</td><td>1.5</td><td>0.25</td></tr>
<tr><td colspan="3" rowspan="3">电力管线</td><td rowspan="3">0.5</td><td rowspan="3">0.5</td><td>压缩空气管</td><td>1.5</td><td>0.15</td></tr>
<tr><td>氧气管</td><td>1.5</td><td>0.25</td></tr>
<tr><td>乙炔管</td><td>1.5</td><td>0.25</td></tr>
<tr><td colspan="3" rowspan="3">电信管线</td><td rowspan="3">1.0</td><td rowspan="2">直埋 0.5</td><td>电车电缆</td><td>—</td><td>0.50</td></tr>
<tr><td>明渠渠底</td><td>—</td><td>0.50</td></tr>
<tr><td>管块 0.15</td><td>涵洞基础底</td><td>—</td><td>0.15</td></tr>
</table>

注：（1）表列数字除注明者外，水平净距均指外壁净距，垂直净距系指下面管道的外顶与上面管道基础底间净距。

（2）采取充分措施（如结构措施）后，表列数字可以减小。

（3）与建筑物水平净距：当管道埋深浅于建筑物基础时，不宜小于 2.5 m；当管道埋深深于建筑物基础时，按计算确定，但不应小于 3.0 m。

（4）与给水管水平净距：当给水管管径小于或等于 200 mm 时，不小于 1.5 m；当给水管管径大于 200 mm 时，不小于 3.0 m。当与生活给水管道交叉时，污水管道、合流管道在生活给水管道下面的垂直净距不应小于 0.4 m。当不能避免在生活给水管道上面穿越时，必须予以加固，加固长度不应小于生活给水管道的外径加 4 m。

（5）与地上柱杆水平净距：当为通信照明且电压<10 kV 时，为 0.5 m；高压铁塔基础边，为 1.5 m。管线综合规划时，所有地下管线都应尽量设置在人行道、非机动车道和绿化带下，只有在不得已时，才考虑将埋深大、维修次数较少的污水、雨水管道布置在机动车道下。管线布置的顺序一般是从建筑红线向道路中心线方向，依

次为：电力电缆→电信电缆→燃气管道→热力管道→给水管道→污水管道→雨水管道。若各种管线布置时发生冲突，处理的原则是：未建的让已建的，临时性管让永久性管，小管让大管，有压管让无压管，可弯管让不可弯管，检修次数少的让检修次数多的。

在地下设施较多的地区或交通极为繁忙的街道下，可把污水管道与其他管线集中设置在隧道（管廊）中，但雨水管道应设在隧道外，并与隧道平行敷设。

图 3-11 为某市街道地下管线布置（双侧布置）。

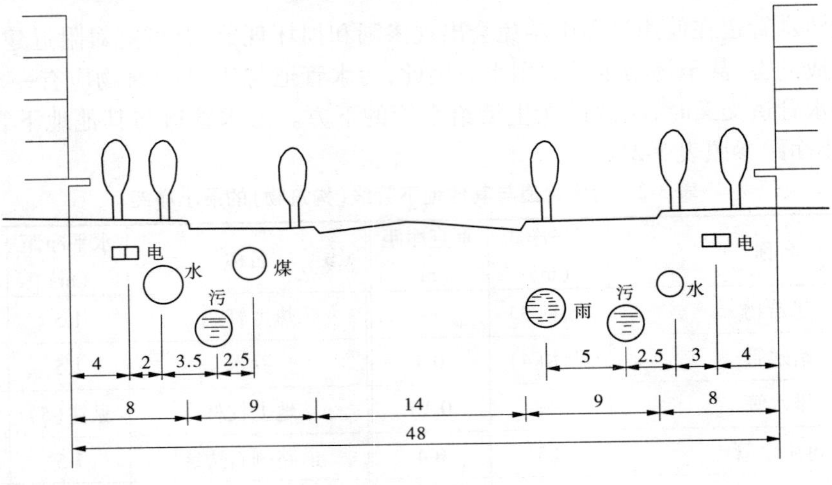

图 3-11　某市街道地下管线布置（双侧布置）　（单位：m）

三、雨水管网布置

城市雨水管渠系统的布置与污水管道系统的布置相近，但也有它自己的特点。雨水管渠规划布置的主要内容有：确定排水流域与排水方式，进行雨水管渠的定线；确定雨水泵房、雨水调节池、雨水排放口的位置等。雨水管渠系统的布置，要求使雨水能顺畅、及时地从城镇和厂区排出去。一般可从以下几个方面进行考虑。

（一）充分利用地形，就近排入水体

规划雨水管线时，按地形划分排水区域，进行管线布置。根据分散和直接的原则，尽量利用自然地形坡度，多采用正交式布置，以最短的距离重力流排入附近的河流、池塘、湖泊等水体中。只有当水体位置较远且地形较平坦或地形不利的情况下，才需要设置雨水泵站。在一般情况下，当地形坡度较大时，雨水干管宜布置在地形低处或溪谷线上。当地形平坦时，雨水干管宜布置在排水流域的中间，以便尽可能扩大重力流排出雨水的范围。

（二）根据街区及道路规划布置雨水管道

通常应根据建筑物的分布、道路的布置以及街坊或小区内部的地形、出水口的位置等布置雨水管道，使街坊和小区内大部分雨水以最短距离排入雨水管道。道路边沟最好低于相邻街区地面标高，尽量利用道路两侧边沟排除地面雨水径流。雨水管渠应平行于道路敷设，宜布置在人行道或草地下，不宜设在交通量大的主干道下。当路宽大于 40 m 时，应考虑在道路两侧分别设置雨水管道。雨水干管的平面和竖向布置应考虑与其他地下管线和构筑物在相交处相互协调，以满足其最小净距的要求。

(三)合理布置雨水口,保证路面雨水顺畅排除

雨水口的布置应根据地形和汇水面积确定,以使雨水不至漫过路口。一般在道路交叉口的汇水点、低洼地段均应设置雨水口。此外,在道路上每隔 25~50 m 也应设置雨水口。道路交叉雨水口的布置见图 3-12。

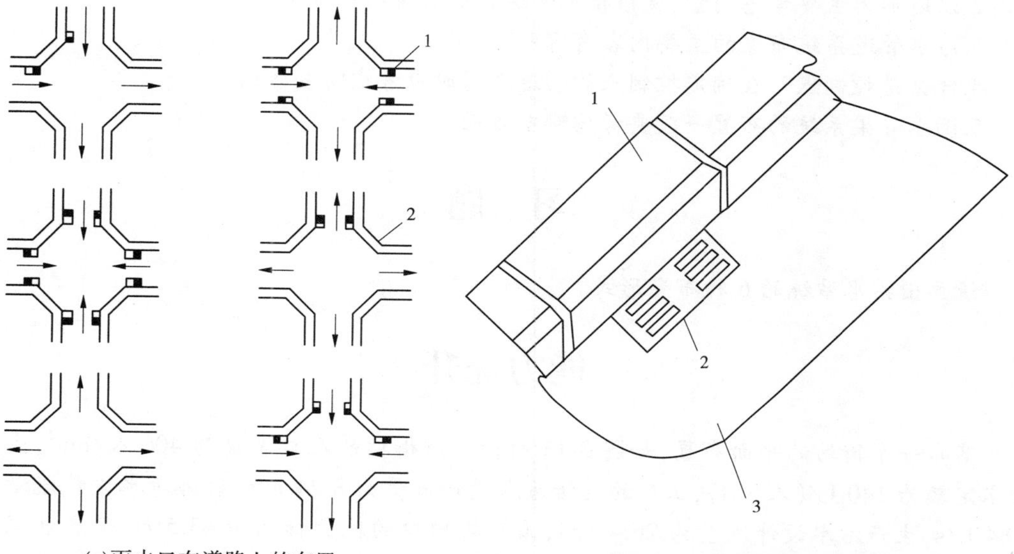

(a)雨水口在道路上的布置　　(b)道路边雨水口布置

1—路边石;2—雨水口;3—道路路面

图 3-12　道路交叉口雨水口的布置

(四)雨水管道采用明渠或暗渠应结合具体条件确定

由于城市市区建筑密度较高、交通量较大,雨水管道一般应采用暗管,尽管造价高,但卫生情况好,养护方便,不影响交通;在城市郊区或建筑密度低、交通量小的地方,可采用明渠,以节省工程费用,降低造价。

(五)出水口的设置

当出水口离流域很近、水体的水位变化不大、洪水位低于流域地面标高、出水口的建筑费用不大时,宜采用分散出口,以便雨水就近排放,使管线较短,管径较小。反之,则可采用集中出口。

(六)调蓄水体的布置

充分利用地形,选择适当的河湖水面作为调蓄池,以调节洪峰流量,降低沟道设计流量,减少泵站的设置数量。必要时,可以开挖池塘或人工河,以达到调节径流的目的。调蓄水体的布置应与城市总体规划相协调,把调蓄水体与景观规划结合起来,也可以把储存的水量用于市政绿化和农田灌溉。

(七)排洪沟的设置

城市中靠近山麓建设的中心区、居住区、工业区,除了应设雨水管道,还应考虑在规划地区周围设置排洪沟,以拦截从分水岭以内排泄下来的雨洪水,并将其引入附近水体,避免洪水带来的灾害。

思考题

1.排水管道系统规划应遵循哪些原则?

2.以地形为主要考虑因素,城镇排水管道系统有哪些布置形式?

3.污水管道系统布置的主要内容有哪些?

4.什么是控制点? 在确定控制点的管道埋深时应考虑哪些方面?

5.雨水管渠系统的布置一般要考虑哪些方面?

习　题

请画出排水系统的6种布置形式。

能力提升

某市一个街坊的平面布置,如图3-13所示。该街坊的人口密度为400人/hm^2,生活污水定额为140 L/(人·d),工厂的生活污水设计流量为8.24 L/s,淋浴污水设计流量为6.84 L/s,生产污水设计流量为26.4 L/s,工厂排出口的地面标高为43.5 m,管底埋深为2. 10 m,土壤冰冻最大深度为0.1 m,河岸堤坝顶标高为40 m。试进行该街坊污水管网的布置。

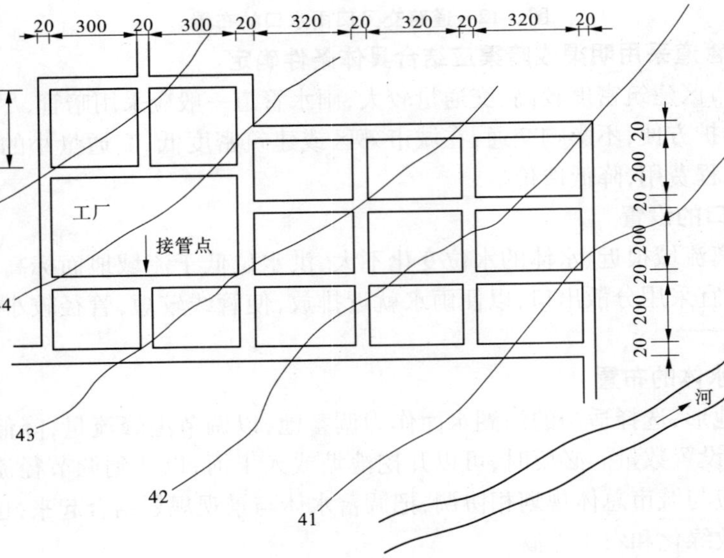

图3-13　某街坊平面图　(单位:m)

单元四　城镇污水管网设计计算

【知识目标】

掌握污水流量、管段流量、管道水力计算，能确定污水管道参数（L、D、Q、i、h/D、v、埋深等），掌握污水管道的水力计算。

【能力目标】

根据污水管网布置图及设计资料，经管网计算确定污水管道参数（L、D、Q、i、h/D、v、埋深等），并完成设计图件：

（1）划分设计管段，确定各设计管段的设计流量；

（2）进行管（渠）道的水力计算，确定污水管道的管径、设计坡度和埋设深度等；

（3）确定污水管道在道路横断面上的具体位置；

（4）进行污水提升泵站的设置与设计；

（5）绘制污水管道的平面图和纵剖面图。

【素质目标】

培养学生吃苦耐劳、一丝不苟的学习态度，团结协作、尊重他人的工作方式。

学习情境一　污水管道系统设计流量确定

污水管道系统设计的首要任务，是正确合理地确定污水管道系统的设计流量。污水管道系统的设计流量是污水管道及其附属构筑物能保证通过的最大流量。通常以最高日最高时流量作为污水管道系统的设计流量，其单位为L/s。

一、污水管道系统设计流量组成

污水管道系统设计流量（见表4-1）包括生活污水设计流量和工业废水设计流量两大部分。

表4-1　污水管道系统设计流量

<table>
<tr><td colspan="4">污水管道系统设计流量</td></tr>
<tr><td colspan="2">生活污水管道系统设计流量</td><td colspan="2">工业废水管道系统设计流量</td></tr>
<tr><td colspan="2">综合生活污水管道系统设计流量</td><td rowspan="2">工业企业内生活污水和淋浴污水</td><td rowspan="2">生产废水</td></tr>
<tr><td>居民生活污水</td><td>公共设施排水</td></tr>
</table>

二、污水设计流量计算方法及相关参数的确定

（一）生活污水设计流量

居住区生活污水设计流量按下式计算：

$$Q_1 = \frac{n \cdot N \cdot K_z}{24 \times 3\ 600} \tag{4-1}$$

式中　Q_1——居住区生活污水设计流量,L/s;

n——居住区生活污水定额,L/(人·d);

N——设计人口数,人;

K_z——生活污水量总变化系数。

1.居住区生活污水定额

居住区生活污水定额,是指在污水管道系统设计时所采用的每人每天所排出的平均污水量。它与居民生活用水定额、居住区给水排水系统的完善程度、气候、居住条件、生活习惯、生活水平及其他地方条件等许多因素有关。居住区生活污水定额可参考居民生活用水定额或综合生活用水定额。

1)居民生活污水定额

居民生活污水定额是指居民每人每天日常生活中洗涤、冲厕、洗澡等产生的污水量(L/(人·d))。

2)综合生活污水定额

综合生活污水定额是指居民生活污水和公共设施(包括娱乐场所、宾馆、浴室、商业网点、学校和机关等地方)排出污水两部分的总和(L/(人·d))。

在城市中,居民用过的水绝大部分都排入污水管道,但这并不等于说,污水量就等于给水量。通常生活污水量为同一周期给水量的80%~90%,在热天、干旱地区可能小于80%。这是因为冲洗街道和绿化用水等排入雨水管道而不排入污水管道,加之给水管道的渗漏等,造成污水量小于给水量。在某些情况下,实际排入污水管道的污水量,由于地下水的渗入和雨水经检查井口流入,还可能会大于给水量。在确定居民生活污水定额时,应调查收集当地居住区实际排水量的资料,根据该地区给水设计所采用的用水量定额,确定居民生活污水定额。当没有实测的居住区排水量资料时,可按相似地区的排水量资料确定。若这些资料都不易取得,则根据《室外排水设计规范》(GB 50014—2006)(2016年版)的规定,按居民生活用水定额的80%~90%确定污水定额。

实际设计时,为便于计算,对市区内居住区的污水量,通常按比流量计算。比流量是指从单位面积上排出的平均日污水量,以L/(s·hm²)表示,它是根据人口密度和居民生活污水定额等定出的一个单位居住面积上排出的污水流量综合性标准。

2.设计人口数

设计人口数是指污水排水系统设计期限终期的规划人口数。它是根据城市总体规划确定的,在数值上等于人口密度与居住区面积的乘积,即

$$N = \rho F \tag{4-2}$$

式中　N——设计人口数,人;

ρ——人口密度,人/hm^2;

F——居住区面积,hm^2。

人口密度表示人口的分布情况,是指单位面积上居住的人口数,以人/hm^2表示,它有

总人口密度和街坊人口密度两种形式。总人口密度所用的面积包括街道、公园、运动场、水体等处的面积，而街坊人口密度所用的面积只是街坊内的建筑用地面积。在规划或初步设计时，采用总人口密度，而在技术设计或施工图设计时，则采用街坊人口密度。

3.生活污水量总变化系数

居住区生活污水定额是平均值，因而根据设计人口数和生活污水定额计算得到的是污水平均日流量。而实际上，流入污水管道的污水量时刻都在变化。夏季与冬季不同，一天中白天和晚上也不相同，白天各小时的污水量也有很大差异。一般说来，居住区的居民生活污水量在凌晨几个小时最小，在6~8时和17~20时最大。就是在1 h内，污水量也是有变化的，但这个变化较小，通常假定1 h内流入污水管道的污水是均匀的。这种假定，一般不会影响污水管道系统设计和运转的合理性。

污水量的变化程度通常用变化系数表示。变化系数分为日变化系数、时变化系数和总变化系数三种。

1）日变化系数

一年中最大日污水量与平均日污水量的比值称为日变化系数（K_d）：

$$\text{日变化系数}(K_d)=\frac{\text{一年中最大日污水量}}{\text{平均日污水量}}$$

2）时变化系数

最大日最大时污水量与最大日平均时污水量的比值称为时变化系数（K_h）：

$$\text{时变化系数}(K_h)=\frac{\text{最大日最大时污水量}}{\text{最大日平均时污水量}}$$

3）总变化系数

最大日最大时污水量与平均日平均时污水量的比值称为总变化系数（K_z）：

$$\text{总变化系数}(K_z)=\frac{\text{最大日最大时污水量}}{\text{平均日平均时污水量}}$$

显然，按上述定义有：

$$K_z=K_d\cdot K_h$$

通常，污水管道的设计管径要根据最大日最大时污水量确定，这就需要求出总变化系数。然而，一般城市中都缺乏有关日变化系数和时变化系数的资料，直接采用上式求总变化系数难度较大。实际上，污水流量的变化随着人口数和污水定额的变化而变化。若污水定额一定，流量的变化幅度随人口数量的增加而减小；若人口数量一定，流量的变化幅度随污水定额的增加而减小，即总变化系数随污水平均流量的大小而不同。平均流量愈大，则总变化系数愈小。《室外排水设计规范》（GB 50014—2006）（2016年版）中规定了总变化系数与平均日流量之间的变化关系，见表4-2，设计时可直接采用。

我国在多年观测资料的基础上，经过综合分析归纳，总结出了总变化系数与平均流量之间的关系式，即：

$$K_z=\frac{2.7}{Q^{0.11}} \tag{4-3}$$

式中　Q——污水平均日流量，L/s，当 $Q \leqslant 5$ L/s 时，$K_z = 2.3$，当 $Q \geqslant 1\ 000$ L/s 时，$K_z = 1.3$。

表 4-2　生活污水量总变化系数

污水平均日流量(L/s)	≤5	15	40	70	100	200	500	≥1 000
总变化系数	2.3	2.0	1.8	1.7	1.6	1.5	1.4	1.3

注：(1)当污水平均日流量为中间数值时，总变化系数用内插法求得；

(2)当居住区有实际生活污水量变化资料时，可按实际数据采用。

(二)工业废水设计流量

工业废水设计流量包括工业企业内生活污水和淋浴污水设计流量以及生产废水设计流量两部分之和，即

$$Q_2 = Q_{21} + Q_{22} \tag{4-4}$$

式中　Q_2——工业废水设计流量，L/s；

Q_{21}——工业企业内生活污水和淋浴污水设计流量，L/s；

Q_{22}——生产废水设计流量，L/s。

1.工业企业内生活污水和淋浴污水设计流量 Q_{21}

工业企业内生活污水和淋浴污水主要来自生产区的食堂、卫生间、浴室等，其设计流量的大小与工业企业的性质、污染程度、卫生要求有关。一般按下式进行计算：

$$Q_{21} = \frac{A_1B_1K_1 + A_2B_2K_2}{3\ 600T} + \frac{C_1D_1 + C_2D_2}{3\ 600} \tag{4-5}$$

式中　Q_{21}——工业企业内生活污水和淋浴污水设计流量，L/s；

A_1——一般车间最大班职工人数，人；

B_1——一般车间职工生活污水定额，以 25 L/(人·班)计；

K_1——一般车间生活污水量时变化系数，以 3.0 计；

A_2——热车间和污染严重车间最大班职工人数，人；

B_2——热车间和污染严重车间职工生活污水量定额，以 35 L/(人·班)计；

K_2——热车间和污染严重车间生活污水量时变化系数，以 2.5 计；

C_1——一般车间最大班使用淋浴的职工人数，人；

D_1——一般车间的淋浴污水量定额，以 40 L/(人·班)计；

C_2——热车间和污染严重车间最大班使用淋浴的职工人数，人；

D_2——热车间和污染严重车间的淋浴污水量定额，以 60 L/(人·班)计；

T——每工作班工作时数，h。

淋浴时间按 60 min 计。

2.生产废水设计流量 Q_{22}

生产废水设计流量按下式计算

$$Q_{22} = \frac{mMK_z}{3\ 600T} \tag{4-6}$$

式中　Q_{22}——生产废水设计流量，L/s；

m——生产过程中每单位产品的废水量定额，L/单位产品；

M——产品的平均日产量，单位产品/d；

K_z——总变化系数；

T——每日生产时数，h。

生产废水量定额是指生产单位产品或加工单位数量原料所排出的平均废水量。它是通过实测现有车间的废水量而求得的，在设计新建工业企业的排水系统时，可参考与其生产工艺相似的已有工业企业的排水资料来确定。若生产废水量定额不易取得，则可以工业生产用水量定额（生产单位产品的平均用水量）为依据估计废水量定额。各工业企业的废水量标准差别较大，即使生产同一产品，若生产设备或工艺不同，其废水量定额也可能不同。若生产中采用循环给水系统，其废水量比采用直流给水系统时会明显降低。因此，工业生产废水量定额取决于产品种类、生产工艺、单位产品用水量以及给水方式等。

在不同的工业企业中，生产废水的排出情况差别较大，有些生产废水是均匀排出的，而有些则不会均匀排出，甚至个别车间的生产废水可能在短时间内一次性排放。因而生产废水量的变化取决于工业企业的性质、生产工艺和其他具体情况。一般情况下，生产废水量的日变化不大，其日变化系数可取为1。而时变化系数则可通过实测废水量最大一天的各小时流量进行计算确定。

某些生产废水量的时变化系数大致为：冶金工业1.0~1.1，化工工业1.3~1.5，纺织工业1.5~2.0，食品工业1.5~2.0，皮革工业1.5~2.0，造纸工业1.3~1.8。设计时可参考使用。

（三）地下水渗入量

在地下水位较高地区，因当地土质、管道及接口材料、施工质量等因素影响，一般均存在地下水渗入现象，设计污水管道系统时，宜适当考虑地下水渗入量。地下水渗入量 Q_3 一般以单位管道延长米或单位服务面积（公顷）计算。日本规程（指针）采用经验数据：每人每日最大污水量的10%~20%。

（四）城市污水管道系统设计总流量

如前所述，城市污水管道系统的设计总流量为：

$$Q = Q_1 + Q_2 + Q_3 \tag{4-7}$$

以上计算方法，是假定排出的各种污水都在同一时间内出现最大流量，这在污水管道设计中是合理的。但在污水泵站和污水厂设计中，如采用此法计算污水设计流量将造成巨大浪费。各种污水最大时，流量同时发生的可能性很小，并且各种污水在汇合时能相互调节，可使流量高峰降低。因此，为了正确地、合理地确定污水泵站和污水处理厂各处理构筑物的最大污水设计流量，就必须考虑各种污水流量的逐时变化，即知道一天中各种污水每小时的流量，然后将相同小时的各种流量相加，求出一日中流量的逐时变化，取最大时流量作为总设计流量。按这种综合流量计算法求得的最大污水量，作为污水泵站和污水处理厂构筑物的设计流量，是比较经济合理的。

三、污水管道系统设计流量实例

例题1　河北省某中等城市一屠宰厂每天宰杀活牲畜260 t，废水量定额为10 m³/t，工业废水的总变化系数为1.8，三班制生产，每班8 h。最大班职工人数800人，其中，在污染严重车间工作的职工占总人数的40%，使用淋浴人数按该车间人数的85%计；其余60%的职工在一般车间工作，使用淋浴人数按30%计。工厂居住区面积为10 hm^2，人口密度为600人/hm^2。各种污水由管道汇集输送到厂区污水处理站，经处理后排入城市污水管道，试计算该屠宰厂的污水设计总流量。

【解】 该屠宰厂的污水包括居民生活污水、工业企业生活污水和淋浴污水、工业废水三种，因该厂区公共设施情况未给出，故按综合生活污水计算。

(1)综合生活污水设计流量计算。

查综合生活用水定额，河北位于第二分区，中等城市的平均日综合用水定额为110~180 L/(人·d)，取165 L/(人·d)。假定该厂区给水排水系统比较完善，则综合生活污水定额为165×90%=148.5 L/(人·d)，取为150 L/(人·d)。

居住区人口数为600×10=6 000(人)

则综合生活污水平均流量为：

$$\frac{150\times 6\,000}{24\times 3\,600}=10.4(\text{L/s})$$

用内插法查总变化系数表，得$K_z=2.24$

于是，综合生活污水设计流量为

$$Q_1=10.4\times 2.24=23.30(\text{L/s})$$

(2)工业企业内生活污水和淋浴污水设计流量计算。

由题意知：一般车间最大班职工人数为800×60%=480(人)，使用淋浴的人数为480×30%=144(人)；污染严重车间最大班职工人数为800×40%=320(人)，使用淋浴的人数为320×85%=272(人)。

工业企业内生活污水和淋浴污水设计流量为：

$$Q_{21}=\frac{A_1B_1K_1+A_2B_2K_2}{3\,600T}+\frac{C_1D_1+C_2D_2}{3\,600}$$

$$=\frac{480\times 25\times 3+320\times 35\times 2.5}{3\,600\times 8}+\frac{144\times 40+272\times 60}{3\,600}=8.36(\text{L/s})$$

生产废水设计流量计算如下：

$$Q_{22}=\frac{mMK_z}{3\,600T}=\frac{10\times 260\times 1.8}{3\,600\times 24}=0.054\,2(\text{m}^3/\text{s})=54.2(\text{L/s})$$

该厂区污水设计总流量 $Q_1+Q_{21}+Q_{22}=23.3+8.36+54.2=85.86(\text{L/s})$

例题2 在计算城市污水管道系统的污水设计总流量时，由于城市排水区界内的汇水面积较大，因此需按各排水流域分别计算，将各排水流域同类性质的污水列表进行计算，最后汇总得出污水管道系统的设计总流量。

【解】 某城镇污水管道系统设计总流量的计算示例，分别如表4-3~表4-6所示。

表 4-3　城镇综合生活污水设计流量计算表

居住区名称	排水流域编号	居住区面积（hm^2）	人口密度（人/hm^2）	居民人数（人）	污水量定额（L/（人·d））	平均污水量			总变化系数 K_z	设计流量	
						（m^3/d）	（m^3/h）	（L/s）		（m^3/h）	（L/s）
1	2	3	4	5	6	7	8	9	10	11	12
商业区	Ⅰ	60	500	30 000	160	4 800	200	55.6	1.74	348	96.74
文卫区	Ⅱ	40	400	16 000	180	2 880	120	33.3	1.81	217.2	60.27
工业区	Ⅲ	50	450	22 500	160	3 600	150	41.7	1.78	267	74.23
合计	—	150	—	68 500	—	11 280	470	130.6	1.57 ①	737.9 ②	205.04 ②

注：①中的总变化系数是根据合计平均流量值查出的；

②中的数字不是直接合计，而是合计平均流量与相对应的总变化系数的乘积。

表 4-4　各工业企业内生活污水和淋浴污水设计流量计算表

车间名称	车间性质	班数	每班工作时数（h）	生活污水				淋浴污水			合计设计流量（L/s）
				最大班职工人数（人）	污水量定额（L/（人·d））	时变化系数	设计流量（L/s）	最大班使用淋浴的职工人数（人）	污水量定额（L/（人·d））	设计流量（L/s）	
1	2	3	4	5	6	7	8	9	10	11	12
酿酒厂	污染	3	8	156	35	2.5	0.47	109	60	1.82	2.29
	一般	3	8	108	25	3.0	0.28	38	40	0.42	0.70
肉类加工厂	污染	3	8	168	35	2.5	0.51	116	60	1.93	2.44
	一般	3	8	92	25	3.0	0.24	35	40	0.38	0.62
造纸厂	污染	3	8	150	35	2.5	0.46	105	60	1.75	2.21
	一般	3	8	145	25	3.0	0.38	50	40	0.56	0.94
皮革厂	污染	3	8	274	35	2.5	0.83	156	60	2.6	3.43
	一般	3	8	324	25	3.0	0.84	80	40	0.89	1.73
印染厂	污染	3	8	450	35	2.5	1.37	315	60	5.25	6.62
	一般	3	8	470	25	3.0	1.22	188	40	2.09	3.31
总计							6.60			17.69	24.29

表 4-5　各工业企业内工业废水设计流量计算表

工业企业名称	班数	各班时数(h)	产品名称	日产量(t)	工业废水定额(m^3/t)	平均流量			总变化系数	设计流量	
						(m^3/d)	(m^3/h)	(L/s)		(m^3/h)	(L/s)
1	2	3	4	5	6	7	8	9	10	11	12
酿酒厂	3	8	酒	15	18.6	279	11.63	3.23	3.0	34.89	9.69
肉类加工厂	3	8	牲畜	162	15	2 430	101.25	28.13	1.7	172.13	47.82
造纸厂	3	8	白纸	12	150	1 800	75	20.83	1.45	108.75	30.20
皮革厂	3	8	皮革	34	75	2 550	106.25	29.51	1.40	148.75	41.31
印染厂	3	8	布	36	150	5 400	225	62.5	1.42	319.5	88.75
合计						12 459	519.13	144.2		784.02	217.77

表 4-6　城镇污水设计总流量统计表

排水工程对象	综合生活污水设计流量(L/s)	工业企业内生活污水和淋浴污水设计流量(L/s)	工业废水设计流量(L/s)	城镇污水设计总流量(L/s)
居住区和公共建筑	205.04			447.11
工业企业		24.29		
			217.77	

思考题

1.什么是居民生活污水定额和综合生活污水定额？它们受哪些因素的影响？其值应如何确定？

2.什么是污水量的日变化系数 K_d、时变化系数 K_h 和总变化系数 K_z？

习　题

如何计算城市污水的设计流量？它有何优缺点？

能力提升

某肉类联合加工厂每天宰杀活牲畜 258 t，废水量标准为 8.2 m^3/t，总变化系数为 1.8，三班制生产，每班 8 h。最大班职工人数 860 人，其中在高温及严重污染车间工作的职工占总人数的 40%，使用淋浴人数按 85%计；其余 60%的职工在一般车间工作，使用淋浴人数按 30%计。工厂居住区面积为 9.5 hm^2，人口密度为 580 人/hm^2，居住区生活污水量定额为 160 L/(人·d)，各种污水由管道汇集后送至厂区污水处理站进行处理，试计算该厂区的污水设计总流量。

学习情境二　污水管段划分及设计流量计算

污水管道系统的设计总流量计算完毕后，还不能进行管道系统的水力计算。因此，还需在管网平面布置图上划分设计管段，确定设计管段的起止点，进而求出各设计管段的设计流量。只有求出设计管段的设计流量，才能进行设计管段的水力计算。

一、设计管段的划分

在污水管道系统中，为了便于管道的连接，通常在管径改变、敷设坡度改变、管道转向、支管接入及管道交汇的地方设置检查井。这些检查井在管网定线时就已设定完毕。对于两个检查井之间的连续管段，如果采用的设计流量不变，且采用同样的管径坡度，则这样的连续管段就称为设计管段。设计管段两端的检查井称为设计管段的起止检查井(简称起止点)。在实际划分设计管段时，由于在直线管段上，为了满足清通养护污水管道的需要，需每隔一定的距离设置一个检查井。这样，实际中在管网平面布置图上设置的检查井就很多。为了简化计算，不需要把每个检查井都作为设计管段的起止点，采用同样管径和坡度的连续管段，就可以划作一个设计管段。根据管道平面布置图，凡有集中流量流入、有旁侧管接入的检查井均可作为设计管道的起止点。对于设计管段两端的起止检查井，应依次编上号码，如图 4-1 所示，即可计算每一设计管段的设计流量。

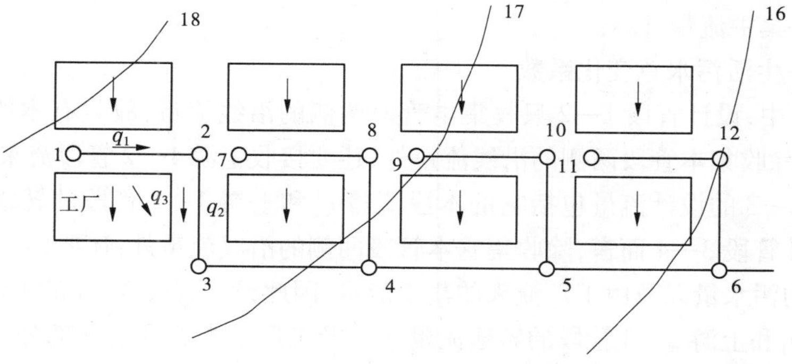

图 4-1　设计管段的划分及其设计流量的计算

二、设计管段设计流量的确定

如图 4-1 所示，每一设计管段的污水设计流量可能包括以下几种流量。

(一) 本段流量

本段流量 q_1 是从本管段沿线街坊流来的污水量。

(二) 转输流量

转输流量 q_2 是从上游管段和旁侧管段流来的污水量。

(三) 集中流量

集中流量 q_3 是从工业企业或其他产生大量污水的公共建筑流来的污水量。

对于某一设计管段,本段流量 q_1 是沿管段长度变化的,即从管段起点的零逐渐增加到终点的全部流量。为便于计算,通常假定本段流量是从管段起点集中进入设计管段的。而从上游管段和旁侧管段流来的转输流量 q_2 和集中流量 q_3 对这一管段是不变的。

本段流量是以人口密度和管段的服务面积来计算的,公式如下:

$$q_1 = q_s F \tag{4-8}$$

$$q_s = \frac{n\rho}{86\ 400} \tag{4-9}$$

式中　q_1——设计管段的本段流量,L/s;

F——设计管段的本段服务面积,hm^2;

q_s——比流量,L/(s · hm^2),是指单位面积上排出的平均污水量;

n——生活污水定额,L/(人 · d);

ρ——人口密度,人/ hm^2。

某一设计管段的设计流量可由下式计算:

$$q_{ij} = (q_1 + q_2)K_z + q_3 \tag{4-10}$$

式中　q_{ij}——某一设计管段的设计流量,L/s;

q_1——本段流量,L/s;

q_2——转输流量,L/s;

q_3——集中流量,L/s;

K_z——生活污水总变化系数。

在图 4-1 中,设计管段 1—2 只收集本管段两侧的沿线流量,故只有本段流量 q_1。设计管段 2—3 除收集本管段两侧的沿线流量外,还要接收上游 1—2 管段流来的污水量,因此设计管段 2—3 的设计流量包括它的本段流量 q_1 和上游 1—2 管段的转输流量 q_2 两部分。对于设计管段 3—4 而言,除收集它本管段两侧的沿线流量外,还要接收上游 2—3 管段转输流来的污水量以及由工厂流来的集中流量,因此设计管段 3—4 的设计流量包括它的本段流量 q_1 和上游 2—3 管段的转输流量 q_2 以及工厂集中流量 q_3 三部分。

思考题

什么是设计管段?怎样划分设计管段?

习　题

设计管段的设计流量有哪些？怎样确定每一设计管段的设计流量？

学习情境三　污水管道的水力计算

一、污水管道水力计算公式

在污水管道中，污水由支管流入干管，再由干管流入主干管，最后由主干管流入污水处理厂，经处理后排放或再利用。管道的管径由小到大，分布类似河流，呈树枝状。但它与给水管网的环状网和树状网截然不同，一般情况下，具有如下特点：

(1)污水在管道内依靠管道两端的水面高差从高处流向低处，是不承受压力的，即为重力流。

(2)污水中含有一定数量的悬浮物，它们有的漂浮于水面，有的悬浮于水中，有的则沉积在管底内壁上，这与清水的流动有所差别。但污水中的水分一般在99%以上，所含悬浮物很少，因此可认为污水的流动遵循一般流体流动的规律，工程设计时仍按水力学公式计算。

(3)污水在管道中的流速随时都在变化，但在直线管段上，当流量没有很大变化又无沉淀物时，可认为污水的流动接近均匀流。设计时对每一设计管段都按均匀流进行计算，常用的均匀流基本公式有：

$$Q = A \cdot v \tag{4-11}$$

谢才公式

$$v = C\sqrt{RI} \tag{4-12}$$

曼宁公式

$$C = \frac{1}{n}R^{1/6} \tag{4-13}$$

因此有

$$Q = \frac{1}{n} \cdot A \cdot R^{\frac{2}{3}} \cdot I^{\frac{1}{2}} \tag{4-14}$$

式中　Q——流量，m^3/s；

n——管壁粗糙系数，见表4-7；

A——过水断面面积，m^2；

v——流速，m/s；

R——水力半径，m；

I——水力坡度(即水面坡度，等于管底坡度)。

表 4-7　管壁粗糙系数 n

管渠类别	粗糙系数 n	管渠类别	粗糙系数 n
UPVC 管、PE 管、玻璃钢管	0.009～0.011	浆砌砖渠道	0.015
石棉水泥管、钢管	0.012	浆砌块石渠道	0.017
陶土管、铸铁管	0.013	干砌块石渠道	0.020～0.025
混凝土管、钢筋混凝土管、水泥砂浆抹面渠道	0.013～0.014	土明渠(包括带草皮)	0.025～0.030

对于非满流管道水力计算公式:

$$\begin{cases} A = A(D,h/D) = \dfrac{D^2}{4}\cos^{-1}\left(1-2\dfrac{h}{D}\right) - \dfrac{D^2}{2}\left(1-2\dfrac{h}{D}\right)\sqrt{\dfrac{h}{D}\left(1-\dfrac{h}{D}\right)} \\ R = R(D,h/D) = \dfrac{D}{4} - \dfrac{D\left(1-2\dfrac{h}{D}\right)\sqrt{\dfrac{h}{D}\left(1-\dfrac{h}{D}\right)}}{2\cos^{-1}\left(1-2\dfrac{h}{D}\right)} \\ v = \dfrac{1}{n}R^{\frac{2}{3}}I^{\frac{1}{2}} = \dfrac{1}{n}R^{\frac{2}{3}}(D,h/D)I^{\frac{1}{2}} \\ Q = \dfrac{1}{n}AR^{\frac{2}{3}}I^{\frac{1}{2}} = \dfrac{1}{n}A(D,h/D)R^{\frac{2}{3}}(D,h/D)I^{\frac{1}{2}} \end{cases} \tag{4-15}$$

其中,h/D 为管道充满度,其余参数 A、v、R、I、n 意义同前。

二、污水管道设计参数相关规定

水力计算的两个基本公式给出了流量 Q、流速 v、粗糙系数 n、水力坡度 I、水力半径 R 和过水断面面积 A 等水力要素之间的关系。为使污水管渠正常运行,需对这些因素加以考虑和限制,作为污水管道设计的依据。

(一)设计充满度

在设计流量下,污水在管道中的水深 h 与管道直径 D 的比值(h/D)称为设计充满度,它表示污水在管道中的充满程度,如图 4-2 所示。

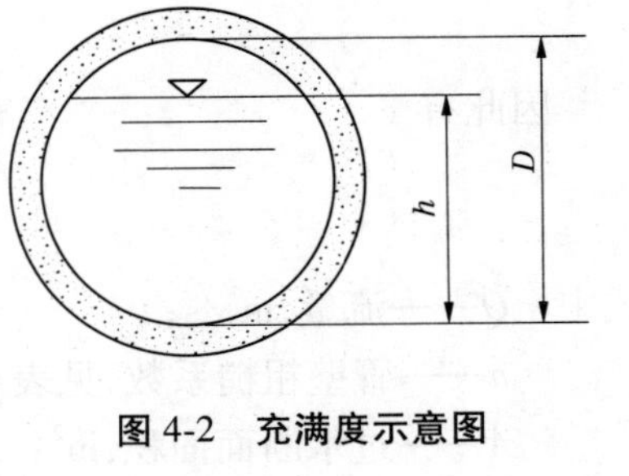

图 4-2　充满度示意图

当 $h/D=1$ 时,称为满流;当 $h/D<1$ 时,称为不满流。《室外排水设计规范》(GB 50014—2006)(2016 年版)规定,污水管道按不满流进行设计,其最大设计充满度的规定如表 4-8 所示。这样规定的原因有以下三点:

(1)污水流量时刻在变化,很难精确计算,而雨水可能通过检查井盖上的孔口流入,地下水也可能通过管道接口渗入污水管道。因此,有必要预留一部分管道断面,为未预见水量的介入留出空间,避免污水溢出妨碍环境卫生,同时使渗入的地下水能够顺利流泄。

(2)污水管道内沉积的污泥可能分解析出一些有害气体(如 CH_4、H_2S 等)。此外,当污水中含有汽油、苯、石油等易燃液体时,可能形成爆炸性气体,故需留出适当的空间,以利管道的通风,及时排除有害气体及易爆气体。

(3)便于管道的清通和养护管理。

如表 4-8 所示的最大设计充满度是设计污水管道时所采用的充满度的最大限值。当进行污水管道的水力计算时,所选用的充满度不应大于表 4-8 中规定的数值。为了节约投资,合理地利用管道断面,选用的设计充满度也不应过小。因此,在设计过程中还应考虑将最小设计充满度作为设计充满度的下限值。根据经验,各种管径的最小设计充满度不宜小于 0.25。一般情况下,设计充满度最好不小于 0.5,对于管径较大的管道,设计充满度以接近最大限值为好。

表 4-8　最大设计充满度

管径 D 或渠高 H(mm)	最大设计充满度(h/D 或 h/H)
200~300	0.55
350~450	0.65
500~900	0.70
≥1000	0.75

(二)设计流速

设计流速是指污水管渠在设计充满度条件下,排泄设计流量时的平均流速。设计流速过小,污水流动缓慢,其中的悬浮物易于沉淀淤积;反之,污水流速过高,虽然悬浮物不宜沉淀淤积,但可能会对管壁产生冲刷,甚至损坏管道,使其寿命降低。为了防止管道内产生沉淀淤积或管壁遭受冲刷,《室外排水设计规范》(GB 50014—2006)(2016 年版)规定了污水管道的最小设计流速和最大设计流速。污水管道的设计流速应在最小设计流速和最大设计流速之间,即

$$v_{\text{最小设计流速}} \leqslant v_{\text{设计流速}} \leqslant v_{\text{最大设计流速}}$$

最小设计流速是保证管道内不致发生沉淀淤积的流速。污水管道在设计充满度下的最小设计流速为 0.6 m/s。含有金属、矿物固体或重油杂质的生产污水管道,其最小设计流速宜适当加大,其值应根据经验或经过调查研究综合考虑确定。

最大设计流速是保证管道不被冲刷损坏的流速。该值与管道材料有关,通常金属管道的最大设计流速为 10 m/s,非金属管道的最大设计流速为 5 m/s。

在污水管道系统的上游管段,特别是起点检查井附近的污水管道,有时其流速在采用最小管径的情况下都不能满足最小流速的要求。此时应增设冲洗井,定期冲洗污水管道,以免堵塞;或加强养护管理,尽量减少其沉淀淤积的可能性。

(三)最小设计坡度和最小管径

最小设计坡度是指相应于最小设计流速的管道敷设坡度,即为保证管道不发生沉淀淤积时的坡度。在均匀流情况下,水力坡度等于水面坡度,即管底坡度。由水力计算公式可知,设计坡度与设计流速的平方成正比,与水力半径 R 的 $\frac{3}{4}$ 次方成反比。水力半径与

管径大小和充满度有关,因此不同管径的污水管道对应不同的最小坡度;在管径相同的情况下,不同充满度也对应不同的最小坡度。

设计污水管道系统时,通常使管道敷设坡度与地面坡度一致,这对降低管道系统的造价非常有利。但相应于管道敷设坡度的污水流速应等于或大于其最小设计流速,这在地势平坦地区或管道逆坡敷设时尤为重要。为此,应规定污水管道的最小设计坡度,只要其敷设坡度不小于最小设计坡度,则管道内就不会产生沉淀淤积。

最小管径有参数规定是因为当污水管道管径过小时,极易堵塞,从而增加了管道清通次数,并给用户带来不便。此外,采用较大的管径则可选用较小的设计坡度,减少管道埋深,降低工程造价。因此,为了养护工作的方便,常规定一个允许的最小管径和最小设计坡度,见表 4-9。

表 4-9 最小管径与相应最小设计坡度

管材	敷设位置	最小管径(mm)	最小设计坡度
钢筋混凝土管	街道下	300	0.003
	居住区厂区内	200	0.004
塑料管	街道下	300	0.002
	居住区和厂区内支路下或建筑物周围绿化带内	160	0.005
	进化粪池污水管	200	0.007
	居住区和厂区内主道路下	200	0.004

实际工程中,充满度随时在变化,这样,同一直径的管道因充满度不同,则应有不同的最小设计坡度。上述规定的最小设计坡度是设计充满度 $h/D=0.5$(即半满流)时的最小坡度。

在污水管道的设计过程中,若某设计管段的设计流量小于其在最小管径、最小设计流速和最大设计充满度条件下管道通过的流量,则这样的管段称为不计算管段。设计时不再进行水力计算,直接采用最小管径。此时管道的设计坡度取与最小设计管径相应的最小设计坡度,管道的设计流速取最小设计流速,管道的设计充满度取半满流,即 $h/D=0.5$。

三、污水管道埋设深度

在污水管道工程中,管道的埋设深度愈大、工程造价愈高、施工期愈长。

(一)含义

(1)覆土厚度指管外壁顶部到地面的距离;

(2)管道埋设深度指管内壁底部到地面的距离,如图 4-3 所示。

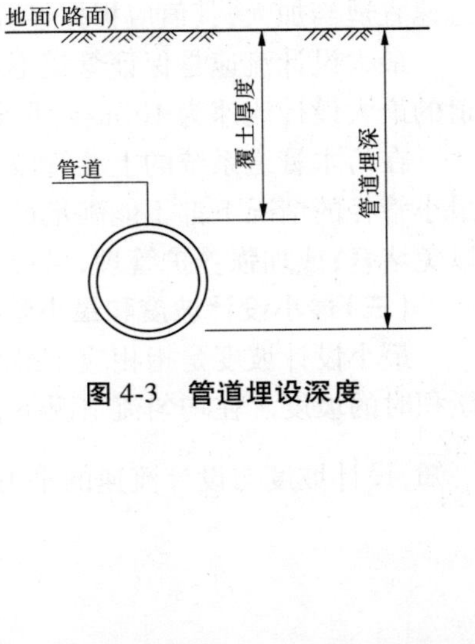

图 4-3 管道埋设深度

(二)最小埋深

当确定污水管道最小埋设深度时,应考虑下列因素:

(1)必须防止管内污水冰冻或土壤冰冻而损坏管道。

土壤的冰冻深度,不仅受当地气候的影响,而且与土壤本身的性质有关。不同的地区,由于气候条件不同,土壤性质不同,土壤的冰冻深度也各不相同。在污水管道工程中,一般所采用的土壤冰冻深度值,是当地多年观测的平均值。

由于生活污水水温较高,且保持一定的流量不断地流动,所以污水不易冰冻。由于污水水温的辐射作用,管道周围的土壤不会冰冻,所以在污水管道的设计中,没有必要将整个管道都埋设在土壤的冰冻线以下。

但如果将管道全部埋设在冰冻线以上,则会因土壤冻胀而损坏管道基础。

《室外排水设计规范》(GB 50014—2006)(2016 年版)规定:无保温措施的生活污水或水温与生活污水接近的工业废水管道,管底可埋设在土壤冰冻线以上 0.15 m。有保温措施或水温较高或水流不断、流量较大的污水管道,其管底在冰冻线以上的距离可适当增大,其数值可根据经验确定。

(2)必须保证管道不致因为地面荷载而破坏。

为保证污水管道不因受外部荷载而破坏,必须有一个覆土厚度的最小限值要求,这个最小限值,被称为最小覆土厚度。此值取决于管材的强度、地面荷载类型及其传递方式等因素。

《室外排水设计规范》(GB 50014—2006)(2016 年版)规定:在车行道下的排水管道,其最小覆土厚度一般不得小于0.7 m。在对排水管道采取适当的加固措施后,其最小覆土厚度值可以酌减。

(3)必须满足街坊污水管衔接的要求。

该值受建筑物污水出户管埋深的控制。从安装技术方面考虑,建筑物污水出户管的最小埋深一般为 0.5~0.7 m,以保证底层建筑污水的排出。因此,街坊污水管道的起端埋深最小也应有 0.6~0.7 m。由此值可计算出街道污水管道的最小埋设深度。

对每一管道来说,从上面 3 个不同的要求来看,可以得到 3 个不同的管道埋深。这 3 个值中,最大的一个即是管道的最小设计埋深。

(三)最大埋深

管道的最大埋深应根据设计地区的土质、地下水等自然条件,结合经济、技术、施工等方面的因素确定。一般在土壤干燥的地区,管道的最大埋深不应超过 7~8 m;在土质差、地下水位较高的地区,一般不超过 5 m。当管道的埋深超过了当地的最大限度值时,应考虑设置排水泵站提升,以提高下游管道的设计高程。

四、污水管道水力计算方法

在污水管道的水力计算中,污水流量通常是已经计算出来的,需要确定的是管道的直径和坡度。所确定的管道断面尺寸,必须在规定的设计充满度和设计流速条件下,能够排泄设计流量。管道敷设坡度的确定,应充分考虑地形条件,参照地面坡度和最小设计坡度确定。一方面,要使管道坡度尽可能与地面坡度平行敷设,以减小管道埋设深度;另一方面，也必须满足设计流速的要求，使污水在管道内不发生沉淀淤积，不对管壁造成冲刷。在具体水力计算中，对每一管道而言，有管径 D、粗糙系数 n、充满度 h/D，水力坡度 I、流量 Q、流速 v 六个水力参数，而只有流量 Q 为已知数，直接采用水力计算的基本公式计算极为复杂。为了简化计算，通常把上述各水力参数之间的水力关系绘制成水力计算图（参见附录三）。对每一张图而言，D 和 n 为已知数。它有 4 组线，其中横线代表管道敷设坡度 I，竖线代表管段设计流量 Q，从左下方向右上方倾斜的斜线代表设计充满度 h/D，从左上方向右下方倾斜的斜线代表设计流速 v。通过该图，在 Q、I、h/D、v 这 4 个水力参数中，只要知道 2 个，就可以查出另外 2 个。现举例说明该水力计算图的用法。

例题 3　如图 4-4 所示，已知 $n=0.014$、$D=300$ mm、$I=0.004$、$Q=30$ L/s，求 v 和 h/D。

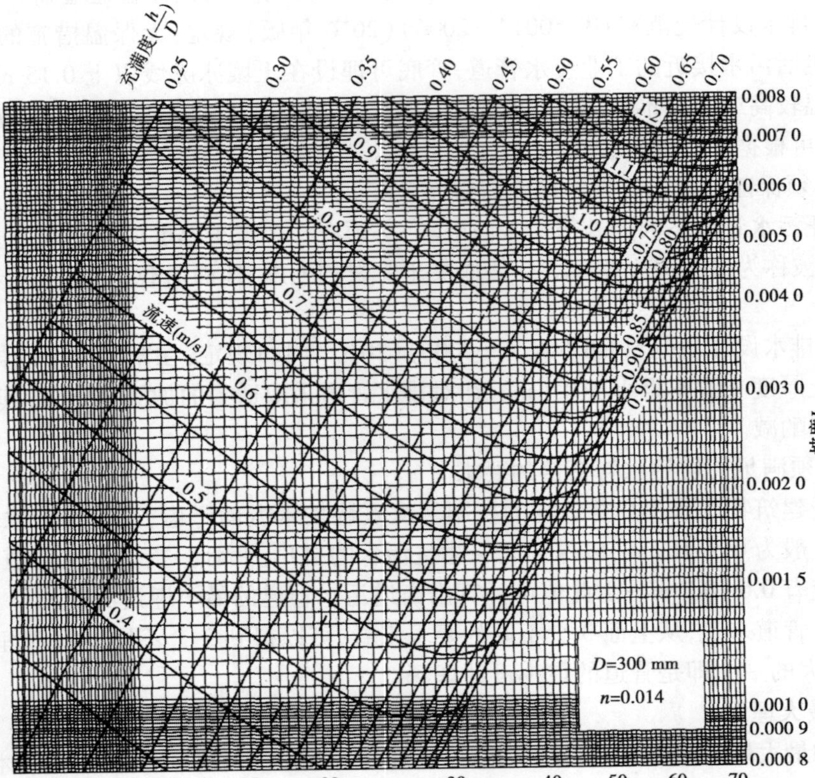

图 4-4　水力计算图

【解】　采用 $D=300$ mm 的水力计算图。先在纵轴上找到代表 $I=0.004$ 的横线，再从横轴上找到代表 $Q=30$ L/s 的竖线，两条线相交得一点。这一点落在代表设计流速 v 为 0.8 m/s 与 0.85 m/s 的两斜线之间，按内插法计算 $v=0.82$ m/s；同时该点还落在设计充满度 $\frac{h}{D}=0.5$ 与 $\frac{h}{D}=0.55$ 的两斜线之间，按内插法计算 $\frac{h}{D}=0.52$。

例题 4　如图 4-5 所示，已知 $n=0.014$、$D=400$ mm、$Q=41$ L/s、$v=0.90$ m/s，求 I 和 h/D。

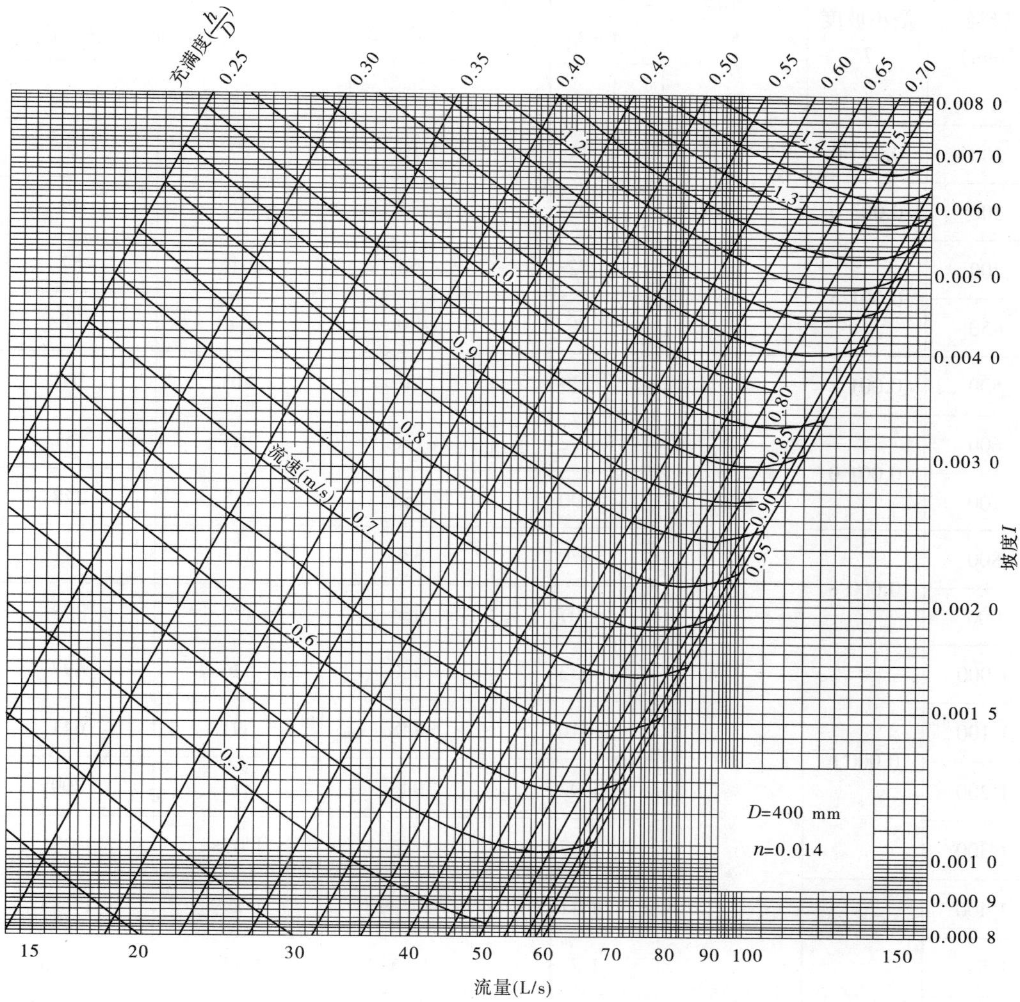

图 4-5　**水力计算图**

【解】　采用 $D=400$ mm 的水力计算图。在图上找到代表 $Q=41$ L/s 的竖线和代表 $v=0.90$ m/s的斜线，这两线的交点落在代表 $I=0.004\ 3$ 的横线上，即 $I=0.\ 004\ 3$；同时还落在代表$\dfrac{h}{D}=0.35$ 与$\dfrac{h}{D}=0.40$ 的两条斜线之间，按内插法计算$\dfrac{h}{D}=0.39$。

在实际工程设计时，通常只知道设计管段的设计流量，当地形有一定坡度时，可参考设计管段经过地段的地面坡度进行确定，以地面坡度作为管道的敷设坡度；如果地面坡度不能利用，则可自己假定管道的敷设坡度进行确定。当设计地形平坦或有反坡时，可参考表 4-10 设计计算。

表 4-10　最小坡度条件下的非满管流量

管径(mm)	最小坡度 I	最大充满度 $\frac{h}{D}$	管道摩阻 n			
			$n=0.011$	$n=0.012$	$n=0.013$	$n=0.014$
			流量(L/s)			
200	0.004 0	0.55	11	10	10	9
300	0.003 0		37	34	31	29
400	0.001 5	0.65	72	66	61	57
450			99	90	84	78
500	0.001 2	0.70	129	119	110	102
600	0.001 0		192	176	163	151
700			290	266	245	228
800	0.000 8		370	339	313	291
900			507	464	429	398
1 000	0.000 6	0.75	633	580	536	497
1 100			816	748	691	641
1 200			1 029	943	871	809
1 300			1 274	1 168	1 078	1 001
1 400	0.000 5		1 417	1 299	1 199	1 113
1 500			1 703	1 561	1 441	1 338
1 600			2 023	1 855	1 712	1 590
1 700			2 378	2 180	2 012	1 869
1 800			2 770	2 539	2 344	2 176
2 000			3 669	3 363	3 104	2 882
2 200			4 730	4 336	4 002	3 717
2 400			5 965	5 468	5 048	4 687

思考题

1.污水管道水力计算的目的是什么？在水力计算中为什么采用均匀流公式？

2.在污水管道水力计算中，对设计充满度、设计流速、最小管径和最小设计坡度是如何规定的？为什么要这样规定？

习　题

已知 $n=0.014$、$Q=32$ L/s、$D=300$ mm、$h/D=0.55$，求 v 和 I。

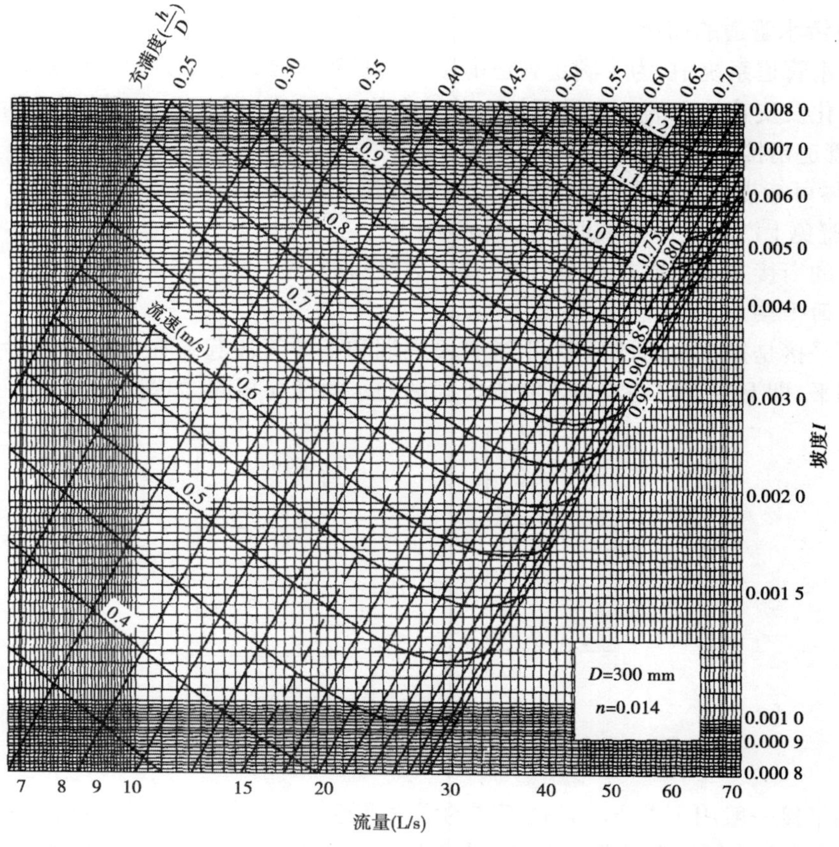

图 4-6　水力计算图

能力提升

利用本书附录三的水力计算图进行污水管段的水力计算训练。

学习情境四　污水管道系统设计及工程实例

一、污水管道的设计

(一)确定排水区界,划分排水流域

略。

(二)管道定线和平面布置的组合

略。

(三)设计管段及设计流量的确定

略。

(四)污水管道的衔接

在污水管道系统中,为了满足管道衔接和养护管理要求,通常在管径、坡度、高程、方向发生变化及支管接入的地方设置检查井。在检查井中必须考虑上下游管道衔接时的高程关系,管道衔接时应遵循以下两个原则:

(1)尽可能提高下游管段的高程,以减少管道埋深,降低造价;

(2)避免上游管段中形成回水而造成淤积。

管道的衔接方法主要有水面平接、管顶平接两种。

1. 水面平接

水面平接是指在水力计算中,上游管段终端和下游管段起端在指定的设计充满度下的水面相平,即上游管段终端与下游管段起端的水面标高相同,如图 4-7 所示。

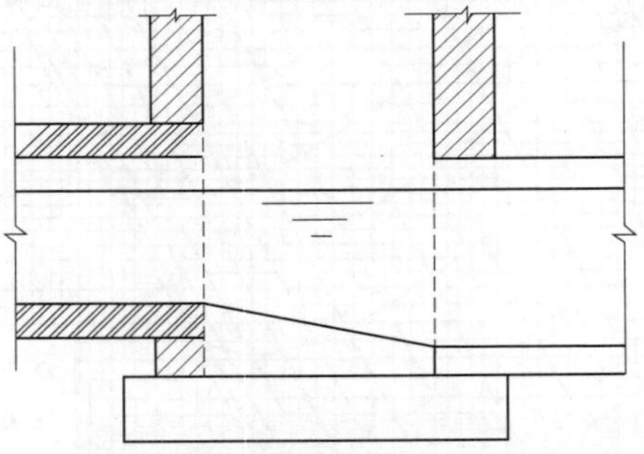

图 4-7　水面平接

水面平接一般用于上下游管径相同的污水管道的衔接。由于上游管段中的水面变化较大,水面平接时在上游管段内的实际水面标高可能低于下游管段的实际水面标高,因此在上游管段中容易形成回水而造成沉淀淤积。

2. 管顶平接

管顶平接是指在水力计算中,使上游管段终端和下游管段起端的管顶标高相同,如图 4-8所示。当采用管顶平接时,下游管段的埋深将增加。

一般用于上下游管径不同的污水管道的衔接。若采用管顶平接,可以避免在上游管

段中产生回水,下游管段的埋设深度将会增加。这对于城市地形比较平坦的地区或埋设深度较大的管道,有时可能是不适宜的。

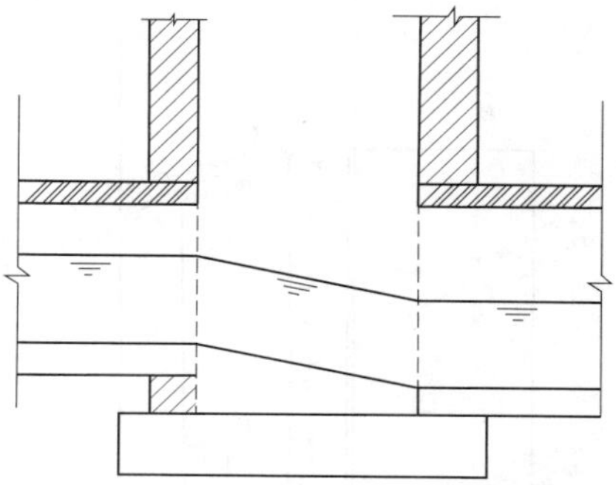

图 4-8　管顶平接

注意事项:

(1)下游管段起端的水面和管内底标高都不得高于上游管段终端的水面和管内底标高。

(2)当管道敷设地区的地面坡度很大时,为调整管内流速,所采用的管道坡度将会小于地面坡度。为了保证下游管段的最小覆土厚度和减小上游管段的埋深,可根据地面坡度采用跌水连接。

(3)在旁侧管道与干管交汇处,若旁侧管道的管内底标高比干管的管内底标高相差 1 m 以上,为保证干管有良好的水力条件,最好在旁侧管道上先设跌水井后,再与干管相接。

(五)控制点的确定和泵站的设置地点

略。

(六)污水管道在街道上的位置

略。

(七)绘制管道平面图和纵剖面图

平面图和纵剖面图是排水管道设计的主要组成部分。污水管道设计和雨水管道设计均应绘制相应的管道平面图和纵剖面图,二者在绘制要求上基本是一致的。根据设计阶段的不同,图纸所体现的内容和深度也不同。

1. 平面图的绘制

平面图是管道的平面布置图,如图 4-9 所示,应反映出管道的总体布置和流域范围,不同设计阶段的平面图,其要求的内容也不同。

初步设计阶段,一般只绘出管道平面图。采用的比例尺通常为 1∶5 000 ~ 1∶10 000,图上应有地形、地物、河流、风向玫瑰或指北针等。新设计和原有的污水(或雨水)管道用粗单实线表示,只绘出主干管和干管。在管线上画出设计管段起止点的检查井并编号,标出各设计管段的服务面积,可能设置的泵站等。注明主干管和干管的管径、坡度和长度等。此外,还应附有必要的说明和工程项目表。

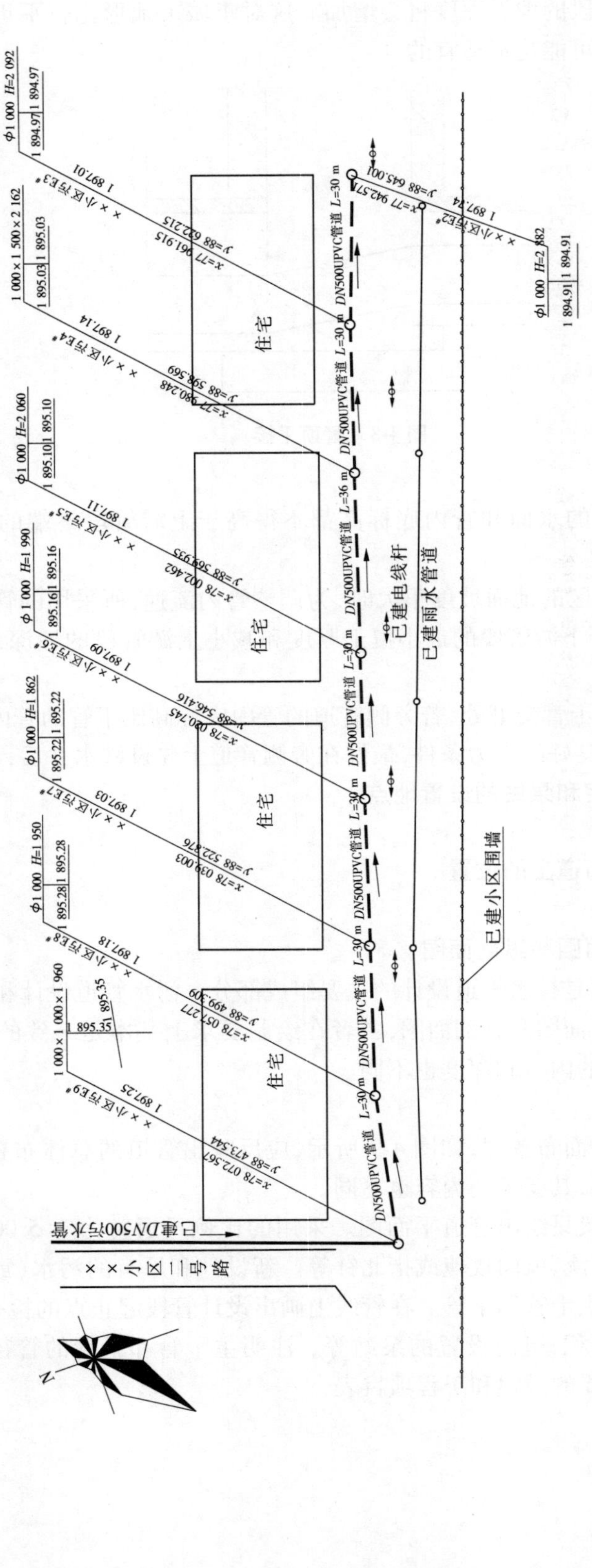
××小区二号路
已建DN500污水管
住宅
住宅
住宅
住宅
DN500UPVC管道
已建电线杆
已建雨水管道
已建小区围墙

图 4-9 污水管道平面

技术设计（或扩大初步设计）和施工图设计阶段，采用的比例尺通常为 1∶500 ~ 1∶5 000，图上内容除反映初步设计的要求外，还要求更加具体、详尽。要求注明检查井的准确位置和标高，污水管道与其他地下管线或构筑物交叉点的准确位置和标高，以及居住区街坊连接管或工厂排出管接入污水干管或主干管的准确位置和标高。地面设施包括人行边道、房屋界限、电杆、街边树木等。图上还应有图例、主要工程项目表和施工说明。

2. 纵剖面图的绘制

纵剖面图是管道的高程布置图，应反映管道沿线的高程位置，它和平面图是相互对应的。

图中一般用细实线加图例表示原地面高程线和设计地面高程线，用双粗实线表示管道高程线，用中实线的双竖线表示检查井。

对于工程量较小，地形、地物比较简单的污水（或雨水）管道工程，可不绘制纵剖面图，只需将设计管段的管径、坡度、管长、检查井的标高以及交叉点等内容注明在平面图中。

但在较大工程中，情况比较复杂，必须绘制纵剖面图以明确管道的高程情况。在纵剖面图上应绘出原地面高程线、设计地面高程线、管道高程线、检查井及支管接入处位置、管径和高程，与其他地下管线、构筑物或障碍物交叉点的位置和高程，沿线地质钻孔位置和地质情况等。

初步设计一般不绘制剖面图。

在剖面图的下方要画一表格，表中列出检查井号、管道长度、管径、管道设计坡度、设计地面高程、设计管内底高程、埋设深度、管道材料、接口形式和基础类型，有时也将流量、流速、充满度等水力计算数据注上。纵剖面图的比例尺，常采用横向 1∶500 ~ 1∶2 000，纵向 1∶50 ~ 1∶200。

除管道的平、剖面图外，在技术设计和施工图设计中，还应包括管道附属构筑物的详图，管道交叉点特殊处理的平、剖面图等。附属构筑物可在《给水排水标准图集》中选用。

二、工程实例

如图 4-10 所示为某直辖市某区的街坊平面图。

已知居住区街坊人口密度为 350 人/hm^2，居民生活污水定额为 120 L/(人·d)。火车站和公共浴室的污水设计流量分别为 3 L/s 和 4 L/s，工厂甲排出的废水设计流量为 25 L/s，工厂乙排出的废水设计流量为 6 L/s。生活污水和经过局部处理后的工业废水全部送至污水厂处理。工厂甲废水排出口的管底埋深为 2 m，该市冰冻深度为 1.40 m。试进行该区污水管道系统的设计计算（要求达到初步设计深度）。

设计方法和步骤如下所述。

（一）在平面图上布置污水管道

该区地势自北向南坡，坡度较小，无明显分水线，可划分为一个排水流域。支管采用低边式布置，干管基本上与等高线垂直，主干管布置在市区南部河岸低处，基本上与等高线平行。整个管道系统呈截流式布置，如图 4-11 所示。

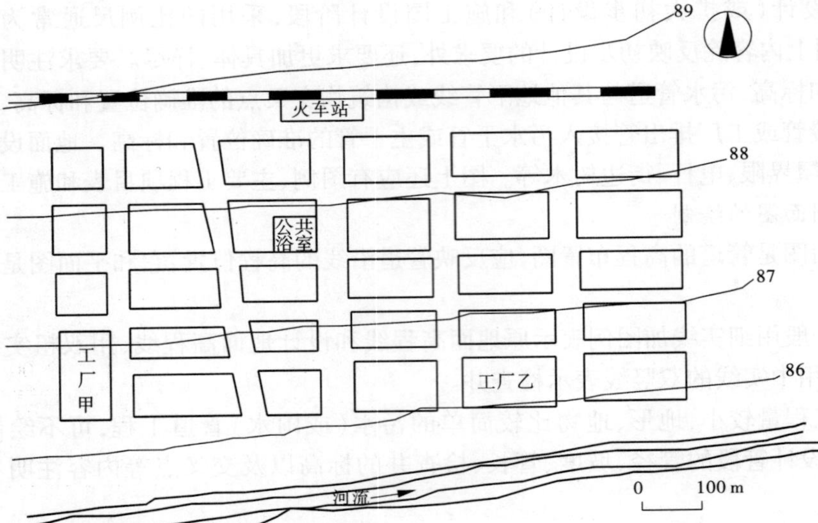

图 4-10 某直辖市某区的街坊平面图

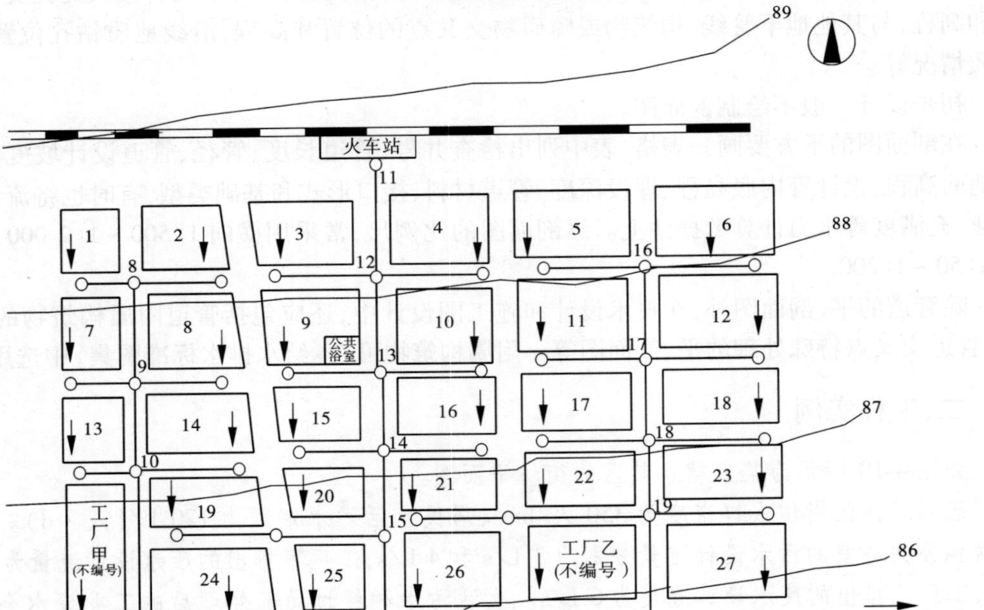

图 4-11 某市某区污水管道平面布置(初设)

(二)将街坊编号并计算其面积

街坊依次编号(从左到右、从上到下)并计算其面积,列入表4-11中。其中火车站、工厂甲、工厂乙和公共浴室不编号,也不计算面积。用箭头标出各街坊污水排出的方向,如图4-11所示。

表4-11　街坊面积

街坊编号	1	2	3	4	5	6	7	8	9
街坊面积(hm^2)	1.21	1.70	2.08	1.98	2.20	2.20	1.43	2.21	1.96
街坊编号	10	11	12	13	14	15	16	17	18
街坊面积(hm^2)	2.04	2.40	2.40	1.21	2.28	1.45	1.70	2.00	1.80
街坊编号	19	20	21	22	23	24	25	26	27
街坊面积(hm^2)	1.66	1.23	1.53	1.71	1.80	2.20	1.38	2.04	2.40

(三)划分设计管段,计算设计流量

根据设计管段的定义和划分方法,将各干管和主干管有本段流量进入的点(一般定为街坊两端)、集中流量及旁侧支管进入的点,作为设计管段的起止点的检查井并编上号码,如图4-11所示。

设计管段的设计流量应列表进行计算。

本例中,居住区人口密度为350人/hm^2,居民污水定额为120 L/(人·d),则生活污水比流量为

$$q_s = \frac{120 \times 350}{86\ 400} = 0.486(\mathrm{L/(s \cdot hm^2)})$$

管段1—2的设计流量为:$q_{1-2} = 25$ L/s

管段8—9的设计流量为:

$$\begin{aligned} q_{8-9} &= q_s \cdot F \cdot K_z \\ &= 0.486 \times (1.21 + 1.70) \cdot K_z \\ &= 1.41 \times 2.3 \\ &= 3.24\ (\mathrm{L/s}) \end{aligned}$$

管段9—10的设计流量为:

$$\begin{aligned} q_{9-10} &= q_s \cdot F \cdot K_z \\ &= 0.486 \times (1.21 + 1.70 + 1.43 + 2.21) \cdot K_z \\ &= 3.18 \cdot K_z \\ &= 3.18 \times 2.3 \\ &= 7.31\ (\mathrm{L/s}) \end{aligned}$$

管段10—2的设计流量为:

$$\begin{aligned} q_{10-2} &= q_s \cdot F \cdot K_z \\ &= 0.486 \times (1.21 + 1.70 + 1.43 + 2.21 + 1.21 + 2.28) \cdot K_z \\ &= 4.88 \cdot K_z \\ &= 4.88 \times 2.3 \\ &= 11.22(\mathrm{L/s}) \end{aligned}$$

管段2—3的设计流量为:$q_{2-3} = q_s \cdot F \cdot K_z + q_{甲}$

$$=(0.486\times2.20+4.88)\cdot K_z+q_{甲}$$
$$=(1.07+4.88)\cdot K_z+25$$
$$=5.95\times2.2+25$$
$$=13.09+25$$
$$=38.09(L/s)$$

如此依次计算各管段的设计流量，见表4-12。

表4-12　污水管道设计流量计算表

管段编号	居住区生活污水量									集中流量		设计流量(L/s)
	本段流量				转输流量 q_2 (L/s)	合计面积(万 m^2)	合计平均流量(L/s)	总变化系数 K_z	生活污水设计流量(L/s)	本段流量(L/s)	转输流量(L/s)	
	街坊编号	街坊面积(万 m^2)	比流量 q_s (L/(s·万 m^2))	流量 q_1 (L/s)								
1	2	3	4	5	6	7	8	9	10	11	12	13
1—2	—	—	—	—	—	—	—	—	—	25.00	—	25.00
8—9	—	—	—	—	1.41	2.91	1.41	2.3	3.24	—	—	3.24
9—10	—	—	—	—	3.18	6.55	3.18	2.3	7.31	—	—	7.31
10—2	—	—	—	—	4.88	10.04	4.88	2.3	11.22	—	—	11.23
2—3	24	2.20	0.486	1.07	4.88	12.24	5.95	2.2	13.09	—	25.00	38.09
3—4	25	1.38	0.486	0.67	5.95	13.62	6.62	2.2	14.56	—	25.00	39.56
11—12	—	—	—	—	—	—	—	—	—	3.00	—	3.00
12—13	—	—	—	—	1.97	4.06	1.97	2.3	4.53	—	3.00	7.53
13—14	—	—	—	—	3.91	8.06	3.91	2.3	8.99	4.00	3.00	15.99
14—15	—	—	—	—	5.44	11.21	5.44	2.2	11.97	—	7.00	18.97
15—4	—	—	—	—	6.85	14.10	6.85	2.2	15.07	—	7.00	22.07
4—5	26	2.04	0.486	0.99	13.47	29.76	14.46	2.0	28.92	—	32.00	60.92
5—6	—	—	—	—	14.46	29.76	14.46	2.0	28.92	6.00	32.00	66.92
16—17	—	—	—	—	2.14	4.40	2.14	2.3	4.92	—	—	4.92
17—18	—	—	—	—	4.47	9.20	4.47	2.3	10.28	—	—	10.28
18—19	—	—	—	—	6.32	13.00	6.32	2.2	13.90	—	—	13.90
19—6	—	—	—	—	8.77	18.04	8.77	2.1	18.42	—	—	18.42
6—7	27	2.40	0.486	1.17	23.23	50.2	24.40	1.9	46.36	—	38.00	84.36

(四)管渠材料的选择

由于生活污水对管材无特殊要求，且管道的敷设条件较好，故在本设计中，管道采用聚乙烯塑钢缠绕排水管($n=0.01$)。

(五)各管段的水力计算

在各设计管段的设计流量确定后，便可按照污水管道水力计算的方法，从上游管段开始依次进行各设计管段的水力计算，本例中仅进行污水主干管的水力计算，污水主干管水力计算见表4-13。

表4-13　污水主干管水力计算表

管段编号	管段长度 L(m)	设计流量 Q(L/s)	管径 D(mm)	坡度 I(‰)	流速 v(m/s)	充满度		降落量 IL(m)
						h/D	h(m)	
(1)	(2)	(3)	(4)	(5)	(6)	(7)	(8)	(9)
1—2	110	25.00	300	0.003 0	1.00	0.50	0.150	0.330
2—3	250	38.09	300	0.003 6	1.10	0.50	0.150	0.900
3—4	170	39.56	300	0.003 6	1.10	0.50	0.150	0.612
4—5	220	60.92	400	0.003 4	1.18	0.60	0.240	0.748
5—6	240	66.92	400	0.004 0	1.29	0.60	0.240	0.960
6—7	240	84.36	450	0.004 5	1.39	0.60	0.270	1.080

管段编号	标高(m)						埋设深度(m)	
	地面标高		水面标高		管内底标高			
	上端	下端	上端	下端	上端	下端	上端	下端
1	(10)	(11)	(12)	(13)	(14)	(15)	(16)	(17)
1—2	86.200	86.100	83.850	83.520	83.700	83.370	2.50	2.73
2—3	86.100	86.050	83.520	82.620	83.370	82.470	2.73	3.58
3—4	86.050	86.000	82.620	82.008	82.470	81.858	3.58	4.14
4—5	86.000	85.900	81.998	81.250	81.758	81.010	4.24	4.89
5—6	85.900	85.800	81.250	80.290	81.010	80.050	4.89	5.75
6—7	85.800	85.700	80.270	79.190	80.000	78.920	5.80	6.78

水力计算的方法和步骤如下：

(1)将各设计管段的编号、设计管段长度、设计流量、各设计管段起止点检查井地面高程分别填入表4-13中(1)、(2)、(3)、(10)、(11)项中，设计管段的长度及检查井地面高程根据管道平面布置图和地形图来确定。

(2)计算各设计管段的地面坡度，作为确定管道坡度时的参考。

$$地面坡度=\frac{管段起止点地面高差}{管段长度}$$

例如，管段1—2地面坡度$=\dfrac{86.20-86.10}{110}=0.000\ 9$

(3)根据管段的设计流量，参考地面坡度，按照污水管道水力计算的规定进行水力计算，确定各设计管段的管径、设计流速、设计坡度和设计充满度。

例如，管段1—2：设计流量 $Q=25$ L/m，采用道路下的最小管径 $D=300$ mm，$I=0.003$（D300 mm 的管道对应的最小设计坡度为0.003），设计充满度 $h/D=0.50$（200～300 mm 管道最大充满度为0.55），查附录四（聚乙烯塑钢缠绕排水管水力计算图表）中的附表1，得到充满度为0.5时对应的流速比为1.0，流量比为0.5。故查附录四附图1中对应水力计算图的流量为25/0.5＝50 L/s，经查，得到满流状态下的流速为1.0 m/s。故对应充满度为0.5的非满流状态下的流速为 $1.0\times1.0=1.0$（m/s）。确定的 D、I、v、h/D 均符合设计规范的要求，把确定的管径、坡度、流速、充满度4个数据分别填入表4-13中(4)、(5)、(6)、(7)项。

其余各设计管段的管径、坡度、流速和充满度的计算方法与上述方法相同。

在水力计算中，由于 Q、D、I、v、h/D 各水力要素之间存在着相互制约的关系，因此在查水力计算图时，存在着一个试算过程，最终确定的 D、I、v、h/D 要符合设计规范的要求。

(4)根据管径和设计充满度，求管段的水深，如管段1—2的水深 $h=D\cdot h/D=0.30\times0.50=0.150$（m），列入表4-13中第(8)项。

(5)根据设计管段的长度和设计坡度求管段的降落量，如管段1—2的降落量为 $IL=0.003\times110=0.330$（m），列入表4-13中第(9)项。

(6)求各设计管段上、下端的管内底标高和埋设深度。

首先确定管网系统的控制点。本例中离污水厂较远的干管起点有8、11、16及工厂出水口1点，这些点都可能成为管道系统的控制点。1点的埋深受冰冻深度和工厂废水排出口埋深的影响，由于冰冻深度为1.40 m，工厂排出口埋深为2.0 m，1点的埋深主要受工厂废水排出口埋深的影响。8、11、16三点的埋深可由冰冻深度及最小覆土厚度的限值决定，但因干管与等高线垂直布置，干管坡度可与地面坡度相近，因此埋深增加不多，整个管线上又无个别低洼点，故8、11、16三点的埋深不能控制整个主干管的埋设深度。对主干管埋深起决定作用的控制点则是1点。

1点是主干管的起点，它的埋设深度定为2.5 m，将该值列入表4-13中第(16)项。

1点的管内底标高等于1点的地面标高减去1点的埋深，为 $86.200-2.50=83.700$（m），列入表中第(14)项。

2点的管内底标高等于1点的管内底标高减去管段1—2的降落量，为 $83.700-0.330=83.370$（m），列入表4-13中第(15)项。

2点的埋设深度等于2点的地面标高减去2点的管内底标高，为 $86.100-83.370=2.73$（m），列入表4-13中第(17)项。

(7)计算管段上、下端水面标高。

管段上、下端水面标高等于相应点的管内底标高加水深，如管段1—2中1点的水面标高为 $83.700+0.150=83.850$（m），列入表4-13中第(12)项。

根据管段在检查井处采用的衔接方法，可确定下游管段的管内底标高。

(1)管段1—2与管段2—3管径相同，可采用水面平接。用2点的水面高程减去降落量，求得3点的水面高程，将2、3点的水面高程减去水深求出相应点的管内底标高，再进一步求出2、3点的埋深。

(2)如管段3—4与管段4—5的管径不同，采用管顶平接，则这两管段在4点的管顶标高相同。于是，管段4—5中4点的管内底标高为$81.858+0.3-0.4=81.758$(m)。

求出4点的管内底标高后，根据前面有关内容就可求出5点的管内底标高及4、5点的水面标高及埋设深度。

在进行管道的水力计算时，应注意如下问题：

(1)慎重确定设计地区的控制点。这些控制点常位于本区的最远处或最低处，它们的埋深控制该地区污水管道的最小埋深。各条管道的起点、低洼地区的个别街坊和污水排出口较深的工业企业或公共建筑都是控制点的研究对象。

(2)研究管道敷设坡度与管线经过的地面坡度之间的关系。确定的管道坡度在满足最小设计流速的前提下，既不使管道的埋深过大，又便于旁侧支管的接入。

(3)水力计算自上游管段依次向下游管段进行，随着设计流量逐段增加，设计流速也应相应增加。如流量保持不变，流速不应减小。只有当坡度大的管道接到坡度小的管道时，下游管段的流速大于1.0 m/s(陶土管)或1.2 m/s(混凝土管道、钢筋混凝土管道)的情况下，设计流速才允许减小。

设计流量逐段增加，设计管径也应逐段增大，但当坡度小的管道接到坡度大的管道时，管径才可减小，但缩小的范围不得超过50～100 mm，并不得小于最小管径。

(4)在地面坡度太大的地区，为了减小管内水流速度，防止管壁遭受冲刷，管道坡度往往小于地面坡度。这就可能使下游管段的覆土厚度无法满足最小限值的要求，甚至超出地面，因此应在适当地点设置跌水井。

当地面由陡坡突然变缓时，为了减小管道埋深，在变坡处应设跌水井。

(5)当水流通过检查井时，常引起局部水头损失。为了尽量降低这项损失，检查井底部在直线管段上要严格采用直线，在转弯处要采用匀称的曲线。通常直线检查井可不考虑局部水头损失。

(6)在旁侧管与干管的连接点上，要考虑干管的已定埋深是否允许旁侧管接入。同时为避免旁侧管和干管产生逆水和回水，旁侧管中的设计流速不应大于干管中的设计流速。

(7)初步设计时，只进行干管和主干管的水力计算。技术设计时，要进行所有管道的水力计算。

(六)绘制管道平面图和纵剖面图

污水管道平面图和纵剖面图的绘制方法见污水管网设计步骤中有关叙述。本例题的设计深度仅为初步设计，在水力计算结束后将求得的管径、坡度等数据标注在管道平面图上。同时，绘制出主干管的纵剖面图，见图4-12。

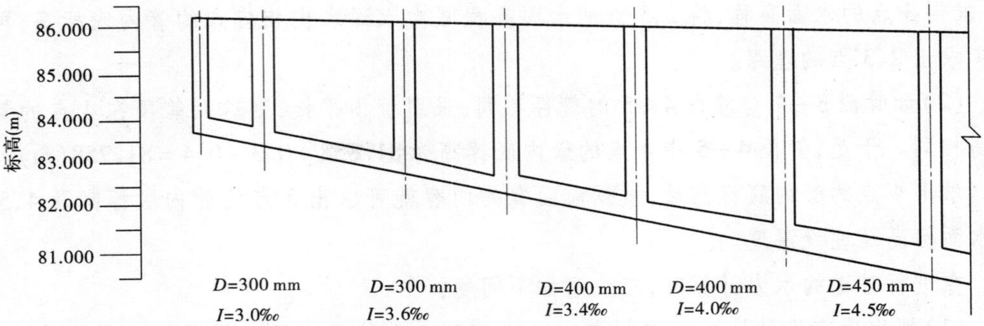

检查井号	1		2		3		4		5		6		7
地面标高(m)	86.200		86.100		86.050		86.000		85.900		85.800		85.700
埋设深度(m)	2.50		2.73　2.73		3.58　3.58		4.14　4.24		4.89　4.89		5.75　5.80		6.78
管内底标高(m)	83.700		83.370　83.370		83.470　83.470		81.858　81.758		81.010　81.010		80.050　80.000		78.920
管道长度(m)		110		250		170		220		240		240	

图 4-12　干管剖面图

思考题

1. 污水管道水力计算的方法和步骤是什么？计算时应注意哪些问题？
2. 试述污水管道埋设深度的两个含义。
3. 在进行污水管道的衔接时应遵循什么原则？衔接的方法有哪些？各怎样衔接？
4. 什么是污水管道系统的控制点,如何确定控制点的位置和埋设深度？

能力提升

某市一个街坊的平面布置如图 3-13 所示。该街坊的人口密度为 400 人/hm^2,生活污水定额为 140 L/(人 · d),工厂的生活污水设计流量为 8.24 L/s,淋浴污水设计流量为 6.84 L/s,生产污水设计流量为 26.4 L/s,工厂排出口的地面标高为 43.5 m,管底埋深为 2.20 m,土壤冰冻最大深度为 0.15 m,河岸堤坝顶标高为 40 m。试确定如下内容：

(1)进行该街坊污水管道系统的定线；

(2)进行从工厂排出口至污水厂的各管段的水力计算；

(3)按适当比例在图纸上绘制管道平面图和主干管的纵剖面图。

单元五　城镇雨水管网设计计算

【知识目标】

掌握雨水设计流量的计算,掌握雨水管渠水力计算。

【能力目标】

根据雨水管网布置图及设计资料,经管网计算确定雨水管道参数(D、Q、i、v 等),并完成设计图件:

(1)收集并整理设计地区各种原始资料(如地形图、排水工程规划图、水文情况、地质情况、暴雨情况等)作为基本的设计数据;

(2)划分排水流域,进行雨水管道定线;

(3)划分设计管段;

(4)划分并计算各设计管段的汇水面积;

(5)确定综合径流系数、设计重现期 P 及地面集水时间 t 和单位面积径流量 q_0;

(6)管渠材料的选择;

(7)设计流量的计算;

(8)进行雨水管渠水力计算,确定雨水管道的坡度、管径、管底标高和埋深;

(9)绘制雨水管道平面图及纵剖面图。

【素质目标】

培养学生吃苦耐劳、一丝不苟的学习态度,团结协作、尊重他人的工作方式。

学习情境一　雨水设计流量的计算

雨水管道的设计,是要排除汇水面积上产生的雨水径流量,而最大雨水径流量是确定雨水管道断面尺寸的重要依据。

一、雨水设计流量的计算公式

由于城市和工厂的雨水管道系统属于小汇水面积上的排水构筑物,因此可采用小汇水面积暴雨径流推理公式,计算雨水管道的设计流量,即

$$Q = \psi q F \tag{5-1}$$

式中　Q——雨水设计流量,L/s;

ψ——径流系数,是径流量与降雨量的比值,其数值小于1;

q——设计暴雨强度,L/(s · hm^2);

F——汇水面积,hm^2,1 hm^2 = 1 × 10^4 m^2。

二、相关参数的选用

(一)径流系数的确定

降落到地面上的雨水,在沿地面流行的过程中,形成了地面径流,地面径流的流量称为雨水地面径流量。由于渗透、蒸发、植物吸收、洼地截流等原因,最后流入雨水管道系统的只是其中的一部分。因此,将雨水管道系统汇水面积上地面雨水径流量与总降雨量的比值称为径流系数,用符号 ψ 表示,其值等于径流量与降雨量的比值,即

$$\psi = \frac{\text{径流量}}{\text{降雨量}}$$

影响径流系数的因素很多,如汇水面积上地面覆盖情况、建筑的密度与分布、地形、地貌、地面坡度、降雨强度、降雨历时等。其中影响的主要因素是汇水面积上的下垫面情况和降雨强度。例如,地面覆盖为屋面、沥青或水泥路面,均为不透水性,ψ 值较大;绿地、草坪、非铺砌土路面能截留、渗透部分雨水,ψ 值较小。如地面坡度大,雨水流动快,降雨强度大,降雨历时较短,就会使得雨水径流的损失较小,径流量增大,ψ 值增大。相反,会使雨水径流损失增大,ψ 值减小。由于影响径流系数的因素很多,因此难以精确地确定其值。目前,在设计计算中通常根据地面覆盖情况按经验来确定。我国《室外排水设计规范》(GB 50014—2006)(2016 年版)中有关径流系数的取值规定见表 5-1。

表 5-1　不同地面的径流系数

地面种类	径流系数 ψ 值	地面种类	径流系数 ψ 值
各种屋面、混凝土或沥青路面	0.85～0.95	干砌砖石或碎石路面	0.35～0.40
大块石铺砌路面或沥青表面处理的碎石路面	0.55～0.65	非铺砌土路面	0.25～0.35
级配碎石路面	0.40～0.50	公园和绿地	0.10～0.20

但在实际设计计算中,同一块汇水面积上,兼有多种地面覆盖的情况,需要计算整个汇水面积上的平均径流系数 ψ_{av}。计算平均径流系数 ψ_{av} 常用方法是:将汇水面积上的各类地面覆盖,按其所占面积加权平均计算所得,即

$$\psi_{av} = \frac{\sum (F_i \cdot \psi_i)}{F} \tag{5-2}$$

式中　ψ_{av}——汇水面积上的平均径流系数;

F_i——汇水面积上各类地面的面积,hm^2;

ψ_i——相应于各类地面的径流系数;

F——全部汇水面积,hm^2。

例题1　已知某工业园区内各类地面的面积见表5-2,求该园区的平均径流系数。

表5-2　工业园区内各类地面面积

序号	下垫面种类	面积(hm^2)	备注
1	屋面	1.6	
2	混凝土路面	0.4	
3	级配碎石路面	0.2	
4	非铺砌土路面	0.3	
5	公园	0.2	
6	绿地	0.6	

【解】　按表5-2定出各类地面的径流系数值,填入表5-3。

表5-3　各类地面的径流系数值

序号	下垫面种类	面积(hm^2)	径流系数值
1	屋面	1.6	0.90
2	混凝土路面	0.4	0.90
3	级配碎石路面	0.2	0.45
4	非铺砌土路面	0.3	0.30
5	公园	0.2	0.15
6	绿地	0.6	0.15
总计		3.3	

$$\psi_{av}=\frac{\sum(F_i\cdot\psi_i)}{F}$$
$$=\frac{1.6\times0.9+0.4\times0.9+0.2\times0.45+0.3\times0.3+0.2\times0.15+0.6\times0.15}{3.3}$$
$$=0.64$$

设计时,也可采用区域的综合径流系数,可按表5-4取值。

表5-4　综合径流系数

区域情况	ψ
城市建筑密集区	0.60~0.85
城市建筑较密集区	0.45~0.60
城市建筑稀疏区	0.20~0.45

(二)设计暴雨强度的确定

1. 雨量分析涉及的基本概念

1)降雨量

降雨量是指一段时间内降落在地面上的水量,用深度H(mm)表示,也可用单位面积上的降雨体积来表示，单位以 L/hm^2 表示。常用的降雨统计量有年平均降雨量(多年观测的各年降雨量的平均值)、月平均降雨量(多年观测的各月降雨量的平均值)、最大日降雨量(多年观测的各年中降雨量最大一日的降雨量)。

2)降雨历时

降雨历时是指连续降雨时段，可指一场雨的全部降雨时间，也可指其中个别的连续时段，用 t 表示，其单位以 min 或 h 计。

3)降雨强度

降雨强度是指某一连续降雨时段内的平均降雨量，即单位时间内的平均降雨深度，用 i 表示，其单位以 mm/min 或 mm/h 计。

在工程设计中的降雨多属暴雨性质，故称为暴雨强度，常用单位时间、单位面积上的降雨量 q 表示，其单位以 $L/(s \cdot hm^2)$ 表示。

$$q = 167i \tag{5-3}$$

式中　q——暴雨强度，$L/(s \cdot hm^2)$；

167——折算系数；

i——暴雨强度，mm/min。

4)降雨面积和汇水面积

降雨面积是指降雨所笼罩的面积；汇水面积是降雨面积的一部分，是雨水管道汇集的排除雨水的面积，二者单位用 hm^2 或 km^2 表示。

5)暴雨强度的频率和重现期

暴雨强度的频率是指某种强度的降雨和大于该强度的降雨出现的次数占观测年限内降雨总次数的百分数。

暴雨强度的重现期是指某种强度的降雨和大于该强度的降雨重复出现的平均时间间隔，一般用 P 表示，单位用年(a)表示。需要注意的是：某一暴雨强度的重现期等于 P，并不是说大于等于该暴雨强度的降雨每隔 P 年就会发生一次。它是指在相当长的时间序列(远远大于 P 年)中，大于等于该暴雨强度的降雨平均出现的可能性为 $1/P$，它可能出现一次，也可能出现数次或根本不出现。重现期越大，降雨强度越大。

2. 暴雨强度公式

暴雨强度公式是在各地自计雨量记录分析整理的基础上，按照我国的《室外排水设计规范》(GB 50014—2006)(2016 年版)规定的方法推求出来的，暴雨强度公式是暴雨强度、降雨历时、重现期三者间关系的数学表达式，它是雨水管渠设计的依据。我国常用的暴雨强度公式为：

$$q = \frac{167A_1(1 + c\lg P)}{(t + b)^n} \tag{5-4}$$

式中　q——设计暴雨强度，$L/(s \cdot hm^2)$；

t——设计降雨历时，min；

P——重现期，a；

A_1、c、b、n——地方参数，由统计方法计算确定。

重庆某些主城区暴雨强度公式如下所述。

沙坪坝：

$$q = \frac{1\ 132(1 + 0.958\lg P)}{(t + 5.408)^{0.595}} \tag{5-5}$$

巴南：

$$q = \frac{1\ 898(1 + 0.867\lg P)}{(t + 9.480)^{0.709}} \tag{5-6}$$

渝北：

$$q = \frac{1\ 111(1 + 0.945\lg P)}{(t + 9.713)^{0.561}} \tag{5-7}$$

由于各地区的气候条件不同，降雨的规律也不同，因此各地的降雨强度公式也不同。我国若干城市的暴雨强度公式可参见《给水排水设计手册》(第5册)或各地官方发布的最新暴雨强度公式。目前，尚无暴雨强度公式的城镇，可借用附近气象条件相似地区的暴雨强度公式。

3. 设计重现期 P 的确定

由暴雨强度公式可知，对应于同一降雨历时，若重现期 P 大，则降雨强度 q 越大；反之，重现期小，则降雨强度越小。由雨水管道设计流量公式可知，在径流系数 ψ 不变和汇水面积一定的条件下，降雨强度越大，则雨水设计流量也越大。

可见，在设计计算中若采用较大的设计重新期，则计算的雨水设计流量就大，雨水管道的设计断面则相应增大，排水通畅，管道相应的汇水面积上积水的可能性将会减少，安全性高，但会增加工程的造价；反之，可降低工程造价，地面积水的可能性增大，可能发生排水不畅，甚至不能及时排除雨水，将会给生活、生产造成经济损失。

确定设计重现期要考虑设计地区建设的性质、功能(广场、干道、工业区、商业区、居住区)、淹没后果的严重性、地形特点、汇水面积的大小和气候特点等。

一般情况下，低洼地段采用的设计重现期大于高地；干管采用的设计重现期大于支管；工业区采用的设计重现期大于居住区；市区采用的设计重现期大于郊区。

《室外排水设计规范》(GB 50014—2006)(2016年版)规定，雨水管渠设计重现期，应根据汇水地区性质、城镇类型、地形特点和气候特征等因素，经技术经济比较后按表5-5取值。

表5-5　不同城区类型雨水管渠设计重现期　（单位：年）

城镇类型	中心城区	非中心城区	中心城区的重要地区	中心城区地下通道和下沉式广场等
特大城市	3~5	2~3	5~10	30~50
大城市	2~5	2~3	5~10	20~30
中等城市和小城市	2~3	2~3	3~5	10~20

注：(1)特大城市指市区人口在500万以上的城市；大城市指市区人口在100万~500万的城市；中等城市和小城市指市区人口在100万以下的城市。

(2)经济条件较好，且人口密集、内涝易发的城镇，宜采用规定的上限。

(3)同一排水系统可采用不同的设计重现期。

4. 设计降雨历时的确定

根据极限强度法原理的雨水流量计算方法,全部面积汇流时相应的设计断面上产生最大雨水流量。因此,在设计中采用汇水面积上最远点雨水流到设计断面的集流时间作为设计降雨历时 t。对于雨水管道的某设计断面来说,设计降雨历时 t 由地面集水时间 t_1 与管内雨水流行时间 t_2 两部分组成(见图 5-1)。因此,设计降雨历时可用于下式表达:

$$t = t_1 + t_2 \tag{5-8}$$

式中　t——设计降雨历时,min;

t_1——地面集水时间,min;

t_2——管内雨水流行时间,min。

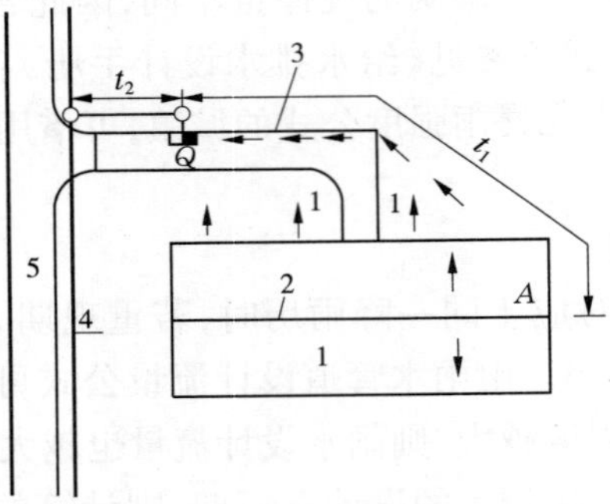

1—房屋;2—屋面分水线;3—道路边沟;4—雨水管道;5—道路

图 5-1　设计断面集水时间示意图

1) 地面集水时间 t_1 的确定

地面集水时间 t_1 是指雨水从汇水面积上最远点流到第 1 个雨水口的地面雨水流行时间。地面集水时间 t_1 的大小,主要受到地形坡度、地面铺砌及地面植被情况、水流路程、道路的纵坡和宽度等因素的影响,这些因素直接影响水流沿地面或边沟的速度。此外,与暴雨强度也有关,暴雨强度大,水流速度也大,则 t_1 大。在上述因素中,雨水流程的长短和地面坡度的大小是影响集水时间最主要的因素。

《室外排水设计规范》(GB 50014—2006)(2016 年版)中规定:t_1 值应根据汇水距离、地形坡度和地面种类计算确定,一般采用 5 ~ 15 min,见表 5-6。在实际应用中,要准确地确定 t_1 值较为困难,故通常采用经验数值。按经验,一般在汇水面积较小、地形较陡、建筑密度较大、雨水口分布较密的地区,宜采用较小的 t_1 值,可取 5 ~ 8 min,而在汇水面积较大、地形较平坦、建筑密度较小、雨水口分布较疏的地区,宜采用较大的 t_1 值,可取 10 ~ 15 min。起点检查井上游地面雨水流行距离以不超过 120 ~ 150 m 为宜。

表 5-6　t_1 经验数值

序号	t_1 取值的前提	t_1 取值
1	一般采用	5 ~ 15 min
2	汇水面积较小、地形较陡、建筑密度较大、雨水口分布较密的地区	5 ~ 8 min
3	汇水面积较大、地形较平坦、建筑密度较小、雨水口分布较疏的地区	10 ~ 15 min

在设计计算中，应根据设计地区的具体情况合理选择，若 t_1 选择过大，将会造成排水不畅，以致使管道上游地面经常积水；若 t_1 选择过小，又将加大管道的断面尺寸而增加工程造价。我国部分城市采用的 t_1 值见表 5-7，可供参考。

表 5-7　我国部分城市采用的 t_1 值

序号	城市	t_1 值(min)	序号	城市	t_1 值(min)
1	北京	5 ~ 15	7	西安	< 100 m,5; < 200 m,8
2	上海	5 ~ 15，某工业区 25			< 300 m,10; < 400 m,13
3	天津	10 ~ 15	8	昆明	12
4	重庆	5	9	成都	10
5	杭州	5 ~ 10	10	南京	10 ~ 15
6	广州	15 ~ 20	11	哈尔滨	10

2）管内雨水流行时间 t_2 的确定

管内雨水流行时间 t_2 是指雨水在管内从第一个雨水口流到设计断面的时间。它与雨水在管内流经的距离及管内雨水的流行速度有关，可用下式计算：

$$t_2 = \sum \frac{L_i}{60v_i} \tag{5-9}$$

式中　t_2——管内雨水流行时间，min；

L_i——各设计管段的长度，m；

60——单位换算系数；

v_i——各设计管段满流时的流速，m/s。

综上所述，当设计重现期、设计降雨历时确定后，计算雨水管渠的设计流量所用的设计暴雨强度公式及流量公式可写成：

$$q = \frac{167A_1(1 + c\lg P)}{(t_1 + t_2 + b)^n} \tag{5-10}$$

则

$$Q = \frac{167A_1(1 + c\lg P)}{(t_1 + t_2 + b)^n}\psi F \tag{5-11}$$

式中参数意义同前。

三、雨水设计流量计算实例

如图 5-2 所示，4 块排水区域 A、B、C、D 的汇水面积分别为 F_1、F_2、F_3、F_4，雨水从各汇水面积上最远点分别流入雨水口 a、b、c、d 的地面集水时间均为 t_1，并假设：①汇水面积随集水时间的增加而均匀增加；②降雨历时 t 等于或大于汇水面积上最远点的雨水流到设计断面的集水时间 t_1；③径流系数 ψ 为定值。

【解】　各管段的设计流量，计算如下。

（1）设计管段 1—2 的雨水设计流量。

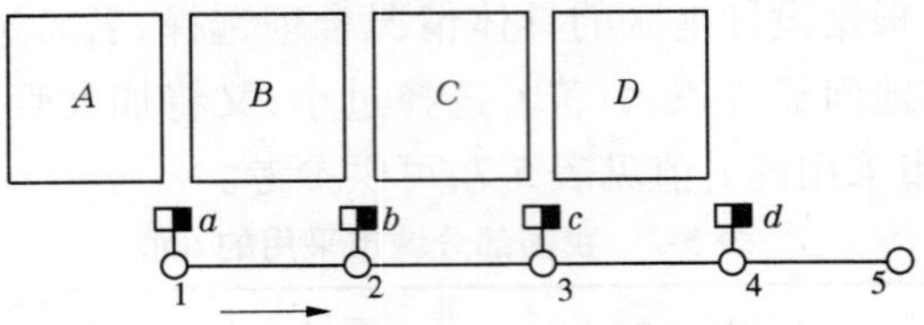

图 5-2　管段设计流量示意

$$Q_{1-2} = \psi q_1 F_1$$

式中　q_1——管段 1—2 的设计暴雨强度，即相应降雨历时 $t = t_1$ 时的暴雨强度，L/(s · hm²)。

(2)设计管段 2—3 的雨水设计流量。

该设计管段收集汇水面积 A 和 B 上的雨水，2 断面为管段 2—3 的设计断面。

当 $t = t_1 + t_{1-2}$ 时，A 和 B 全部面积上的雨水均流到 2 断面，管段 2—3 的流量达到最大值，即

$$Q_{2-3} = \psi q_2 (F_1 + F_2)$$

式中　q_2——管段 2—3 的设计暴雨强度，即相应于降雨历时 $t = t_1 + t_{1-2}$ 的暴雨强度，L/(s · hm²)；

t_{1-2}——管段 1—2 的管内雨水流行时间，min。

(3)设计管段 3—4 的雨水设计流量。

$$Q_{3-4} = \psi q_3 (F_1 + F_2 + F_3)$$

式中　q_3——管段 3—4 的设计暴雨强度，即相应于降雨历时 $t = t_1 + (t_{1-2} + t_{2-3})$ 的暴雨强度，L/(s · hm²)。

t_{2-3}——管段 2—3 的管内雨水流行时间，min。

(4)设计管段 4—5 的雨水设计流量。

$$Q_{4-5} = \psi q_4 (F_1 + F_2 + F_3 + F_4)$$

式中　q_4——管段 4—5 的设计暴雨强度，即相应于降雨历时 $t = t_1 + (t_{1-2} + t_{2-3} + t_{3-4})$ 的暴雨强度，L/(s · hm²)；

t_{3-4}——管段 3—4 的管内雨水流行时间，min。

各设计管段的雨水设计流量应等于该管段所承担的全部汇水面积与径流系数和该管段设计暴雨强度的乘积。各管段的设计暴雨强度就是以管段设计断面集水时间作为降雨历时所对应的暴雨强度。由于各管段的集水时间不同，所以各管段的设计暴雨强度也不同。

思考题

1. 雨水管渠设计流量如何计算？

2. 如何确定暴雨强度重现期 P、地面集水时间 t_1、管内雨水流行时间 t_2 及径流系数？

3. 为什么雨水和合流制排水管渠要按满流设计？

4. 暴雨强度公式与哪些因素有关？为什么降雨历时越短，重现期越长，暴雨强度

越大？

习　题

查《室外排水设计规范》(GB 50014—2006)(2016 年版)中重庆的暴雨强度公式，与教材中提到的重庆暴雨强度公式对比，说说看它们一样吗？

学习情境二　雨水管道的水力计算

一、雨水管道水力计算设计参数

为保证雨水管道正常工作，避免发生淤积和冲刷等现象，《室外排水设计规范》(GB 50014—2006)(2016 年版)中，对雨水管道水力计算的基本参数的规定如下。

(一)设计充满度

由于雨水比污水清洁，对水体及环境污染较小，因暴雨时径流量大，相应较高设计重现期的暴雨强度的降雨历时一般不会很长。因此，雨水管渠的充满度按满流来设计，即 $\frac{h}{D}=1$。雨水明渠不得小于 0.2 m 的超高，街道边沟应有等于或大于 0.03 m 的超高。

(二)设计流速

由于雨水管渠内的沉淀物一般是砂、煤屑等，为防止雨水中所挟带的泥沙等无机物在管渠内沉淀而堵塞管道。《室外排水设计规范》(GB 50014—2006)(2016 年版)中规定，雨水管渠(满流时)的最小设计流速为 0.75 m/s。明渠内如发生沉淀易于清除、疏通，可采用较低的设计流速，一般明渠内最小设计流速为 0.4 m/s。

为防止管壁及渠壁的冲刷损坏，雨水管道最大设计流速为：金属管道为 10 m/s，非金属管道为 5 m/s，明渠最大设计流速则根据其内壁材料的抗冲刷性质，按设计规范选用(见表 5-8)。

表 5-8　明渠最大设计流速

序号	明渠类别	最大设计流速(m/s)	序号	明渠类别	最大设计流速(m/s)
1	粗砂或低塑性粉质黏土	0.8	5	草皮护面	1.6
2	粉质黏土	1.0	6	干砌块石	2.0
3	黏土	1.2	7	浆砌块石或浆砌砖	3.0
4	石灰岩或中砂岩	4.0	8	混凝土	4.0

注：(1)表中数值适用于明渠水深 h 为 0.4～1.0 m。

(2)如 h 在 0.4～1.0 m 范围以外，表中所列的流速应乘以下系数：$h<0.4$ m，系数乘以 0.85；1.0 m $<h<$ 2.0 m，系数乘以 1.25；$h\geq 2.0$ m，系数乘以 1.40。

雨水管道的设计流速应在最小流速与最大流速范围内。

(三)最小管径

《室外排水设计规范》(GB 50014—2006)(2016 年版)中规定,在街道下的雨水管道,最小管径为 300 mm,街坊内部的雨水管道,最小管径为 200 mm。

(四)最小设计坡度

雨水管道的设计坡度,对管道的埋深影响很大。此外,在设计中应力求使管道的设计坡度和地面坡度平行或一致,以尽量减少土方量,降低工程造价。这一点在地势平坦、土质又较差的地区尤为重要。关于最小管径和最小设计坡度的规定,见表 5-9。

表 5-9　最小管径和最小设计坡度

管道类别	最小管径(mm)	最小设计坡度
雨水和合流管道	300	塑料管 0.002,其他管 0.003
雨水口连接管	200	0.01
建筑物周围支管(塑料管)	160	0.003

(五)最小埋深与最大埋深

最小埋深与最大埋深具体规定与污水管道相同。

(六)管渠的断面形式

雨水管渠一般采用圆形断面,当直径超过 2 000 mm 时,也可用矩形、半椭圆形或马蹄形断面,明渠一般采用梯形断面。

二、雨水管道水力计算方法

雨水管道水力计算仍按均匀流考虑,其水力计算公式与污水管道相同,但按满流计算。在实际计算中,通常根据 $Q = Av$ 和 $v = \frac{1}{n}R^{\frac{2}{3}}I^{\frac{1}{2}}$ 制成水力计算图,其中,A 为过水断面面积,m^2,$A = \frac{\pi D^2}{4}$;R 为水力半径,m,$R = \frac{D}{4}$;v 为流速,m/s;I 为水力坡度;n 为管壁粗糙系数。

在工程设计中,通常是在选定管材后,n 值即为已知数,雨水管道通常选用的是混凝土管和钢筋混凝土管,管壁粗糙系数 n 一般采用 0.013。设计流量是经过计算后求得的已知数。因此,只剩下 3 个未知数 D(管道直径)、v 及 I。在实际应用中,可参考地面坡度假定管底坡度,并根据设计流量值,从水力计算图或水力计算表中求得 D、v 和 I 值。

下面,举例说明水力计算方法。

例题 2　已知 $n = 0.013$,设计流量 $Q = 200$ L/s,该管段地面坡度 $I = 0.004$,试确定该管段的管径 D、流速 v 和管底坡度 I。

【解】　(1)设计采用 $n = 0.013$ 的水力计算图,见图 5-3。

(2)在横坐标轴上找到 $Q=200$ L/s 的值,作竖线;然后在纵坐标轴上找到 $I=0.004$ 值,作横线,将两线相交于一点(A),找出该点所在的 v 和 D 值,得到 $v=1.17$ m/s,其值符合规定。而 D 值介于 400 ~ 500 mm 两斜线之间,不符合管材统一规格的要求,故需要调整 D。

(3)如果采用 $D=400$ mm,则将 $Q=200$ L/s 的竖线与 $D=400$ mm 的斜线相交于一点(B),从图中得到交点处的 $v=1.60$ m/s,其值符合水力计算的规定,而 $I=0.0092$ 与原地面坡度 $I=0.004$ 相差很大,会增大管道的埋深,因此不宜采用。

(4)如果采用 $D=500$ mm,则将 $Q=200$ L/s 的竖线与 $D=500$ mm 的斜线相交于一点(C),从图中得到交点处的 $v=1.02$ m/s,$I=0.0028$。此结果符合水力计算的规定,又不会增大管道的埋深,故决定采用。

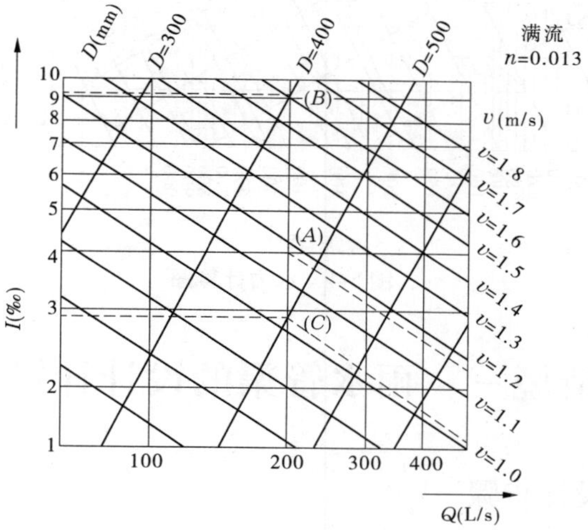

图 5-3　钢筋混凝土圆管水力计算图

思考题

1. 污水管道和雨水管道的设计充满度的规定是一样的吗?
2. 雨水管道(渠)的设计流速应在哪个范围内?

习　题

已知:$n=0.013$,雨水设计流量 $Q=150$ L/s,该管段地面坡度 $I=3‰$,利用图 5-4 计算该管道的管径 D、管底坡度 I 及流速 v。

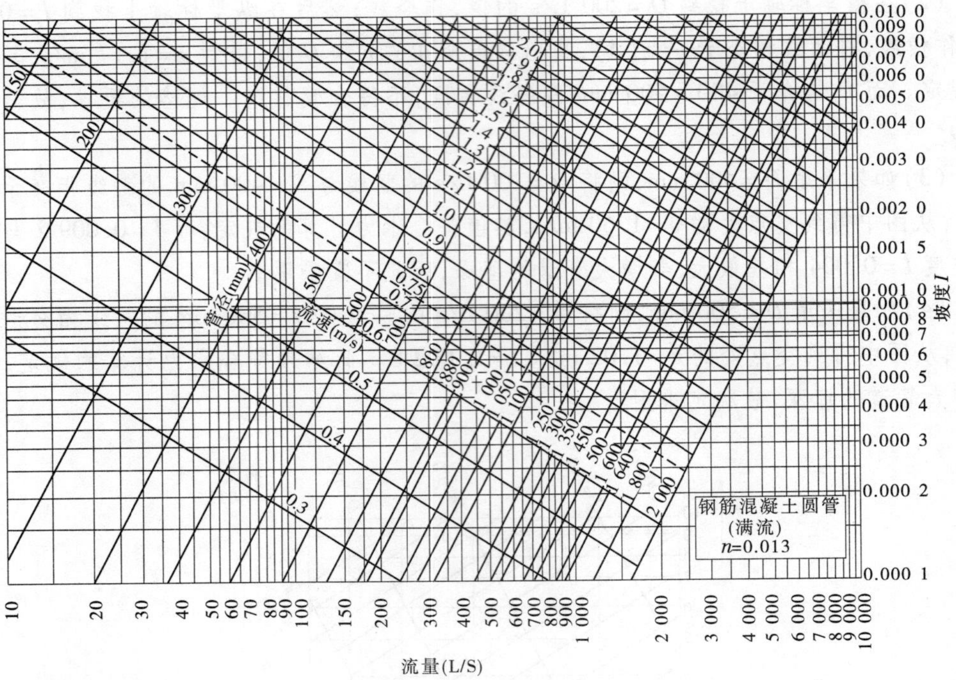

图 5-4　水力计算图

学习情境三　雨水管渠的设计计算及实例

一、雨水管网设计步骤

收集并整理设计地区的各种原始资料(如地形图、排水工程规划图、水文、地质、暴雨等资料)作为基本的设计数据。

(一)划分排水流域,进行雨水管道定线

根据城市的总体规划图或工厂的总平面图,按实际地形划分排水流域。当地形平坦无明显分水线时,可按对雨水管渠的布置有影响的地方(如铁路、公路、河道或城市主要街道)划分汇水面积,在每一个排水流域内,应根据雨水管渠系统的布置特点及原则,确定其布置形式(雨水支、干管的具体位置及雨水的出路),并确定排水流向。

如图 5-5 所示,该市被河流分为南北两区。南区有一明显分水线,其余地方起伏不大,因此排水流域的划分按干管服务面积的大小确定。因该地暴雨量较大,所以每条雨水干管承担的汇水面积不是太大,故划分为 12 个排水流域。

根据该市地形条件确定雨水走向,拟采用分散出水口的雨水管道布置形式,雨水干管垂直于等高线布置在排水流域地势较低一侧,便于雨水能以最短的距离靠重力流分散就近排入水体。雨水支管一般设在街坊较近侧的道路下,为了充分利用边沟排除雨水,节省管道长度,减少工程造价,考虑在每条雨水干管起端 100 ~ 150 m 处,根据具体情况不设雨水管道。

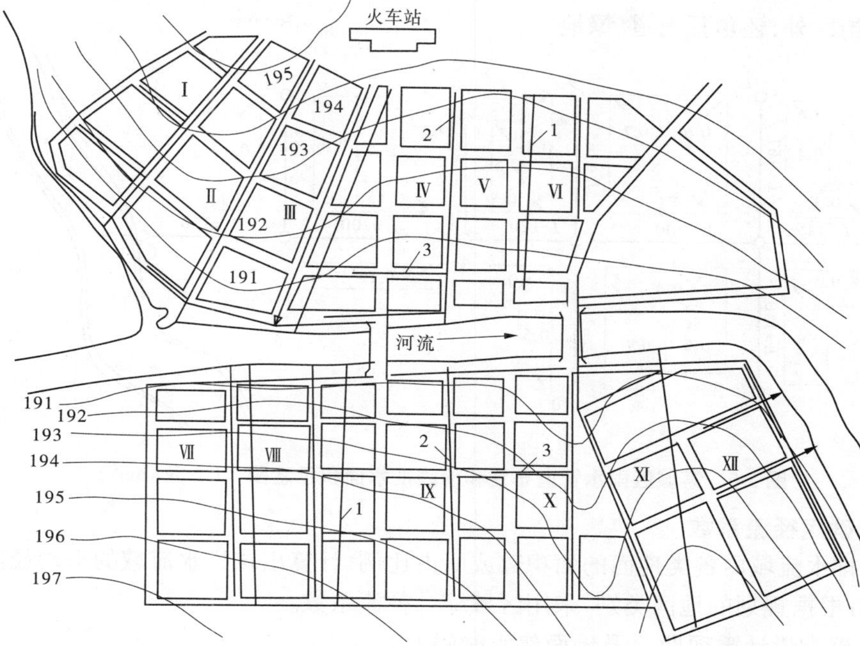

罗马数字为划分的排水流域

1—流域分解线;2—雨水干管;3—雨水支管

图 5-5　某地雨水管道平面布置

(二)划分设计管段

根据雨水管道的具体位置,以下 6 种情况均应设置检查井:

(1)管道转弯处;

(2)管径大小改变处;

(3)坡度改变处;

(4)有支管接入处;

(5)两条以上管道交会处;

(6)超过一定距离的直线管段上。

将两个检查井之间流量没有变化,而且管径、流速和坡度都不变的管段称为设计管段。雨水管渠设计管段的划分应使设计管段范围内地形变化不大,且管段上下游流量变化不大,无大流量交汇。

从经济方面考虑,设计管段划分不宜太长;从计算工作及养护方面考虑,设计管段划分不宜过短,一般设计管段取 100~200 m 为宜。将设计管段上下游端点的检查井设为节点,并从管段上游往下游依次进行设计管段的编号。

(三)划分并计算各设计管段的汇水面积

汇水面积的划分,应结合实际地形条件、汇水面积的大小以及雨水管道布置等情况确定。

当地形坡度较大时,应按地面雨水径流的水流方向划分汇水面积;当地形平坦时,可按就近排入附近雨水管道的原则,将汇水面积按周围管渠的布置用等角线划分。将划分好的汇水面积编上号码，并计算其面积，将数值标注在该块面积图中，如图 5-6 所示。汇水面积除街区外，还包括街道、绿地。

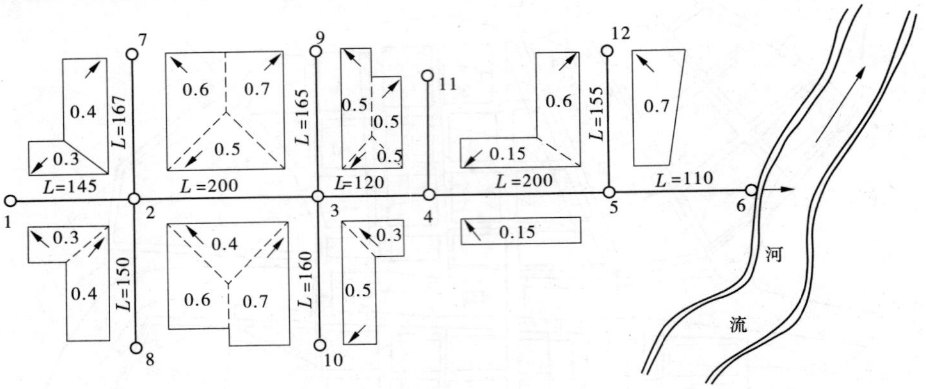

图 5-6　某城区雨水管道布置和沿线汇水面积示意图　（单位：hm^2）

(四)确定径流系数

根据排水流域内各类地面的面积数或所占比例，计算出该排水流域的平均径流系数。另外，也可根据规划的地区类别，采用区域综合径流系数。

(五)确定设计重现期 P 及地面集水时间 t_1

设计时，应结合该地区的地形特点、汇水面积的地区建设性质和气象特点选择设计重现期 P，各排水流域雨水管道的设计重现期既可选用同一值，也可选用不同的值。

根据设计地区建筑密度情况、地形坡度和地面覆盖种类、街坊内是否设置雨水暗管渠，确定雨水管道的地面集水时间 t_1。

(六)确定管道的埋设与衔接

根据管道埋设深度的要求，必须保证管顶的最小覆土厚度，在车行道下时一般不低于 0.7 m，此外，应结合当地经验确定。当在冰冻层内埋设雨水管道，如有防止冰冻膨胀破坏管道的措施时，可埋设在冰冻线以上，管道的基础应设在冰冻线以下。雨水管道的衔接，宜采用管顶平接。

(七)确定单位面积径流量 q_0

q_0是径流系数与暴雨强度的乘积，称为单位面积径流量，即

$$q_0 = \psi q = \psi \cdot \frac{167A_1(1 + c\lg P)}{(t + b)^n} = \psi \cdot \frac{167A_1(1 + c\lg P)}{(t_1 + t_2 + b)^n} \quad (\mathrm{L/(s \cdot hm^2)})$$

对于具体的设计工程来说，公式中的 ψ、A_1、c、P、t_1、b、n 均为已知数，因此只要求出管段的管内雨水流行时间 t_2，就可求出相应管段的 q_0值。

(八)管渠材料的选择

管渠材料的选择同污水管材的选择，小管径优先考虑塑料管，大管径优先考虑钢筋混凝土管。

(九)设计流量的计算

根据流域具体情况，选定设计流量的计算方法，计算从上游向下游依次进行，并列表计算各设计管段的设计流量。

（十）进行雨水管渠水力计算，确定雨水管道的坡度、管径和埋深

计算并确定出各设计管段的坡度、管径、流速、管底标高和管道埋深。

（十一）绘制雨水管道平面图及纵剖面图

绘制方法及具体要求与污水管道基本相同。

（十二）绘制雨水管道的平面图及纵断面图

绘制的方法、要求及内容参见污水管道平面图和纵断面图。

二、雨水管渠设计计算实例

某市居住区部分雨水管道布置如图5-7所示，地形西高东低，一条自西向东流的天然河流分布在城市的南面。该城市的暴雨强度公式为 $q=\dfrac{500(1+1.47\lg P)}{t^{0.65}}$（L/(s·hm²)）。该街区采用暗管排除雨水，管材采用圆形钢筋混凝土管。管道起点埋深1.40 m。各类地面面积见表5-10，采用 $P=2a$，$t_1=10$ min，试进行雨水管道的设计与计算。

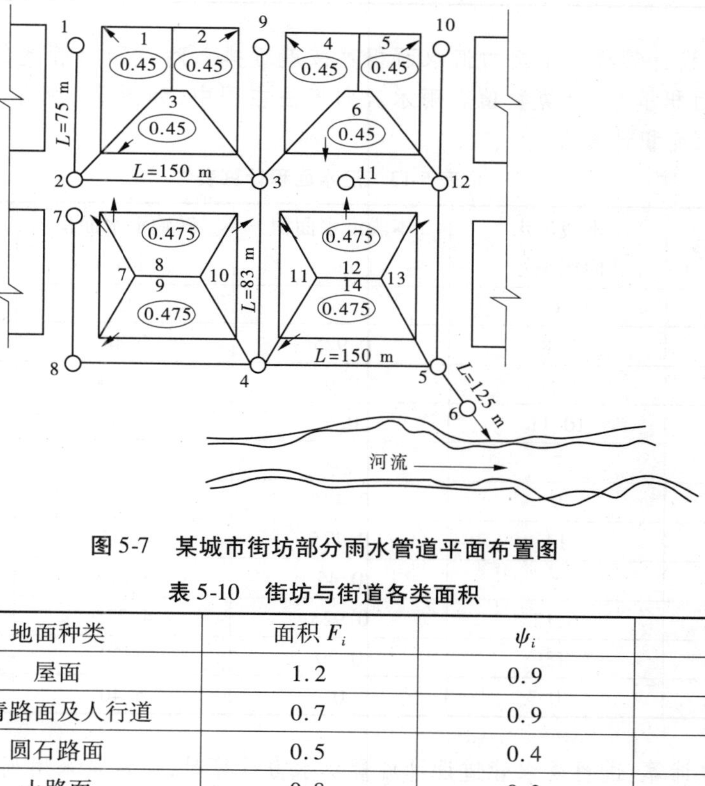

图5-7　某城市街坊部分雨水管道平面布置图

表5-10　街坊与街道各类面积

序号	地面种类	面积 F_i	ψ_i	$F_i\cdot\psi_i$
1	屋面	1.2	0.9	1.08
2	沥青路面及人行道	0.7	0.9	0.63
3	圆石路面	0.5	0.4	0.20
4	土路面	0.8	0.3	0.24
5	草地	0.8	0.15	0.12
合计		4.0	—	2.27

【解】　(1)从居住区地形图中得知，该地区地形较平坦，无明显分水线，因此排水流域可按城市主要汇水面积划分，雨水出水口设在河岸边，故雨水干管走向从西往东南。为保证在暴雨期间排水，在雨水干管的终端设置雨水泵站。

(2)根据地形及管道布置情况,划分设计管段,将设计管段的检查井依次编号,并量出每一设计管段的长度,见表5-11。确定出各检查井的地面标高,见表5-12。

表5-11 设计管段长度汇总表

管段编号	管段长度(m)	管段编号	管段长度(m)
1—2	75	4—5	150
2—3	150	5—6	125
3—4	83		

表5-12 检查井地面标高汇总表

检查井编号	地面标高(m)	检查井编号	地面标高(m)
1	86.700	4	86.550
2	86.630	5	86.530
3	86.560	6	86.500

(3)每一设计管段所承担的汇水面积可按就近排入附近雨水管道的原则划分,然后将每块汇水面积编号,计算数值。雨水流向标注在图中,如图5-7所示。表5-13为各设计管段的汇水面积计算表。

表5-13 汇水面积计算表

设计管段编号	本段汇水面积编号	本段汇水面积(hm^2)	转输汇水面积(hm^2)	总汇水面积(hm^2)
1—2	1	0.45	0	0.45
2—3	3、8	0.925	0.45	1.375
9—3	2、4	0.9	1.375	2.275
3—4	10、11	0.4	2.275	2.675
7—8	7	0.20	2.675	2.875
8—4	9	0.475	2.875	3.35
4—5	14	0.475	3.35	3.825
10—12	5	0.45	3.825	4.275
11—12	6、12	0.925	4.275	5.20
12—5	13	0.20	5.20	5.40
5—6	0	0	5.40	5.40

(4)水力计算:进行雨水管道设计流量及水力计算时,通常是采用列表(见表5-14)进行计算的。先从管段起端开始,然后依次向下游进行。其方法如下:

①表中第(1)项为需要计算的设计管段,应从上游向下游依次写出。第(2)项(管长)、第(13)项(设计地面标高起点)、第(14)项(设计地面标高终点)分别从表5-11、表5-12中取得。

②在计算中,假定管段中雨水流量从管段的起点进入,将各管段的起点作为设计断面。因此,各设计管段的设计流量按该管段的起点,即上游管段终点的设计降雨历时进行

计算,也就是说,在计算各设计管段的暴雨强度时,所采用的 t_2 值是上游各管段的管内雨水流行时间之和 $\sum t_2$。例如,设计管段 1—2 是起始管段,故 $t_2=0$,将此值列入表中第(4)项。

③求该居住区的平均径流系数,根据表 5-10 中数值,按公式计算得:

$$\psi_{av}=\frac{\sum F_i\psi_i}{F}=\frac{1.2\times0.9+0.7\times0.9+0.5\times0.4+0.8\times0.3+0.8\times0.15}{4.0}=0.57$$

④求单位面积流量 q_0,即用 $q_0=\psi_{av}\cdot q$ 求得。

⑤用各设计管段的单位面积径流量乘以该管段的总汇水面积得该管段的设计流量。例如,管段 1—2 的设计流量为 $Q=q_0\cdot F_{1-2}=92.04\times0.45=41.4$ L/s(其中,$q_0=\psi_{av}\cdot q$,将已知量代入公式得 $q_0=92.04$ L/(s · hm^2)),将此计算值列入表中第(7)项。

⑥根据求得各设计管段的设计流量,参考地面坡度,查满流水力计算图,确定出管段的设计管径、坡度和流速。在查水力计算表或水力计算图时,Q、v、I、D 这四个水力因素可以相互适当调整,使计算结果既符合设计数据,又经济合理。

由于该街区地面坡度较小,甚至地面坡度与管道坡向正好相反。因此,为不使管道埋深过大,管道坡度宜取小值,但所取的最小坡度应能使管内雨水流速不小于设计流速。例如,管道 1—2 处的地面坡度 $I_{1-2}=\dfrac{G_1-G_2}{L_{1-2}}=0.000\,9$($G_1$、$G_2$ 为 1、2 点的地面标高值)。该管段的设计流量 $Q=41.4$ L/s,当管道坡度采用地面坡度($I_{1-2}=0.000\,9$)时,查满流水力计算图(附录五),D 介于 300 ~ 400 mm,$v=0.45$ m/s,不符合设计的技术规定。因此,需要进行调整,当 $D=300$ mm,$v=0.75$ m/s,$I=0.003$ 符合设计规定,故采用,将其填入表中第(8)、(9)、(10)项中。表中第(11)项是管道的输水能力 Q',它是指经过调整后的流量值,也就是指在给定的 D、I 和 v 的条件下,雨水管道的实际过水能力,要求 $Q'>Q$,管段 1—2 的输水能力为 55 L/s。

⑦根据设计管段的设计流速求本管段管内雨水流行时间 t_2。例如管段 1—2 的管内雨水流行时间 $t_2=\dfrac{L_{1-2}}{60v_{1-2}}=1.67$ min,将其计算值列入表中第(5)项中。

⑧求降落量。由设计管段的长度及坡度,求出设计管段上下端的设计高差(降落量)。例如管段 1—2 的降落量 $I\cdot L=0.003\times75=0.225$(m),将此值列入表中第(12)项。

⑨确定管道埋深及衔接。在满足最小覆土厚度的条件下,考虑冰冻情况、承受荷载及管道衔接,并考虑到与其他地下管线交叉的可能,确定管道起点的埋深或标高。本例起点埋深为 1.40 m,将此值列入表中第(17)项。各设计管段的衔接采用管顶平接。

⑩求各设计管段上、下端的管内底标高。用 1 点地面标高减去该点管道的埋深,得到该点的管内底标高,即 $86.70-1.40=85.300$ 列入表中第(15)项,再用该值减去该管段的降落量,即得到终点的管内底标高,即 $85.300-0.225=85.075$(m),列入表中第(16)项。

用 2 点的地面标高减去该点的管内底标高,得到 2 点的埋深,即 $86.630-85.075=1.555$(m),将此值列入表中第(18)项。

由于管段 1—2 与 2—3 的管径不同,采用管顶平接,即管段 1—2 中的 2 点与 2—3 中的 2 点的管顶标高应相同。管段 2—3 中的 2 点的管内底标高为 $85.075+0.300-0.400=84.975$(m)。求出 2 点的管内底标高后,按前面的方法得 3 点的管内底标高。其余各管段的计算方法与此相同,直到完成表 5-14 所有项目,则水力计算结束。

此外，水力计算后，要进行校核，使设计管段的流速、标高及埋深符合设计规定。雨水管道在设计计算时，应注意以下几个方面的问题：

(1)在划分汇水面积时，应尽可能使各设计管段的汇水面积均匀增加，否则会出现下游管段的设计流量小于上游管段的设计流量，这是因为下游管段的集水时间大于上游管段的集水时间，故下游管段的设计暴雨强度小于上游管段的设计暴雨强度，而总汇水面积只有很小增加的缘故。若出现了这种情况，应取上游管段的设计流量作为下游管段的设计流量。

(2)水力计算自上游管段依次向下游进行，一般情况下，随着流量的增加，设计流速也相应增加，如果流量不变，流速不应减小。

(3)雨水管道各设计管段的衔接方式应采用管顶平接。

(4)本例只进行了雨水干管水力计算，但在实际工程设计中，干管与支管是同时进行计算的。在支管和干管相接的检查井处，会出现到该断面处有两个不同的集水时间 Σt_2 和管内底标高值，再继续计算相交后的下一个管段时，应采用较大的集水时间值和较小的那个管内底标高。

表 5-14 雨水干管水力计算表

设计管段编号	管长 L (m)	汇水面积 F (hm^2)	管内雨水流行时间(min)		单位面积径流量 (L/(s · hm^2))	设计流量 (L/s)	管径 (mm)	水力坡度 I (‰)
			$\Sigma t_2 = \Sigma \frac{L}{v}$	$t_2 = \frac{L}{v}$				
(1)	(2)	(3)	(4)	(5)	(6)	(7)	(8)	(9)
1—2	75	0.45	0	1.67	92.04	41.4	300	3.0
2—3	150	1.375	1.67	2.78	83.26	114.0	400	2.9
3—4	83	2.675	4.45	1.38	72.47	194.0	500	2.7
4—5	150	3.825	5.83	2.50	68.29	261.0	600	2.1
5—6	125	5.40	8.33	1.74	62.08	335.0	600	3.0

设计管段编号	流速 v (m/s)	管道输水能力 Q' (L/s)	降落量 IL (m)	设计地面标高(m)		设计管内底标高(m)		埋深(m)	
				起点	终点	起点	终点	起点	终点
(1)	(10)	(11)	(12)	(13)	(14)	(15)	(16)	(17)	(18)
1—2	0.75	55	0.225	86.700	86.630	85.300	85.075	1.40	1.555
2—3	0.90	120	0.435	86.630	86.560	84.975	84.540	1.66	2.020
3—4	1.00	200	0.224	86.560	86.550	84.440	84.216	2.12	2.334
4—5	1.00	290	0.315	86.550	86.530	84.116	83.801	2.43	2.729
5—6	1.20	350	0.375	86.530	86.500	83.801	83.426	2.73	3.074

如图 5-8 所示为某市雨水管道纵剖面图。

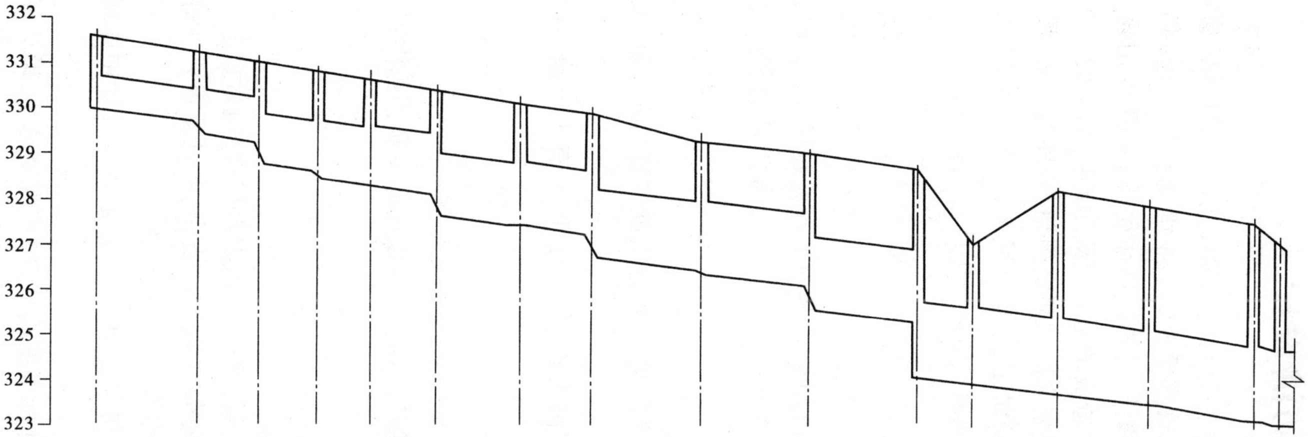

检查井编号	1	2	3	4	5	6	7	8	9	10	11	12	13	14	15	16
设计地面标高(m)	331.603	331.253	331.049	330.821	330.640	330.408	330.127	329.911	329.299	329.058	328.712	327.050	328.237	327.920	327.553	327.000
设计管内底标高(m)	330.003	329.731 329.431	329.272 328.772	328.627 328.427	328.318 328.268	328.129 327.639	327.437	327.244 326.744	326.472 326.372	326.120 325.620	325.350 324.150	324.024	323.798	323.540	323.209	323.121
埋深H(m)	1.60	1.52 1.82	1.78 2.28	2.19 2.39	2.32 2.37	2.28 2.77	2.69	2.67 3.17	2.83 2.93	2.94 3.44	3.36 4.56	3.03	4.44	4.38	4.34	3.88

管段（检查井编号）	1—2	2—3	3—4	4—5	5—6	6—7	7—8	8—9	9—10	10—11	11—12	12—13	13—14	14—15	15—16
D(mm)	700	1 000	1 100	1 300	1 350	1 400	1 400	1 500	1 600	1 600	1 640	1 640	1 640	1 640	1 640
I(‰)	1.5	1.5	1.4	1.2	1.2	1.3	1.5	1.4	1.3	1.4	1.3	1.5	1.6	1.8	1.9
管道长度(m)	182	106	104	110	116	149	129	195	194	193	98	151	162	184	47

管道结构	圆形钢筋混凝土管　水泥砂浆抹带接口　带形基础

图 5-8　雨水管道纵剖面图

学习情境四　城市防洪设计

一般城市多邻近自然水体（江、河、湖泊或海洋等）修建，它们为城市的发展提供了必要的水源，但有时也给城市带来洪水灾害。而我国有许多重要的工业建设于山区，这些工业的生产厂房和生活区建筑物一般在山坡或山脚下修建，建筑区域往往低于周围的山地，在暴雨时将受到山洪的威胁。因此，为尽量减少洪水造成的危害，保证城市、工厂的工业生产和生命财产安全，必须根据城市或工厂的总体规划和流域防洪规划，合理选用防洪工程的设计标准，整修已有的防洪工程设施，兴建新的防洪工程，提高城市、工业企业的抗洪能力。防洪设计的主要任务是防止暴雨形成巨大的地面径流而产生严重危害。

一、防洪设计原则

（1）应符合城市和工业企业的总体规划。

防洪设计的规模、范围和布局都必须根据城市和工业企业各项工程规划制订。同时，城市和工业企业各项工程规划对防洪工程都有一定的影响。因此，对于靠近江河和山区的城市及工业企业应特别注意。

（2）应合理安排，使近远期有机结合。

因防洪工程的建设费用较大，建设工期长，因此要分期建设，这既能节省初期投资，又能及早发挥工程设施的效益。

（3）应从实际出发，充分利用原有防洪、泄洪、蓄洪设施，做到有计划、有步骤地加以改造，使其逐步完善。

（4）应尽量采取分洪、截洪、泄洪相结合的措施。

（5）应尽可能与农业生产相结合。

应尽可能与农业上的水土保持、植树、农田灌溉等密切结合，这既能减少和消除洪灾，确保城市安全，又能搞好农田水利建设。

二、防洪设计标准

在进行防洪工程设计时，首先要确定洪峰设计流量，然后根据该设计洪峰流量拟定工程规模。为准确、合理地拟定某项工程规模，需要根据该工程的性质、范围以及重要性等因素，选定某一降雨频率作为计算洪峰流量的依据，称为防洪设计标准。

防洪设计标准，关系城市安危，也关系工程造价和建设期限等，它是防洪设计中体现国家经济政策和技术政策的一个重要环节。

在实际设计中，一般常用暴雨重现期来衡量设计标准的高低，即重现期越小，设计标准越低，工程规模也就越小。反之，设计标准越高，工程规模越大。我国《城市防洪工程设计规范》（GB/T 50805—2012）规定，有防洪任务的城市，其防洪工程的等别应根据防洪保护对象的社会经济地位的重要程度和人口数量按表5-15的规定划分为四等。城市防洪工程设计标准应根据防洪工程等别、灾害类型，按表5-15的规定选定。

表 5-15　城市防洪工程等别及设计标准

城市防洪工程等级	分等指标		设计标准 P(年)			
	防洪保护对象的重要程度	防洪保护区人口 X(万人)	洪水	涝水	海潮	山洪
Ⅰ	特别重要	$X \geqslant 150$	$\geqslant 200$	$\geqslant 20$	$\geqslant 200$	$\geqslant 50$
Ⅱ	重要	$50 \leqslant X < 150$	$100 \leqslant P < 150$	$10 \leqslant P < 20$	$100 \leqslant P < 150$	$30 \leqslant P < 50$
Ⅲ	比较重要	$20 < X < 50$	$50 \leqslant P < 100$	$10 \leqslant P < 20$	$50 \leqslant P < 100$	$20 \leqslant P < 30$
Ⅳ	一般重要	$X \leqslant 20$	$20 \leqslant P < 50$	$5 \leqslant P < 10$	$20 \leqslant P < 50$	$10 \leqslant P < 20$

注:(1)防洪保护区人口指城市防洪工程保护区内的常住人口。
(2)根据受灾后的影响、造成的经济损失、抢险难易程度以及资金筹措条件等因素合理确定。
(3)洪水、山洪的设计标准指洪水、山洪的重现期。
(4)涝水的设计标准指相应暴雨的重现期。
(5)海潮的设计标准指高潮位的重现期。

对于城镇河流流域面积较小($< 30\ km^2$)的地区,如按城市雨水管道流量公式计算洪峰流量,可参考表 5-16。

表 5-16　城市小流域河湖防洪标准

序号	区域性质	设计重现期(a)	序号	区域性质	设计重现期(a)
1	城市重要区域	20~50	3	局部一般区域	1~5
2	一般区域	5~20			

山洪防治标准见表 5-17。

表 5-17　山洪防治标准

工程等级	防护对象	防洪标准	
		频率(%)	重现期(a)
Ⅱ	大型工业企业、重要中型工业	2~1	50~100
Ⅲ	中小型工业企业	5~2	20~50
Ⅳ	工业企业生活区	10~5	10~20

在设计中选用防洪标准时,应根据设计地区的地理位置、地形条件、历次洪水灾害情况、工程的重要性以及当地经济技术条件等因素综合考虑后确定。

三、设计洪水流量计算

设计洪水流量是指相应于防洪设计标准的洪水流量。计算设计洪水流量的方法较多,目前,我国常用的暴雨洪峰流量的计算方法有以下三种。

(一)地区性经验公式

在缺乏水文资料的地区,小面积洪峰流量的计算,可采用我国应用比较普遍的、以流

域面积 F 为参数的一般地区性经验公式。

1. 公路科学研究所的经验公式

当没有暴雨资料，汇水面积小于 10 km^2 时，可按下式计算：

$$Q_P = K_P \cdot F^m \tag{5-12}$$

式中 Q_P——设计洪峰流量，m^3/s；

F——流域面积，km^2；

K_P——流量模数，随地区及洪水频率而变化，可按表 5-18 查取；

m——面积指数，随地区及洪水频率而定，当 $F \leqslant 1$ km^2 时，$m=1$，当 $1<F<10$ 时，可按表 5-19 查取。

表 5-18　流量模数 K_P 值

频率(%)	华北	东北	东南沿海	西南	华中	黄土高原
	K_P值					
50	8.1	8.0	11.0	9.0	10.0	5.5
20	13.0	11.5	15.0	12.0	14.0	6.0
10	16.5	13.5	18.0	14.0	17.0	7.5
6.7	18.0	14.6	19.5	14.5	18.0	7.7
4	19.5	15.8	22.0	16.0	19.6	8.5
2	23.4	19.0	26.4	19.2	23.5	10.2

表 5-19　面积指数 m 值

地区	华北	东北	东南沿海	西南	华中	黄土高原
m	0.75	0.85	0.75	0.85	0.75	0.80

2. 水利科学院水文研究所经验公式

对于洪水调查，对汇水面积大于 3 km^2、小于 100 km^2 的经验公式如下：

$$Q_P = K_P F^{\frac{2}{3}} \tag{5-13}$$

式中，Q_P、F、K_P 意义同前，K_P 值除按实测、调查得到外，还可根据地形条件，选用下列数值：

对于山区

$$K_P = 0.72 S_P F$$

对于平原

$$K_P = 0.5 K_P$$

当汇水面积 $F<3$ km^2 时，经验公式为：

$$Q_P = 0.6 S_P F \tag{5-14}$$

式中 S_P——设计雨力，即与设计重现期相应的最大 1 h 的降雨量，mm/h。

经验公式使用方便、计算简单，但是地区性很强。当相邻地区采用时，须注意各地的具体条件，不宜套用。其他的经验公式，可参阅当地的水文手册。

（二）推理公式法

我国水利科学院水文研究所提出的推理公式已经得到了广泛的采用，其公式如下：

$$Q = 0.278F\frac{\psi S}{\tau^n} \tag{5-15}$$

式中　Q——设计洪峰流量,m^3/s;

F——流域面积,km^2;

ψ——径流系数,等于径流量与降雨量的比值;

S——暴雨雨力,mm/h;

τ——流域的集流时间,h;

n——暴雨强度衰减指数。

当用该公式求设计洪峰流量时,需要较多的基础资料,计算过程较烦琐。此公式适用范围为汇水面积 $F \leqslant 500\ km^2$。当汇水面积 F 为 40 ~ 50 km^2时,适用效果最好。公式中各参数的确定方法,可参考《给水排水设计手册》(第5册)有关章节。

(三)洪水调查法

洪水调查法主要指河流、山溪历时出现的特大洪水流量的调查和推算。调查的主要内容是历史上洪水的概况及洪水痕迹标高。调查主要是通过深入现场、勘察洪水位的痕迹,并通过查阅当地可考的文字记载(如地方志、宫廷档案、县志、碑志、某些建筑物上的记载及水利专著等)进行,这些记载是调查历史洪水的主要依据。此外,还应调查访问在河道附近世代久居的群众,通过这些老年人的回忆及祖辈流传的有关洪水传说都是历史洪水的宝贵资料。在查阅洪水的文献和查访群众的基础上,应沿河道两岸进行实地勘探,寻找和判断洪水痕迹,推导出洪水位发生的频率,选择和测量河道的过水断面及其他特征值,按下列公式计算流速:

$$v = \frac{1}{n}R^{\frac{2}{3}}I^{\frac{1}{2}} \tag{5-16}$$

式中符号意义同前。

然后按公式 $Q = Av$ 计算洪峰流量。

对于上述三种方法,特别应重视洪水调查法,在此法的基础上,再结合其他方法进行洪峰流量计算。

四、排洪沟设计计算

排洪沟是应用较为广泛的一种防洪、排洪工程设施,特别是山区城市和工业区应用更多。由于山区的地势陡峭,地形坡度较大,水流湍急,洪水集中时间短,洪峰流量大,而且来势迅猛,水流中还挟带着大量的砂石,冲刷力很强,这种由于暴雨形成的山洪,若不能及时有效排除,就会使山坡下的城镇和工业区受到破坏而造成严重的损失。因此,应在受山洪威胁的城镇工厂的周围设置防洪设施,以有效拦截山洪,并及时将洪峰引入排洪沟道,将其引出保护区,排入附近的水体。

排洪沟设计的任务在于开沟引洪、整治河道、修建排洪构筑物等,以便有组织地拦截并排除山洪径流、保护山区城镇和工业区的安全。图5-9为某排洪沟的布置图。图5-10为某厂区排洪沟布置图。

(一)排洪沟设计要点

当设计排洪沟时,要对设计地区周围的地形、地貌、土壤、暴雨、洪水以及径流等影响

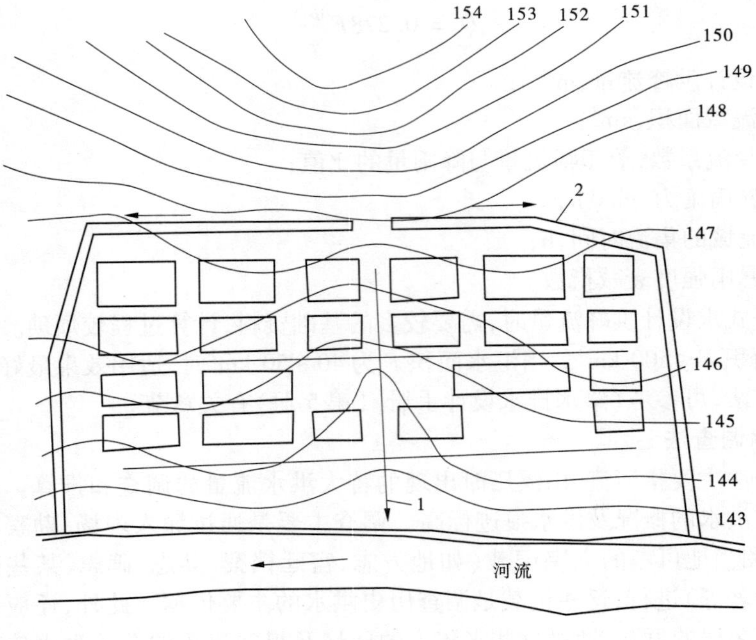

1—雨水管;2—排洪沟

图 5-9　某排洪沟的布置图

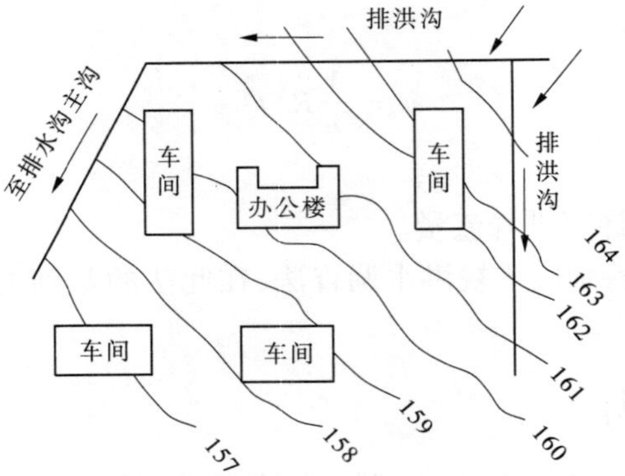

图 5-10　某厂区排洪沟布置图

因素进行充分、细致的调查研究，为排洪沟的设计及计算提供必要可靠的依据。排洪沟包括明渠、暗渠及截洪沟等。

(1)排洪沟布置应与城镇和工业企业总体规划相结合。

在城镇和工业企业建设规划设计中，必须重视防洪和排洪问题。在选择厂区或居住区用地时，力求安全、经济合理，应建在不受洪水威胁的较安全的地带，尽量避免设在山洪口上，避开洪水顶冲的威胁。

排洪沟的布置要与铁路、公路、排水等工程以及厂房建筑、居住及公共建筑相协调，避免穿越铁路、公路以减少交叉构筑物。排洪沟应设置在厂区、居住区外围靠山坡一侧，避免穿越建筑群，以免因排洪沟过于曲折造成出流不畅，或增加桥涵，造成投资浪费，引起交通不便。为防止洪水冲刷房屋基础及滑坡，排洪沟与建筑物之间应有不少于 3 m 的防护距离。

(2)排洪沟应尽可能利用设计地区原有(天然)山洪沟道，必要时可作适当整修。

原有的山洪沟道是山洪多年冲刷形成的自然冲沟，其形状、河床都比较稳定，设计时应尽可能利用其作为排洪沟，发挥排泄能力，这样可以节约工程造价。当原有沟道不能满足设计要求时，可进行必要的整修，但不宜大改大动，尽可能不改变原有沟道的水利条件，要因势利导，使山洪排泄畅通，既达到防洪、排洪的目的，又节省工程投资。

(3)排洪沟选址。

排洪沟具体位置宜选在地形平稳、地质较稳定的地带，并注意保护农田水利工程，不占或少占良田。

(4)排洪沟布置时，应尽量利用自然地形坡度。

当地形坡度较大时，排洪沟宜布置在汇水面积的中央，以扩大汇流范围。应充分利用自然地形坡度，因势利导使洪水能以最短距离重力流排入水体。一般情况下，排洪沟上不设中途泵站，对洪峰流量，分散排放比集中排放更为有利。

(5)排洪沟应根据设计地区具体条件确定布置为明渠或暗渠。

排洪沟一般采用明渠，当排洪沟通过市区或厂区时，因建筑密度高、交通量大应采用暗渠。

(6)排洪沟平面布置的基本要求。

①排洪沟的进口段。

因洪水在进口段上冲刷力很强，所以应将进口段设在地质、地形条件良好的地段，通常将进口段上游一带范围进行必要的整治，保证良好的衔接、水流畅通及具有较好的水利条件，进口长度一般不小于 3 m。为使洪水能顺利进入排水沟，衔接口形式和布置是很重要的。

常用的进水口形式有：①排洪沟的进口直接插入山洪沟，衔接点的高程为原山洪沟的高程。这种形式适用于排洪沟与山洪沟夹角较小的情况，也适用于高速排洪沟；②以侧流堰形式作为进口，将截流坝的顶面做成侧流堰渠，与排洪沟直接相接。这种形式适用于排洪沟与山洪沟夹角较大，并且进口高程大于原山洪沟底高程的情况。进口段的形式应根据地形、地质及水力条件进行合理的方案比较和选择。

②排洪沟的连接段。

当排洪沟受到地形限制而不能布置成直线段时，应保证在转弯处有良好的水流条件，不应使弯道处受到冲刷。平面上的转弯沟道弯曲半径一般为 5 ~ 10 倍的设计水面宽度。由于弯道处水流因离心力作用而产生外侧与内侧的水位差，因此在设计时应考虑到外侧沟高大于内侧沟高，内外侧水位高程的差值可由下列公式求得：

$$H = \frac{v^2 B}{Rg} \tag{5-17}$$

式中　H——排洪沟水位高度差，m；

v——排洪沟水流平均流速，m/s；

B——弯道处水面宽度,m;

R——弯道半径,m;

g——重力加速度,m/s^2;

排水沟的设计安全等级较高,一般可采用0.3~0.5 m,同时对排洪沟弯道处应加护砌。

③排洪沟出口段。

排洪沟出口段应设置在不致冲刷的排放地点(河流、山谷等)的岸坡。应选择在地质条件良好的地段,并采取护砌措施。另外,在出口段,应设置渐变段,逐渐增大宽度,以减少单宽流量,减低流速,或采取消能、加固等措施,以减缓洪水对出口段的冲刷。

(7)排洪沟穿越道路应设桥涵。

涵洞的断面尺寸应保证设计洪水量通过,并应考虑养护。

(8)排洪沟纵坡的确定。

排洪沟的纵坡应根据地形、地质、护砌材料、原有天然排洪沟的纵坡以及冲淤情况而确定,一般情况下,坡度宜大于1%,当地形坡度较陡时,应考虑设置跌水,但不能设在转弯处,一次跌水的高度为0.2~1.5 m。当采用条石砌筑的梯级渠道时,每级高度为0.3~0.6 m,有的多达20~30级,其消能效果很好。

(9)排洪沟设计流速的规定。

为了不使排洪沟沟底产生淤积,最小允许流速一般不小于0.4 m/s。为了防止山洪对排洪沟的冲刷,排洪沟的最大允许流速,宜根据不同铺砌的加固形式来选择确定,见表5-20。

表5-20 排洪沟最大设计流速

沟渠护砌条件	最大设计流速(m/s)	沟渠护砌条件	最大设计流速(m/s)
浆砌砖石	2.0~4.5	混凝土护面	5.0~10.0
坚硬石块浆砌	1.2~6.5	草皮护面	0.9~2.2

(10)排洪沟断面形式、材料及其选择。

排洪沟的断面形式常采用梯形和矩形,最小断面 $B \times H = 0.4\ m \times 0.4\ m$;明渠排洪沟的底宽,应考虑施工与维修要求,一般不小于0.4~0.5 m。沟渠材料及加固形式应根据沟内最大流速、地形及地质条件、当地材料供应情况确定。一般常用片石、块石铺砌。

由于土明渠的边坡不稳定,在山洪冲刷下,很容易被冲毁,故排洪沟不宜采用土明渠。图5-11为排洪沟的断面及加固形式示意图。

(二)排洪沟水力计算

在进行排洪沟水力计算时,常遇到下述几种情况:

(1)已知设计流量、渠底坡度,确定渠道断面;

(2)已知设计流量或流速,渠道断面及粗糙系数,求渠道底坡;

(3)已知渠道断面、渠壁粗糙系数及渠道底坡,求渠道的输水能力。

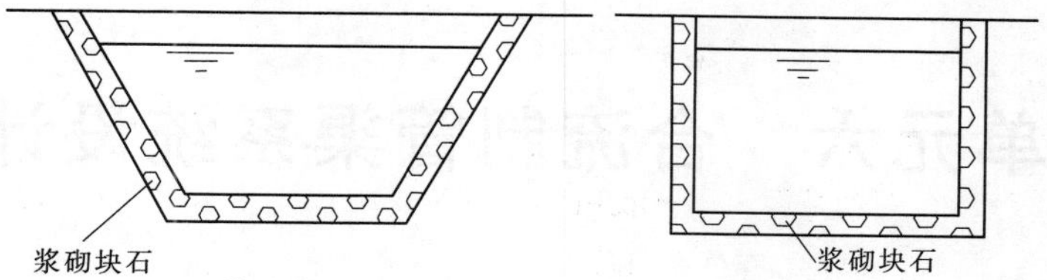

图 5-11　排洪沟的断面及加固形式示意图

思考题

1. 如何确定洪峰设计流量?
2. 如何进行排洪沟的设计?

能力提升

某工厂已有天然梯形砂砾石河床的排洪沟,其总长 L 为 580 m,沟纵向坡度 I 为 4.0‰,排洪沟粗糙系数 n 为 0.02,其边坡系数 $m=1.5$,沟底宽为 2.2 m,沟顶宽为 6.2 m,沟深为 1.4 m。当采用设计重现期为 50 年时,洪峰流量为 15.500 m^3/s。试复核已有排洪沟的通水能力。

单元六　合流制管渠系统设计

【知识目标】

会合理进行合流制系统的选用及管渠系统的设计计算，会确定合流制管渠设计参数。

【能力目标】

根据城镇的现状和总体规划合理选用采用合流制还是分流制排水系统，并对合流制系统进行设计计算（包括确定合流雨水设计重现期、合流制管渠以及溢流干管与溢流井的计算等）。

(1)进行合流制管网布置；

(2)溢流井上游合流管渠计算；

(3)合流管渠的雨水设计参数确定，如重现期等；

(4)截流干管和溢流井的计算；

(5)晴天旱流流量的校核。

具体内容见本单元的设计案例部分。

【素质目标】

培养学生吃苦耐劳、一丝不苟的学习态度，团结协作、尊重他人的工作方式。

学习情境一　合流制管渠系统的特点及应用

合流制管渠系统是用同一管渠排除生活污水、工业废水及雨水的排水方式。由于历史原因，在国内外许多城市的旧排水管道系统中仍然采用这种排水体制。根据混合污水的处理和排放的方式，有直泄式合流制和截流式合流制两种。由于直泄式合流制严重污染水体，现已不采用，故只介绍截流式合流制排水系统。

一、截流式合流制排水系统的工作情况与特点

截流式合流制排水系统是沿水体平行设置截流管道，以汇集各支管、干管流来的雨污水。在截流干管的适当位置上设置溢流井。在晴天时，截流干管是以非满流方式将生活污水和工业废水送往污水处理厂的；雨天时，随着雨水量的增加，截流干管是以满流方式将混合污水（雨水、生活污水和工业废水）送往污水处理厂的。设城市混合污水流量为 Q，截流干管的输水能力为 Q'，当 $Q \leqslant Q'$ 时，全部混合污水输送到污水处理厂进行处理；当 $Q > Q'$ 时，有 $Q = Q'$ 的混合污水送往污水处理厂，而 $Q - Q'$ 的混合污水则通过溢流井排入水体。随着降雨历时延长，由于暴雨强度的减弱，溢流井处的溢流流量逐渐减小。最后，混合污水量又重新等于或小于截流干管的设计输水能力，溢流停止，全部混合污水又都流向污水处理厂处理。

从上述管渠系统的工作情况可知，截流式合流制排水系统，是在同一管渠内排除三种混合污水，集中输送到污水处理厂处理，从而消除了晴天时城市污水及初期雨水对水体的

污染，在一定程度上满足了环境保护方面的要求。此外，还具有管线单一、管渠的总长度短等优点。因此，在节省投资、管道施工方面较为有利。

但在暴雨期间，有部分混合（雨）污水通过溢流井流入水体，将造成水体周期性污染。另外，由于截流式合流制排水管渠的过水断面很大，而在晴天时流量很小，流速低，往往在管底形成淤泥，降雨时，雨水将沉积在管底的大量污染物冲刷起来带入水体，形成严重的污染。

相比分流制排水系统，截流式合流制排水系统的截流管、提升泵站以及污水处理厂的设计规模大，截流管的埋深也比单设雨水管渠的埋深大。

因此，当选择排水体制时，首先应满足环境保护的要求，其次，还要根据水体综合利用情况、地形条件以及城市发展远景，通过经济、技术比较后综合考虑确定。图6-1为截流式合流制排水系统组成示意图。

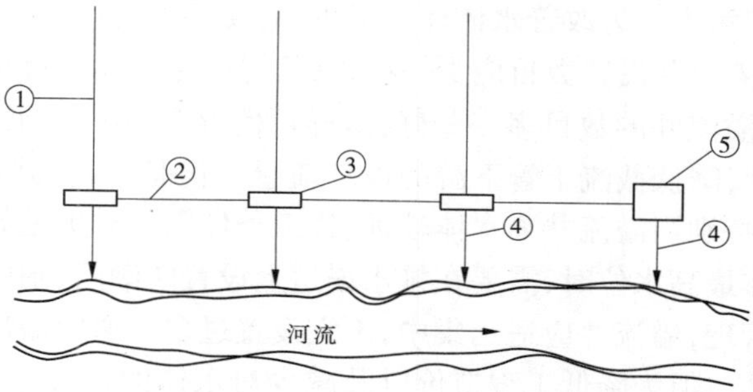

①—合流管道；②—截流管道；③—溢流井；④—出水口；⑤—污水处理厂

图6-1　截流式合流制排水系统组成示意图

二、截流式合流制排水系统的使用条件

在下列情况下可考虑采用截流式合流制排水系统：

(1)排水区域内有充沛的水体，并且具有较大的流量和流速，一定量的混合（雨）污水溢入水体后，对水体造成的污染危害程度在允许的范围内；

(2)街区、街道的建设比较完善，当必须采用暗管排除雨水，而街道的横断面又较窄，管渠的设置位置受到限制时，可考虑选用截流式合流制；

(3)地面有一定的坡度倾向水体，当水位为高水位时，岸边不受淹没；

(4)当排水管渠能以自流方式排入水体时，在中途不需要泵站提升；

(5)降雨量小的地区；

(6)水体卫生要求特别高的地区，污水、雨水均需要处理。

学习情境二　合流制排水管渠系统的设计

一、截流式合流制排水系统布置

当采用截流式合流制排水系统时，其布置特点及要求是：

(1)排水管渠的布置应使排水面积上生活污水、工业废水和雨水都能合理地排入管渠,管渠以最短的距离排向水体。

(2)在上游排水区域内,如果雨水可以沿道路的边沟排泄,这时可只设污水管道,只有当雨水不宜沿地面径流时,才布置合流管渠,截流干管尽可能沿河岸敷设,以便于截流和溢流。

(3)沿水体岸边布置与水体平行的截流干管,在截流干管的适当位置上设置溢流井,以保证超过截流干管的设计输水能力的那部分混合(雨)污水,能顺利通过溢流井就近排入水体。

(4)在截流干管上,必须合理地确定溢流井的位置及数目,以便尽可能减少对水体的污染,减小截流干管的断面尺寸和缩短排放渠道的长度。

从对水体保护方面看,合流制管渠中的初期雨水能被截流处理,但溢流的混合(雨)污水仍会使水体受到污染。为改善水体环境卫生,需要将混合(雨)污水对排入水体的污染程度降至最低,则溢流井设置数目应少一些,其位置应尽可能设置在水体的下游。

从经济方面讲,溢流井的数目多一些好,这样可使混合(雨)污水及早溢流入水体,可减小截流干管的尺寸,降低截流干管下游的设计流量。但是,溢流井过多,会增加溢流井和排放渠道的造价,特别当溢流井离水体较远、施工条件困难时更是如此。当溢流井的溢流堰口标高低于水体最高水位时,需要在排水渠道上设置防潮门、闸门或排涝泵站。为降低泵站造价和便于管理,溢流井应适当集中,不宜设置过多。通常溢流井设置在合流干管与截流干管的交会处。但为降低工程造价以及减少对水体的污染,并不是在每个交会点上都要设置。

溢流井的数目及具体位置,要根据设计地区的实际情况,结合管渠系统的布置,考虑上述因素,通过技术、经济比较综合确定。

在汛期,因自然水体的水位增高,造成截流干管上的溢流井不能按重力流方式通过溢流管渠向水体排放,应考虑在溢流管渠上设置闸门,防止洪水倒灌,还要考虑设置排水泵站提升排放,这时宜将溢流井适当集中,利于排水泵站集中抽升;为了既能彻底解决溢流混合(雨)污水对水体的污染问题,又能充分利用截流干管的输水能力及污水处理厂能力,可考虑在溢流出水附近设置混合污水储水池,在降雨时,可利用储水池积蓄溢流的混合(雨)污水,待雨后,将储存的混合(雨)污水再送往污水处理厂处理。此外,储水池还可以起到沉淀池的作用,可改善溢流(雨)污水的水质。

目前,我国许多城市的旧市区多采用截流式合流制,而在新建城区及工矿区则多采用分流制,特别是当生产污水含有有毒物质,其浓度又超过允许的卫生标准时,必须对这种污水进行单独预处理达到排放标准后,才能排入合流制管渠系统。

二、合流制排水管渠的水力计算

(一)完全合流制排水管渠设计流量确定

完全合流制排水管渠系统按下式计算管渠的设计流量:

$$Q_u = Q_s + Q_g + Q_y = Q_h + Q_y \tag{6-1}$$

式中 Q_u——完全合流制管渠的设计流量,L/s;

Q_s——综合生活污水设计流量，L/s；

Q_g——工业废水设计流量，L/s；

Q_y——雨水设计流量，L/s；

Q_h——晴天时城市污水量（生活污水量和工业废水量之和），即为旱流流量，L/s。

（二）截流式合流制排水管渠设计流量确定

截流式合流制在截流干管上设置了溢流井后，对截流干管的水流状况产生的影响很大。不从溢流井溢出的雨水量，通常按旱流流量 Q_h 的指定倍数计算，该指定倍数称为截流倍数，用 n_0 表示，其意义为通过溢流井传输到下游干管的雨水量与晴天时旱流污水量之比。如果流入溢流井的雨水量超过了 n_0Q_h，则超过的雨水量由溢流井溢出，经排放渠道排入水体。因此，溢流井下游管渠的雨水设计流量为：

$$Q_y = n_0(Q_s + Q_g) + Q'_y \tag{6-2}$$

溢流井下游管渠的设计流量，是上述雨水设计流量与生活污水平均量及工业废水最大班平均流量之和，即

$$\begin{aligned} Q_z &= n_0(Q_s + Q_g) + Q'_y + Q'_g + Q'_h \\ &= (n_0 + 1)Q_h + Q'_y + Q'_h \end{aligned} \tag{6-3}$$

式中　Q'_h——溢流井下游汇水面积上流入的旱流流量，L/s。

Q'_y——溢流井下游汇水面积上流入的雨水设计流量，按相当于此汇水面积的集水时间求得，L/s。

（三）从溢流井溢出的混合（雨）污水设计流量的确定

当溢流井上游合流污水的流量超过溢流井下游管段的截流能力时，就有一部分的混合（雨）污水经溢流井处溢流，并通过排放渠道排入水体。其溢流的混合（雨）污水设计流量按下式计算，即

$$Q_J = (Q_s + Q_g + Q_y) - (n_0 + 1)Q_h \tag{6-4}$$

三、截流式合流制排水管渠的水力计算要点

截流式合流制排水管渠一般按满流设计。水力计算方法、水力计算数据（包括设计流速、最小坡度、最小管径、覆土厚度以及雨水口布置要求等）与分流制中雨水管道的设计基本相同，但合流制管渠雨水口设计时应考虑防臭、防蚊蝇等措施。

合流制排水管渠水力计算内容包括下面几个方面。

（一）溢流井上游合流管渠计算

溢流井上游合流管渠的计算与雨水管渠计算基本相同，只是它的设计流量包括设计污水量和工业废水量以及设计雨水量。

（二）合流管渠的雨水设计重现期

合流管渠的雨水设计重现期可适当高于同一情况下雨水管道设计重现期的 10% ~ 25%，因为合流管渠的水一旦溢出，溢出的混合（雨）污水比雨水管渠溢出的雨水所造成的危害更严重。

（三）截流干管和溢流井的计算

截流干管和溢流井的计算主要是合理地确定所采用的截流倍数 n_0 值。根据所采用

的 n_0 值，可确定截流干管的设计流量，可进行截流干管和溢流井的水力计算。从保护环境、减少水土受污染方面考虑，应采用较大的截流倍数，但从经济方面考虑，若截流倍数过大，会增加截流干管、提升泵站以及污水处理厂的设计规模和造价。同时，会造成进入污水处理厂的水质、水量在晴天和雨天差别很大，这给污水处理厂的运行管理带来了极大不便。因此，为使整个合流排水管渠系统既造价合理，又便于运行管理，不宜采用过大的截流倍数。

截流倍数应根据旱流污水的水质、水量、总变化系数、水体的卫生要求及水文气象等因素经计算确定。我国《室外排水设计规范》(GB 50014—2006)(2016 年版)规定，截流倍数按不同排放标准采用 2 ~ 5，并规定，采用的截流倍数必须经过当地卫生主管部门的统一。经过多年工程实践，我国多数城市一般采用截流倍数 $n_0=3$，而美国、日本及西欧等国家多采用 $n_0=3\sim5$。

随着人们环保意识的提高，采用的截流倍数值有逐渐增大的趋势。例如，美国供游泳和游览的河段，所采用的截流倍数 n_0 值竟高达 30 以上。

溢流井是在井中设计截流槽，使槽顶与截流干管的管顶相平，其构造如图 6-2 所示。

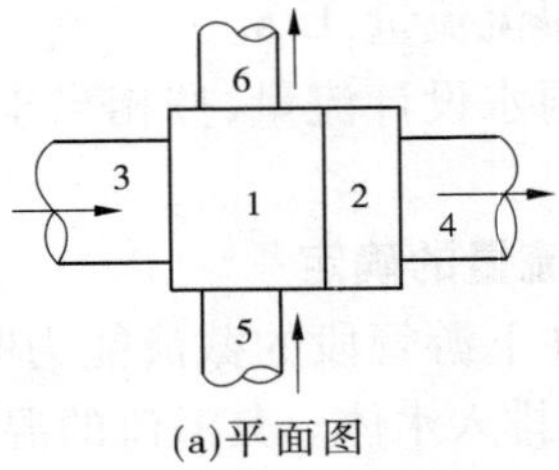

(a)平面图

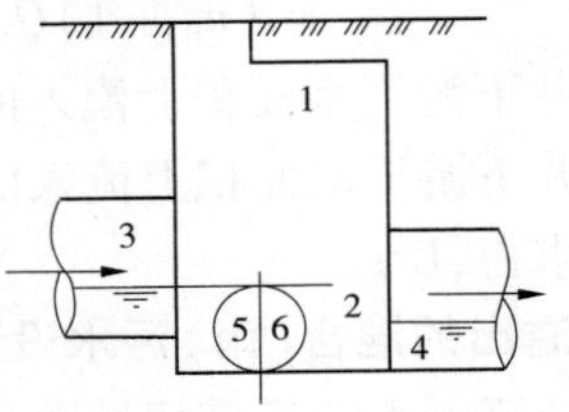

(b)剖面图

1—溢流井；2—堰；3—上游合流管道；4—溢流管；5—上游截流管道；6—下游截流管道

图 6-2　溢流井示意图

截流槽式溢流井的溢流是设在溢流井底部的，而溢流槽上顶低于合流干管与排放管道的管底，略高于截流干管的上顶。当合流干管混合污水量小于截流干管的设计流量时，混合污水由合流干管跌入溢流井内，并由溢流井流向截流干管的下游；当合流干管的混合污水量大于截流干管的设计流量时，就会有多余的混合污水，由截流槽的上顶溢出，经溢流井下游的排放管渠排入自然水体。此外，也可采用溢流堰式和跳跃堰式。

在溢流堰式溢流井中，溢流堰的一侧是合流干管与截流干管衔接的流槽；另一侧是溢流井的排放管渠。当合流干管的流量小于截流干管的设计流量时，混合污水直接进入截流干管；当混合污水由合流干管直接排入截流干管的流量超过截流干管的实际流量时，混合污水便溢过溢流堰，经过溢流井下游的排放管渠排入水体。

当溢流堰的堰顶线与截流干管中心线平行时，可采用下列公式计算：

$$Q = M^3\sqrt{l^{2.5}h^{5.0}} \tag{6-5}$$

式中　Q ——溢流堰出水量，m^3/s；

M ——溢流堰流量系数，薄壁堰一般采用 2.2；

l ——堰长，m；

h ——溢流堰末端堰顶以上水层高度,m。

其他形式溢流井的计算可参阅《给水排水设计手册》第5册。

(四)晴天旱流流量的校核

关于晴天旱流流量的校核,应使旱流时的流速能满足污水管渠最小流速的要求,一般为0.35~0.5 m/s。当不能满足要求时,可修改设计管渠断面尺寸和坡度。值得注意的是,由于合流管渠中旱流流量相对较小,特别是上游管段,旱流校核时往往满足不了最小流速的要求,这时可在管渠底部设置缩小断面的流槽,以保证旱流时的流速,或者加强养护管理,利用雨天流量冲洗管渠,以防发生淤塞。

四、截流式合流制管渠的计算实例

某市一区域的截流式合流制管渠平面布置如图6-3所示,设计原始数据如下所述。

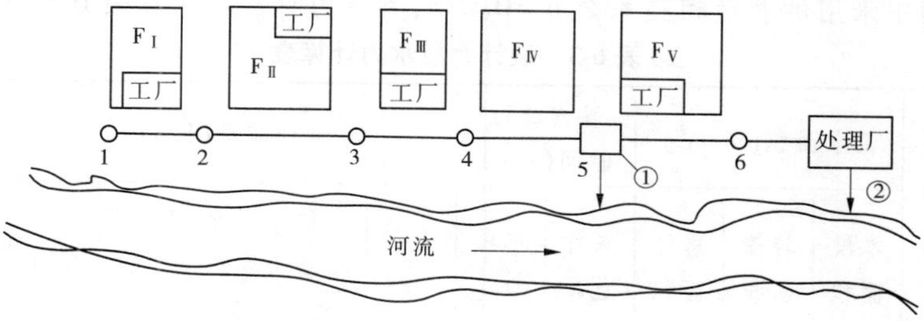

①—溢流井;②—出水口

图6-3　某市一区域截流式合流制管渠计算平面示意图

(1)该市的暴雨强度公式为 $q=10\,020(1+0.56\lg P)/(t+36)$,设计重现期采用2年,地面集水时间 $t_1=10$ min,该设计区域平均径流系数 $\psi=0.45$;

(2)设计人口密度为300人/hm^2,生活污水定额采用100 L/(人·d);

(3)截流干管的截流倍数 $n_0=3$;

(4)管道起点埋深为1.70 m;

(5)河流的平均洪水位为18.000 m;

(6)各设计管段的管长、汇水面积和工业废水最大班的平均流量如表6-1所示;

(7)各检查井处的地面标高如表6-2所示。

试进行管段1—6的水力计算。

表6-1　设计管段的管长、汇水面积和工业废水量

管段编号	管长(m)	汇水面积(hm^2)		本段工业废水量(L/s)
		面积编号	本段面积	
1—2	85	Ⅰ	1.20	20
2—3	128	Ⅱ	1.79	10
3—4	59	Ⅲ	0.83	60
4—5	138	Ⅳ	1.93	0
5—6	165.5	Ⅴ	2.12	35

表 6-2　检查井处的地面标高

检查井编号	地面标高(m)	检查井编号	地面标高(m)
1	20.200	4	19.550
2	20.000	5	19.500
3	19.700	6	19.450

【解】 计算过程：

(1)先划分设计管段及其汇水面积，计算每块汇水面积的大小；

(2)计算设计流量，包括雨水量、生活污水量和工业废水量；

(3)根据设计流量查得满流的水力计算图，得出设计管径和坡度；

(4)计算管内底标高和埋深，进行旱流流量校核；

(5)本例中采用的管道粗糙系数 $n=0.013$，其水力计算结果如表 6-3 所示。

表 6-3　设计管段水力计算表

管段编号	管长(m)	汇水面积(万 m^2)			管内流行时间(min)		设计流量(L/s)					设计管径(mm)	设计坡度(‰)
		本段面积	转输面积	总计面积	累计 $\sum t_2$	本段 t_2	雨水量	生活污水量	工业废水量	溢流井转输水量	总计		
(1)	(2)	(3)	(4)	(5)	(6)	(7)	(8)	(9)	(10)	(11)	(12)	(13)	(14)
1—2	85	1.20	0	1.20	0	1.73	137.5	1.0	20		158.5	500	1.8
2—3	128	1.79	1.20	2.99	1.73	2.22	330.7	2.4	30		363.1	700	1.6
3—4	59	0.83	2.99	3.82	3.95	0.96	402.9	3.0	90		495.9	800	1.5
4—5	138	1.93	3.82	5.75	4.91	2.09	594.6	4.6	90		689.2	900	1.5
5—6	165.5	2.12	0	2.12	0	2.51	242.8	1.7	125	378.4	747.9	900	1.5

管段编号	管道坡降(m)	设计流速(m/s)	设计管道输水能力(L/s)	地面标高(m)		管内底标高(m)		埋深(m)		旱流校核流量			备注
				起点	终点	起点	终点	起点	终点	旱流流量(L/s)	充满度	流速(m/s)	
(1)	(15)	(16)	(17)	(18)	(19)	(20)	(21)	(22)	(23)	(24)	(25)	(26)	(27)
1—2	0.153	0.82	160	20.200	20.000	18.500	18.347	1.70	1.65	21.0	—	—	
2—3	0.205	0.96	370	20.000	19.700	18.150	17.945	1.85	1.76	32.4	—	—	5 点设溢流井
3—4	0.089	1.02	512	19.700	19.550	18.850	17.762	0.85	1.79	93.0	0.29	0.75	
4—5	0.207	1.10	720	19.550	19.500	17.660	17.453	1.89	2.05	94.6	—	—	
5—6	0.248	1.10	700	19.500	19.450	17.453	17.205	2.05	2.25	131.3	0.29	0.77	

学习情境三　城市旧合流制管渠系统的改造

城市排水管渠系统随着城市的发展而相应地发展，在城市建设的初期，采用合流明渠排除雨水和少量污水，并将它们直接排入附近水体。随着工业的发展和人口的增加与集中，城市的污水和工业废水量也相应增加，其污水的成分也更加复杂。为改善城市的卫生条件，保证市区的环境卫生，虽然将明渠改为暗管渠，但污水仍基本上直接排入附近水体，并没有改变城市污水对自然水体的污染。也就是说，大多数的老城市，旧的排水管渠系统一般都采用直泄式合流制排水管渠系统。根据有关资料介绍，日本有70%左右、英国有67%左右的城市采用合流制排水管渠系统，我国绝大多数的城市也采用这种系统。但随着工业与城市的进一步发展，直接排入水体的污水量迅速增加，造成水体的严重污染。因此，为保护环境、保护水体，必须对城市已建的旧合流制排水管渠系统进行改造。

目前，对城市旧合流制排水系统的改造，通常有以下几种方法。

一、改旧合流制为分流制

将旧合流制改为分流制，是一种彻底解决城市污水对水体污染的改造方法。这种方法由于雨水、污水分流，需要处理的污水量将相应减少，进入污水处理厂的污水水质、水量变化也相对减少，所以有利于污水厂的运行管理。

通常，在具有以下条件时，可考虑将合流制改造为分流制：

(1)城市街道的横断面有足够的位置，允许设置由于改建成分流制而需增建的污水或雨水管道，并且在施工过程中不对城市的交通造成很大的影响；

(2)住房内部有完善的卫生设备，便于将生活污水与雨水分流；

(3)工厂内部可清浊分流，便于将符合要求的生产污水直接排入城市管道系统，将清洁的工业废水排入雨水管渠系统，或将其循环使用；

(4)旧排水管渠输水能力基本上已不能满足需要，或管渠损坏渗漏已十分严重，需要彻底改建而设置新管渠。

一般情况下，住房内部的卫生设备目前已日趋完善，将生活污水与雨水分流比较容易做到。但是，工厂内部的清浊分流，由于已建车间内工艺设备的平面位置和竖向布置比较固定，不太容易做到。由于旧城市街道比较窄，而城市交通量较大，地下管线又较多，使改建工程不仅耗资巨大，而且影响面广，工期相当长，在某种程度上甚至比新建的排水工程更为复杂，难度更大。例如，美国芝加哥市区，若将合流制全部改为分流制，据称需投资22亿美元，为重修因新建污水管道所破坏的道路需延续几年到十几年。因此，将合流制改为分流制往往因投资大、施工困难等原因而较难在短期内做到。

二、保留部分合流管，实行截流式合流制

将合流制改为分流制可以完全控制混合污水对水体的污染，但几乎要改建所有的污水出户管及雨水连接管，要破坏很多路面，需要很长时间，投资也很大。因此，目前合流制管渠系统的改造大多采用保留原有合流制，修建合流管渠截流干管，即改造成截流式合流

制排水管渠系统的方式。这种改造形式交通矛盾少、施工方便、易于实施。但从这种系统的运行情况看,并没有完全杜绝雨天溢流的混合污水对水体的污染。为进一步保护水体,应对溢流的混合污水进行适当的处理。处理措施包括筛滤、沉淀,有时也可加氯消毒后再排入水体。也可建蓄水池或地下人工水库,将溢流的混合污水储存起来,待暴雨过后,再将其抽送入截流干管,进而输送至污水处理厂处理,这样能较彻底地解决溢流混合污水对水体的污染。

三、在截流式合流制的基础上,对溢流的混合污水量进行控制

为减少溢流的混合污水对水体的污染,可结合当地的气象、地质、水体等特点,加强雨水利用工作,增加透水路面;或进行大面积绿地改造,提高土壤渗透系数,即提高地表持水能力和地表渗透能力。

旧合流制排水管渠系统的改造是一项非常复杂的工程,改造措施应根据城市的具体情况,因地制宜,综合考虑污水水质、水量、水文、气象条件、水体卫生条件、资金条件、施工条件等因素,结合城市排水规划,在确保尽可能减少水体污染的同时充分利用原有管渠,实现保护环境和节约投资的双重目标。

学习情境四　排水管渠及附属构筑物

一、排水管渠材料及断面的选择

(一)排水管渠材料的要求

(1)必须具有足够的强度,以承受土压力及车辆行驶造成的外部荷载和内部的水压,以保证在运输和施工过程中不致损坏。

(2)应具有较好的抗渗性能,以防止污水渗出和地下水渗入。若污水从管渠中渗出,将污染地下水及附近房屋基础;若地下水渗入管渠,将影响正常的排水能力,增加排水泵站以及处理构筑物的负荷。

(3)应具有良好的水力条件,管渠内壁应整齐光滑,以减少水流阻力,使排水畅通。

(4)应具有抗冲刷、抗磨损及抗腐蚀的能力,以使管渠经久耐用。

(5)排水管渠的材料,应就地取材,可降低管渠的造价,减少工程投资。

(二)常用的排水管渠及选择

目前,我国城市和工业企业中常用的排水管道有混凝土管、钢筋混凝土管、金属管、沥青混凝土管、陶土管、低压石棉管、塑料排水管等。下面介绍几种常用的排水管渠。

1. 非金属管

(1)混凝土管:以混凝土作为主要材料制成的圆形管材,称为混凝土管(又称素混凝土管)。混凝土管的管径一般小于 450 mm,长度一般为 1 m,用捣实法制造的管长仅为 0.6 m。混凝土管适用于排除雨水和污水,用于重力流管,不承受内压力。管口通常有三种形式,即承插式、企口式和平口式,如图 6-4 所示。

制作混凝土的原料充足,可就地取材,制造价格较低,其设备、制造工艺简单,因此被

(a)承插式

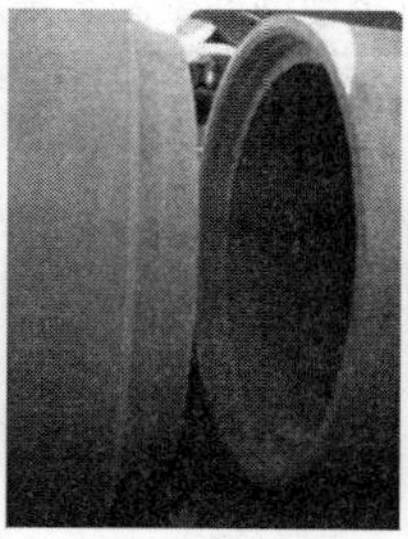
(b)企口式

(c)平口式

图 6-4　混凝土管形式

广泛采用。其主要缺点是:抗腐蚀性能差,耐酸碱及抗渗性能差,同时抗沉降、抗震性能也差,管节短,接头多,自重大。混凝土一般在专门的工厂预制,但也可在现场浇制。混凝土排水管的规格见表 6-4。

表 6-4　混凝土排水管的规格

序号	公称内径(mm)	最小管长(mm)	管最小壁厚(mm)	外压试验(kg/m²)	
				安全荷载	破坏荷载
1	200	1 000	27	1 000	1 200
2	250	1 000	33	1 200	1 500
3	300	1 000	40	1 500	1 800
4	350	1 000	50	1 900	2 200
5	400	1 000	60	2 300	2 700
6	450	1 000	67	2 700	3 200

(2)钢筋混凝土管:当排水管道的管径大于 500 mm 时,为了增强管道强度,通常在混凝土管中加钢筋制成钢筋混凝土管。当管径为 700 mm 以上时,管道采用内外两层钢筋,钢筋的混凝土保护层为 25 mm。钢筋混凝土管适用于排除雨水和污水。当管道埋深较大或敷设在土质条件不良的地段,以及穿越铁路、河流、谷地时,都可以采用钢筋混凝土管。其管径从 500 mm 至 1 800 mm 不等,最大管径可达 2 400 mm,其管长在 1 ~ 3 m。若将钢筋加以预应力处理,便制成预应力钢筋混凝土管,但这种管材使用不多,只有在承受内压较高,或对管材抗弯、抗渗要求较高的特殊工程中采用。

钢筋混凝土管的管口有三种形式:承插式、企口式和平口式。为便于施工,在顶管法施工中常用平口式管。

钢筋混凝土管按照荷载要求,分为轻型钢筋混凝土管和重型钢筋混凝土管,其部分管道规格见表 6-5、表 6-6。

表6-5 轻型钢筋混凝土排水管规格

公称内径(mm)	管体尺寸		套环			外压试验		
	最小管长(mm)	最小壁厚(mm)	填缝宽度(mm)	最小管长(mm)	最小壁厚(mm)	安全荷载(kg/m^2)	裂缝荷载(kg/m^2)	破坏荷载(kg/m^2)
200	2 000	27	15	150	27	1 200	1 500	2 000
300	2 000	30	15	150	30	1 100	1 400	1 800
350	2 000	33	15	150	33	1 100	1 500	2 100
400	2 000	35	15	150	35	1 100	1 800	2 400
450	2 000	40	15	200	40	1 200	1 900	2 500
500	2 000	42	15	200	42	1 200	2 000	2 900
600	2 000	50	15	200	50	1 500	2 100	3 200
700	2 000	55	15	200	55	1 500	2 300	3 800
800	2 000	65	15	200	65	1 800	2 700	4 400
900	2 000	70	15	200	70	1 900	2 900	4 800
1 000	2 000	75	18	250	75	2 000	3 300	5 900
1 100	2 000	85	18	250	85	2 300	3 500	6 300
1 200	2 000	90	18	250	90	2 400	3 800	6 900
1 350	2 000	100	18	250	100	2 600	4 400	8 000
1 500	2 000	115	22	250	115	3 100	4 900	9 000
1 650	2 000	125	22	250	125	3 300	5 400	9 900
1 800	2 000	140	22	250	140	3 800	6 100	11 100

表6-6 重型钢筋混凝土排水管规格

公称内径(mm)	管体尺寸		套环			外压试验		
	最小管长(mm)	最小壁厚(mm)	填缝宽度(mm)	最小管长(mm)	最小壁厚(mm)	安全荷载(kg/m^2)	裂缝荷载(kg/m^2)	破坏荷载(kg/m^2)
300	200	58	15	150	60	3 400	3 600	4 000
350	200	60	15	150	65	3 400	3 600	4 400
400	200	65	15	150	67	3 400	3 800	4 900
450	200	67	15	200	75	3 400	4 000	5 200
500	200	75	15	200	80	3 400	4 200	6 100
650	200	80	15	200	90	3 400	4 300	6 300
750	200	90	15	200	95	3 600	5 000	8 200
850	200	95	15	200	100	3 600	5 500	9 100
950	200	100	18	250	110	3 600	6 100	11 200
1 050	200	110	18	250	125	4 000	6 600	12 100
1 350	200	125	18	250	175	4 100	8 400	13 200

(3)陶土管:又称缸瓦管,是用塑性耐火黏土制坯,经高温焙烧制成的。为了防止在焙烧过程中产生裂缝,应加入耐火黏土(或掺入若干矿砂),经过研细、调和、制坯、烘干等过程制成。在焙烧过程中向窑中撒食盐,其目的在于使食盐和黏土产生化学作用而在管的内外表面形成一种酸性的釉,使管光滑、耐磨、耐腐蚀、不透水,能满足污水管道技术方面的要求,特别适用于排除酸性、碱性废水,在世界各国广泛采用。但陶土管质脆易碎、强度低,不能承受内压,管节短、接口多。管径一般不超过600 mm,因为管径太大,在烧制时易产生变形,难以接合,废品率较高;一般管长在0.8~1.0 m。为保证接头填料和管壁牢固接合,在平口端的齿纹和钟口端的齿纹部分都不上釉。如表6-7所示为部分陶土管规格表。

表6-7　陶土管规格表

序号	管径 D(mm)	管长 L(mm)	管壁厚 Δ(mm)	管重(kg/根)	备注
1	150	0.9	19	25	D = 150 ~ 350 mm,安全内压为29.4 kPa;D = 400 ~ 600 mm,安全内压为19.6 kPa,吸水率为11% ~15%,而耐酸度为95%以上
2	200	0.9	20	28.4	
3	250	0.9	22	45	
4	300	0.9	26	67	
5	350	0.9	28	76.5	
6	400	0.9	30	84	
7	450	0.7	34	110	
8	500	0.7	36	130	
9	600	0.7	40	180	

(4)塑料排水管:具有表面光滑、水力性能好、水力损失小、耐磨蚀、不易结垢、质量轻、加工接口搬运方便、漏水率低及价格低等优点,因此在排水管道工程中广泛应用。塑料排水管可采用硬聚氯乙烯(UPVC)管、聚乙烯(PE)管、高密度聚乙烯(HDPE)管和玻璃纤维增强塑料夹砂(FRPM)管。

2.金属管

金属管质地坚固、强度高、抗渗性能好、管壁光滑、水流阻力小、管节长、接口少,且运输和养护方便。但价格较贵,抗腐蚀性能较差,大量使用会增加工程投资,因此在排水管道工程中一般采用较少。只有在外荷载很大或对渗漏要求特别高的场合下才采用金属管。当排水管穿过铁路、高速公路以及邻近给水管道或房屋基础时,一般都用金属管。通常采用的金属管是铸铁管。

铸铁管的优点是经久耐用,有较强的耐腐蚀性,缺点是质地较脆,不耐震动和弯折,重量较大。连接方式有承插式和法兰式两种。

钢管可以用无缝钢管,也可以用焊接钢管。钢管的特点是耐高压、耐震动、重量较轻、单管的长度大和接口方便,但耐腐蚀性差,采用钢管时,必须涂刷耐腐蚀的涂料并注意绝缘,以防锈蚀。钢管用焊接或法兰连接(见图 6-5)。

图 6-5　法兰连接

此外,在压力管线(如倒虹管和水泵出水管)中或严重流沙、地下水位较高以及地震地区采用金属管材。因金属管材抗腐蚀性差,在用于排水管道工程时,应注意采取适当的防腐措施。

合理选择排水管道,将直接影响工程造价和使用年限,因此排水管道的选择是排水系统设计中的重要问题。主要可从以下三个方面来考虑:一是看市场供应情况;二是从经济上考虑;三是满足技术方面的要求。

在选择排水管道时,应尽可能就地取材,采用易于制造、供应充足的材料。当考虑造价时,不但要考虑管道本身的价格,而且要考虑施工费用和使用年限。例如,在施工条件较差(地下水位高、严重流沙)的地段,如果采用较长的管道可以减少管道接头,可降低施工费用;如在地基承载力较差的地段,若采用强度较高的长管,对基础要求低,可以减少敷设费用。

此外,有时管道在选择时也受到技术上的限制。例如,在有内压力的管段上,必须采用金属管或钢筋混凝土管;当输送侵蚀性的污水或管外有侵蚀性地下水时,则最好采用陶土管。

3. 大型排水沟渠

一般大型排水沟渠断面多采用矩形、拱形、马蹄形等,其形式有单孔、双孔、多孔。建造大型排水沟渠常用的材料有砖、石、混凝土块和现浇钢筋混凝土等。当采用材料时,应尽可能就地取材。其施工方法有:现场砌筑、现场浇筑、预制装配等。一般大型排水沟渠可由基础渠底、渠身、渠顶等部分组成。在施工过程中通常是先现场浇筑管渠的基础部分,然后砌筑或装配渠身部分,渠顶部分一般是预制安装的。此外,建造大型排水沟渠也有全部浇筑或全部预制安装的。

对于大型排水沟渠的选择,除应考虑其受力、水力条件,还应结合施工技术、材料的来源、造价等情况,经分析比较后,确定出适合设计地区的实际情况,既经济又合理的沟渠。由于大型排水沟渠,其最佳过水断面往往显得窄而深,这不仅会使土方工程的单价提高,而且在施工过程中可能遇到地下水或流沙,势必会增加工程中施工的困难。因此,对大型排水沟渠应选用宽而浅的断面形式。表 6-8 为常用管件排水管材种类、优缺点及适用条件,供参考。

表6-8　常用管件排水管材种类、优缺点及适用条件

管材种类	优点	缺点	适用条件
钢管及铸铁管	(1)质地坚固,抗压、抗震性强; (2)每节管较长,接头少	(1)价格高昂; (2)钢材对酸碱的防蚀性较差	适用于受高内压、高外压或对抗渗漏要求特别高的场合,如泵站的进出水管,穿越其他管道的架空管,穿越铁路、河流、谷地等
陶土管(无釉、单面釉、双面釉)	(1)双面釉耐酸碱,抗腐蚀性强; (2)便于制造	(1)质脆,不宜远运,不能受内压; (2)管节短,接口多; (3)管径小,一般不大于600 mm; (4)有的断面尺寸不规则	适用于排除侵蚀性污水或管外有侵蚀性地下水的自流管
钢筋混凝土管及混凝土管	(1)造价较低,耗费钢材少; (2)大多数是在工厂预制,也可现场浇制; (3)可根据不同的内压和外压分别设计制成无压管、低压管、预应力管及轻重型管等; (4)采用预制管时,现场施工期较短	(1)管节较短,接头较多; (2)大口径管重量大,搬运不便; (3)容易被含酸含碱的污水侵蚀	适用于自流管、压力管或穿越铁路(常用顶管施工)、河流、谷地(常做成倒虹管)等;混凝土管适用于管径较小的无压管
塑料管	(1)质量轻,装运方便; (2)耐酸、耐碱,抗腐蚀性强; (3)导热系数小,隔热性能好; (4)内壁光滑,水力条件好	管材强度低,热胀冷缩大	一般土质基础较好、无特殊要求的地区
砖砌沟渠	(1)可砌筑成多种形式的断面,如矩形、拱形、圆形等; (2)抗腐性较好; (3)可就地取材	(1)过水断面长度小于300 mm时不易施工; (2)现场施工时间较预制管长	适用于大型下水道工程

（三）排水管渠断面形式及选择

排水管渠断面形式有圆形、半椭圆形、马蹄形、蛋形、矩形、梯形，分别如图 6-6 ~ 图 6-11所示。

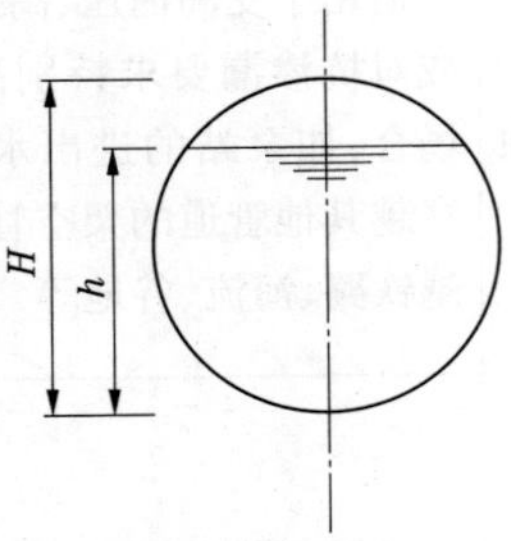

图 6-6　圆形断面

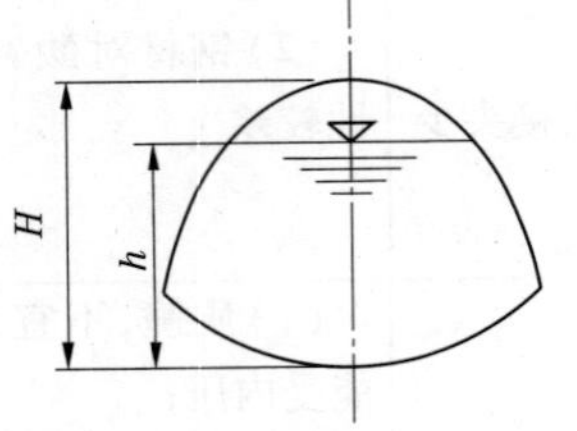

图 6-7　半椭圆形断面

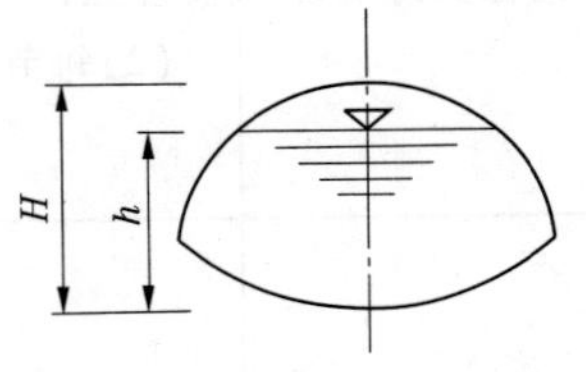

图 6-8　马蹄形断面

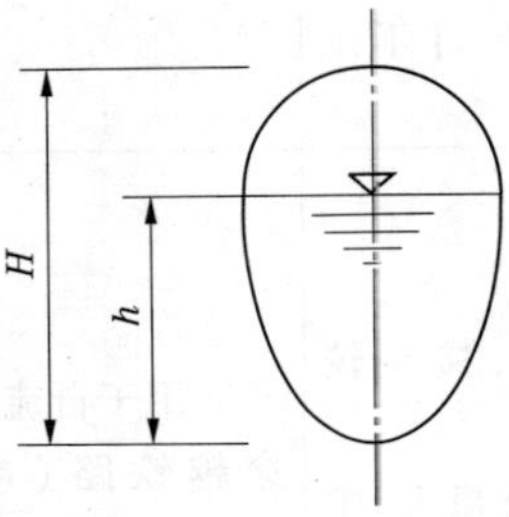

图 6-9　蛋形断面

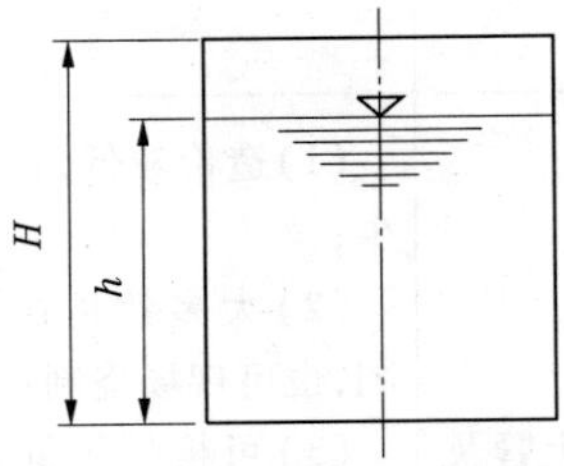

图 6-10　矩形断面

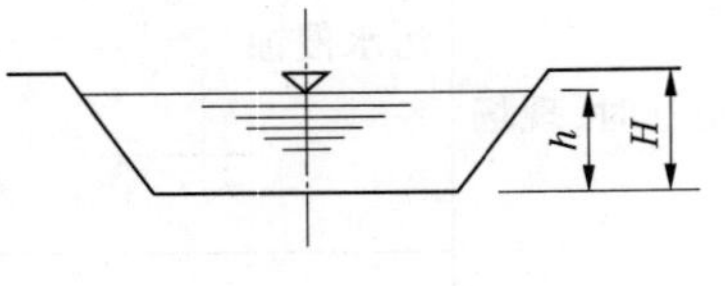

图 6-11　梯形断面

1. 圆形断面

当排水管道直径小于 2 m，并且地质条件较好时，一般情况下，常选用圆形断面。由于该断面水力条件好，与其他形状断面比较，在流量、坡度及管内壁粗糙系数一定的条件下，指定的断面面积具有最大的水力半径和最大的流速。此外，圆形管道的受力条件好，对外力的抵抗能力强，且便于运输、施工及维护管理。同时，圆形管便于预制，使用材料较经济。因此，圆形管在排水工程中被广泛采用。

2. 半椭圆形断面

半椭圆形断面在土压力和活荷载较大时，可以较好地分配管壁压力，因而可以减少管渠的厚度；当污水量无大变化及管渠直径大于 2 m 时，采用此种断面较为合适。

3. 马蹄形断面

此种断面的高度小于宽度，当地质条件较差或地形平坦需减少埋深时，可采用此种断面形式。此外，由于这种断面下部较大，适宜输送流量变化不大的大流量污水。

4. 蛋形断面

该断面由于底部较小，从理论上讲，在小流量时，仍可维持较大的流速，水力条件好，从而可减少淤积。但是，通过对管渠养护、管理的实践证明，此种断面的疏通工作比较困难，亦不便于制作、运输及施工。因此，目前采用较少。

5. 矩形断面

矩形断面形式构造简单，施工方便，适用多种建筑材料建造，并能现场浇制或砌筑，具有使用灵活的特点，可根据需要调整其高度和宽度，以增大排水量。

6. 梯形断面

在明渠排水中常用梯形断面。其形式、结构简单，便于施工，可用多种材料建造。梯形明渠的底宽，一般不应小于 0.3 m，以便于渠道的清淤、维护及管理。当明渠采用砖、石、混凝土块铺砌时，一般采用 1∶0.75 ~ 1∶1的边坡。对于无铺砌的明渠，可根据不同的土质按表 6-9 的要求选用。

表 6-9　梯形明渠土质与边坡

序号	明渠土质	边坡	序号	明渠土质	边坡
1	粉砂	1∶3 ~ 1∶3.5	6	砾石土、卵石土	1∶1.25 ~ 1∶1.5
2	松散细砂、中粗砂	1∶2 ~ 1∶2.5	7	半岩性土	1∶0.5 ~ 1∶1
3	细实的细砂、中砂	1∶1.5 ~ 1∶2	8	风化岩石	1∶0.25 ~ 1∶0.5
4	粗砂、砂质黏土、黏土	1∶1.5 ~ 1∶2	9	岩石	1∶0.1 ~ 1∶0.25
5	砂质黏土、黏土	1∶2.5 ~ 1∶1.5			

在排水管渠断面形式选择时，考虑的主要因素有：管渠的受力情况、水力条件、施工技术、经济造价以及养护管理等。其基本要求是：管渠结构必须要有较好的稳定性，能够抵抗内外压力和地面荷载。水力学方面，在断面面积一定时，应具有最大排水能力，并在一定流速下不产生淤积、沉淀；在养护管理方面，管道断面不易产生淤积，并且易于冲洗；在经济方面，每单位长度的造价应是较低的。

为保证及时有效地收集、输送、排除城市污水及天然降雨，保证排水系统正常的工作，在排水系统上除设置管渠外，还需要在管渠上设置一些必要的构筑物。常用的构筑物有检查井、跌水井、水封井、溢流井、冲洗井、倒虹管、雨水口及出水口等。这些附属构筑物对排水系统的工作有很重要的影响，其中有些构筑物在排水系统中所需要的数量很多，它们在排水系统的总造价中占有相当的比例。例如，为便于管渠的维护管理，应设置检查井，对于污水管道，在直线管段上每隔 50 m 左右需要设置一个。此外，附属构筑物对排水工程的造价及将来的使用影响很大。因此，如何使这些构筑物在排水系统中建造得经济、合理，并能发挥最大的作用，是排水工程设计和施工中的重要课题之一。本学习情境主要介绍这些附属构筑物的有关设置要求，其构造可参阅《给水排水标准图集》。

二、检查井

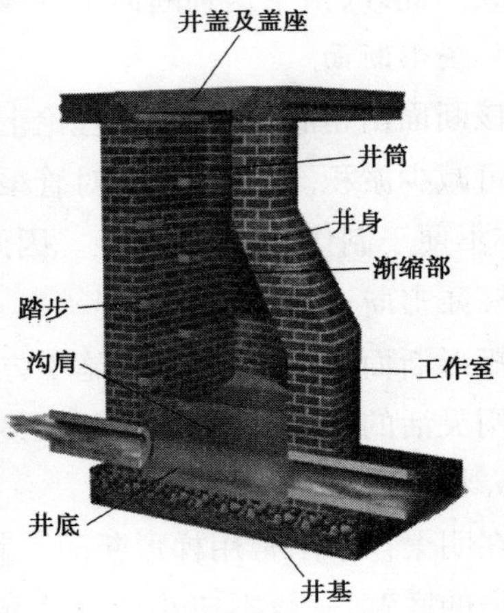

图 6-12　检查井

为了方便对排水管道系统进行定期检修、清通和连接上下游管道，须在管道适当位置上设置检查井，如图 6-12 所示。当管道发生严重堵塞或损坏时，检修人员可以下井疏通和检修。

检修井通常设置在管道的交会、转弯和管径、坡度及高程变化处。在排水管道设计中，检查井在直线管径上的最大间距，可根据具体情况确定，一般情况下，检查井的间距按 50 m 左右考虑。表 6-10 为直线管道上检查井间距，表 6-11 为国内部分城市检查井间距，可供设计时参考。

表 6-10　直线管道上检查井间距

管道类别	管径或暗渠净高(mm)	最大间距(m)	常用间距(m)
污水管道	200 ~ 400	40	20 ~ 30
	500 ~ 700	60	30 ~ 50
	800 ~ 1 000	85	50 ~ 70
	1 100 ~ 1 500	100	65 ~ 80
	1 600 ~ 2 000	120	80 ~ 100
雨水管道、合流管道	200 ~ 400	50	30 ~ 40
	500 ~ 700	70	40 ~ 60
	800 ~ 1 000	90	60 ~ 80
	1 100 ~ 1 500	120	80 ~ 100
	1 600 ~ 2 000	120	100 ~ 120

注：管径或暗渠高于 2 000 mm 时，检查井最大间距可适当增大。

表 6-11　国内部分城市检查井间距

城市	管径(mm)	污水检查井间距(m)	雨水(合流)检查井间距(m)
北京	300 ~ 900	35 ~ 45	35 ~ 45
	1 500 ~ 1 950	70 ~ 80	40 ~ 50
上海		35	35
天津	< 800	30 ~ 40	40 ~ 50
南京		30	30
济南	300	30	30

续表 6-11

城市	管径(mm)	污水检查井间距(m)	雨水(合流)检查井间距(m)
广州	200～1 200	30	30
杭州		50	30～50
沈阳			40
长春	300～600 600～1 000	40 50	40 50
石家庄			40～50
郑州	900	60	50
哈尔滨		40～50	40～50

检查井的井底材料一般采用低等级混凝土，基础采用碎石、卵石、碎砖夯实或低等级混凝土。为使水流流过检查井时阻力小，井底应设连接上下管道的半圆形或弧形流槽，两侧为直壁。污水管道的检查井流槽顶与上下游管道的管顶相平，或与 0.85 倍大管管径处相平。雨水管渠和合流管渠的检查井流槽顶可与 0.5 倍管径处相平。流槽两侧至检查井壁间的地板（称沟肩）应有一定宽度，一般应不小于 20 cm，以便养护人员井下立足，并应有 2%～5% 的坡度坡向流槽，以防止检查井内积水时淤泥沉积。在管道转弯或交会处，流槽中心线的弯曲半径应按转角和管径确定，并且不得小于大管的管径，其目的是使水流畅通。

根据某些城市排水管道的养护经验，为了有利于管渠的清淤，应每隔一定距离（200 m 左右），将井底做成落底为 0.3～0.5 m 的沉积槽。

检查井的井身构造与是否需要工人下井有密切关系。对于不需要下人的浅井，其构造很简单，一般为直壁筒形，井径一般为 500～700 mm；而对于经常要检修的检查井，其井口以大于 800 mm 为宜。在构造上，检查井的井身构造可分为工作室、渐缩部和井筒三部分。工作室是养护时工人进行临时操作的地方，因此不宜过分狭小，其直径不能小于 1 m。其高度在埋深许可时一般采用 1.8 m 或更高，污水检查井由流槽顶算起，雨水（合流）检查井由管底起算。为降低造价，缩小井盖尺寸，井筒直径比工作室小，考虑到工人在检修时出入安全和方便，其直径不应小于 0.7 m。井筒与工作室之间可采用锥形渐缩部连接，渐缩部高度一般为 0.6～0.8 m，另外，也可以在工作室顶偏向出水管道一边加钢筋混凝土盖板梁。为便于工人检查时上下方便，井身在偏向进水管的一边保持直立，并设有牢固性好、抗腐蚀性强的爬梯。

检查井的井盖形式常用圆形，其直径采用 0.65～0.70 m，可采用铸铁或钢筋混凝土材料制造。在车行道上一般采用铸铁井盖和井座，为防止雨水流入，盖顶应略高出地面。在人行道或绿化地带内可采用钢筋混凝土制造的井盖及井座。

合流制管渠上可采用雨水检查井。当排除具有腐蚀性的工业废水时，要采用耐腐蚀性管材和接口，同时要采用耐腐蚀性检查井，即在检查井内做耐腐蚀性衬里（如耐酸陶瓷衬里、耐酸瓷板衬里、玻璃钢衬里等），或采用花岗岩砌筑。

检查井尺寸,应按管道埋深、管径和操作要求确定,详见《给水排水标准图集》。

为了防止检查井渗漏而影响建筑物基础,以及清通方便,要求井中心至建筑物外墙的距离应不小于 3 m,接入检查井的支管数量不宜超过 3 条。

三、跌水井

因地势或其他因素的影响,造成排水管道在某些地段的高程落差。当落差高度为1 ~ 2 m 时,宜设跌水井。跌水井既具有检查井的功能,又具有消能功能,由于水流跌落时具有很大的冲击力,井底要牢固,要设有减速、防冲击消能的设施。

竖管式跌水井如图 6-13 所示。

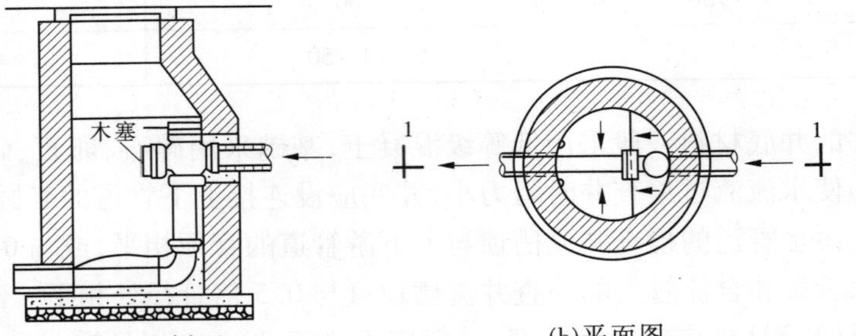

图 6-13　竖管式跌水井

当管道跌水高度在 1 m 以内时,可不设跌水井,只需在检查井井底做成斜坡。通常在下列情形下必须采取跌落措施:

(1)管道垂直于陡峭地形的等高线布置,按照设计坡度露出地面;

(2)支管接入高程较低的干管处(支管跌落)或干管接纳高程较低的支管处(干管跌落,支管是建成的,干管是设计的)。

此外,跌水井不宜设在管道的转弯处,污水管道和合流管道上的跌水井,宜设排气通风管。

有关跌水井的形式及尺寸,详见《给水排水标准图集》。

四、水封井

当工业废水中含有易燃的、能产生爆炸或火灾的气体时,其废水管道系统中应设水封井(见图 6-14),它是一种能起到水封作用的检查井,其形式有竖管式水封井和高差式水封井。水封井应设在生产上述废水的生产装置、储罐区、原料储运场地、成品仓库、容器洗涤车间和废水排出口处,以及适当距离的干管上。

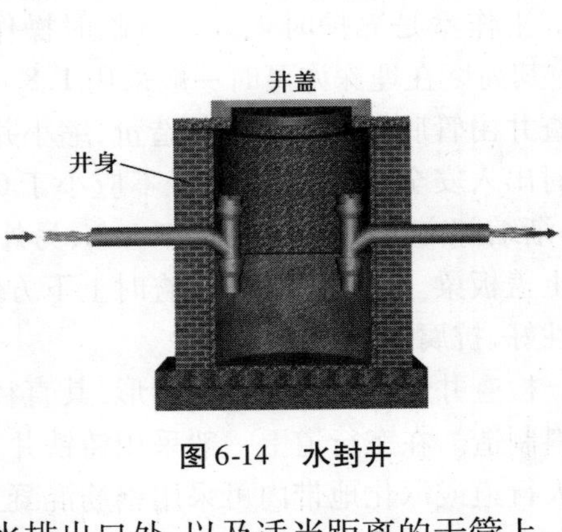

图 6-14　水封井

由于这类管道具有危险性,所以在定线时要注意安全问题,应设在远离明火的地方,不能设在车行道和行人众多的地段。水封深度、管径、流量和污水中含易燃易爆物质的浓度有关，一般在0.25 m左右。井上宜设通风管，井底宜设沉泥槽，其深度一般采用0.5～0.6 m。

五、雨水溢流井

在截流式合流制排水系统中，晴天时，管道中的污水全部送往污水厂进行处理，雨天时，管道中的混合污水仅有一部分送入污水厂处理，超过截流管道输水能力的那部分混合污水不作处理，直接排入水体。因此，在合流管道与截流干管的交会处应设置溢流井，其作用是将超过溢流井下游输水能力的那部分混合污水，通过溢流井溢流排出。因此，溢流井的设置位置应尽可能靠近水体下游，减少排放渠道长度，使混合污水尽快排入水体。此外，最好将溢流井设置在高浓度的工业污水进入点的上游，可减轻污染物质对水体的污染程度。如果系统中设有倒虹管及排水泵站，则溢流井最好设置在这些构筑物的前面。

溢流井形式有截流槽式、跳跃堰式和溢流堰式等。其中最简单的溢流井是在井中设置截流槽，槽顶与截流干管管顶相平，或与上游截流干管管顶相平。当上游来水过多，槽中水面超过槽顶时，超量的水溢入水体。

溢流堰式溢流井是在流槽的一侧设置溢流堰，当流槽中的水面超过堰顶时，进入溢流管道后流入水体。

在半分流制排水系统中，在截留干管与雨水管道的交会处应设跳越堰式溢流井。其作用是当小雨或初雨时，由于雨水流量不大，全部雨水被截流送往污水厂处理；当大雨时，雨水管道中的流量增到一定量后，雨水将越过截流干管，全部雨水直接排入水体。

六、冲洗井

当污水在管道内的流速不能保证自清时，为防止淤积可设置冲洗井（见图6-15）。冲洗井有两种类型：自动冲洗井和人工冲洗井。

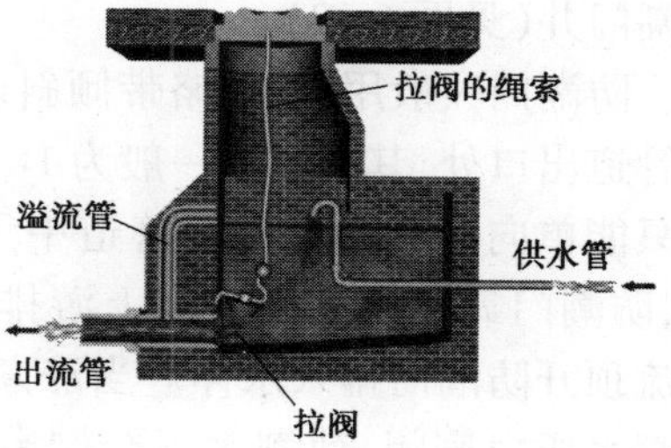

图6-15　冲洗井

自动冲洗井一般采用虹吸式，其构造复杂，且造价很高，目前已很少采用。人工冲洗井的构造比较简单，是一个具有一定容积的检查井。冲洗井的出流管上设有闸门，井内设有溢流管以防止井中水深过大。冲洗水可利用污水、中水或自来水。用自来水时，供水管的出口必须高于溢流管管顶，以免污染自来水。

冲洗井一般适用于管径不大于400 mm的管道中。冲洗管道的长度一般为250 m左右。

七、换气井

换气井（见图6-16）是一种设有通风管的检查井。由于污水中的有机物常在管道中沉积而厌氧发酵，发酵分解产生甲烷、硫化氢、二氧化碳等气体，如与一定体积的空气混合，在明火条件下将会产生爆炸，甚至引起火灾。为了防止此类事件的发生，同时为了保证工人在检修管道时的安全，有时在街道排水管的检查井上设置通风管，使有害气体在住宅管的抽风作用下，随同空气沿庭院管道、出户管及竖管排入大气中。

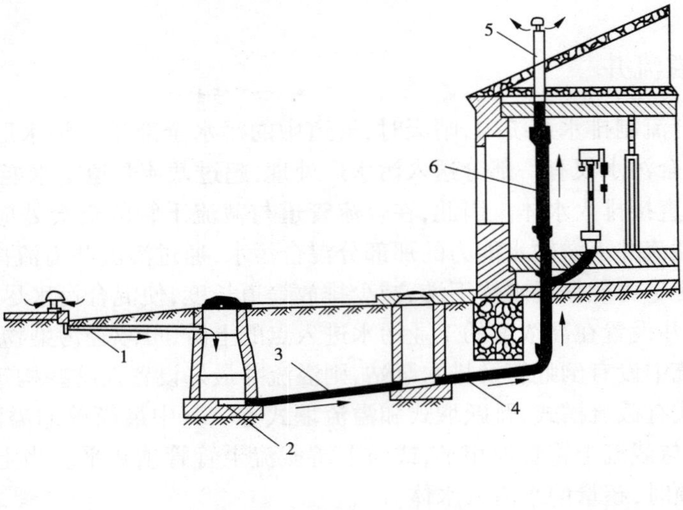

1—通风管；2—街道排水管；3—庭院管；4—出户管；5—透气管；6—竖管

图 6-16　换气井

八、潮门井

临海、临河城市的排水管道，往往会受到潮汐和水体水位的影响。为防止涨潮时潮水或洪水倒灌进入管道，应在排水管道出水口上游的适当位置上设置装有防潮门的检查井，即潮门井（见图 6-17）。

防潮门一般用铁质，略带倾斜地安装在井中上游管道出口处，其倾斜度一般为 1∶10 ~ 1∶20。防潮门只能单向启开。当排水管道中无水或水位较低时，防潮门靠自重密闭。当上游排水管道来水时，水流顶开防潮门排入水体。当涨潮时，防潮门靠下游潮水压力密闭，使潮水不会倒灌入排水管道中。此外，设置了防潮门的检查井井口，应高出最高潮水位或最高河水位，井口应用螺栓和盖板密封，以防止潮水或河水从井口倒灌入市区。为使防潮门工作安全有效，应加强维护和管理工作，经常清除防潮门座上的污物。

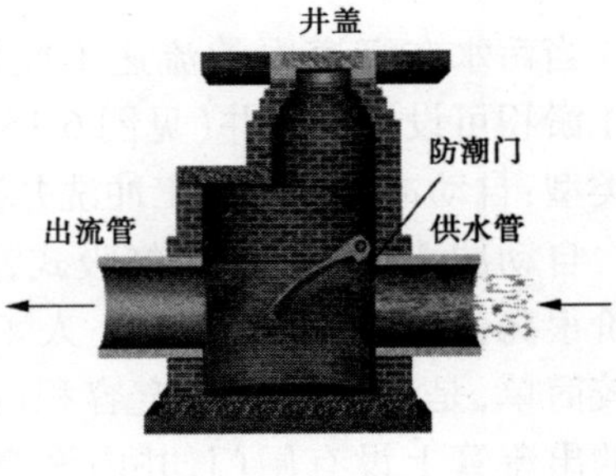

图 6-17　潮门井

九、雨水口

雨水口是设在雨水管道或合流管道上的，用来收集地面雨水径流的构筑物。地面上的雨水经过雨水口和连接管流入管道上的检查井后进入排水管道。

雨水口的设置，应根据道路（广场）情况、街坊以及建筑情况、地形、土壤条件、绿化情况、降雨强度及雨水口的泄水能力等因素决定。

雨水口的设置位置，应能保证迅速有效地收集地面雨水。一般应设在交叉路口、路侧边沟的一定距离处以及设有道路边石的低洼地方,防止雨水漫过道路造成道路及低洼地区积水而妨碍交通。在十字路口处,应根据雨水径流情况布置雨水口。

雨水口不适宜设在道路分水点上、地势较高的地方,以及道路转弯的曲线段、建筑物门口、停车站前及其他地下管线上。

雨水口的形式和设置数量,主要根据汇水面积上产生的径流量的大小和雨水口的泄水能力来决定。在截水点和径流量较小的地方一般设单箅雨水口,在汇水点和径流量较大的地方一般用双箅雨水口,在汇水距离较长、汇水面积较大的易积水地段常需设置三箅或选用联合式雨水口,在立交桥下道路最低点一般要设十箅左右。

雨水口设置间距,应考虑道路纵坡和道路边石的高度。道路上雨水口的间距一般为25～50 m(视汇水面积大小而定)。在个别低洼和易于积水地段,应根据需要适当增加雨水口。

雨水口按进水箅在街道上的设置位置可分为边沟雨水口、侧石雨水口和联合式雨水口。

边沟雨水口的进水箅是水平的,一般宜低于路面30～50 mm,箅条与水流方向平行。该雨水口适用于道路坡度较小、汇水量较小的路面上,其泄水能力按20 L/s计算。如汇水量较大,可采用双箅雨水口或多箅雨水口,双箅雨水口的泄水能力按30 L/s计算。

侧石雨水口的进水箅设在道路的侧边石上,箅条与雨水流向呈正交,该雨水口适用于箅条间隙容易被树叶等杂物堵塞的地方。侧石雨水口泄水能力按20 L/s计算。

联合式雨水口是在道路边沟底和侧边石上都安放进水箅,适用于汇水量较大、箅条容易堵塞的地方。联合式雨水口泄水能力可按30 L/s计算。为了提高雨水口的进水能力,扩大进水箅的进水面积、保证进水效果,目前,我国许多城市已采用双箅联合式或三箅联合式雨水口。

雨水口从构造上可由进水箅、连接管和井身三部分组成。

雨水口底部根据泥沙量的大小,可做成无沉泥井或有沉泥井的形式。

当道路的路面较差,地面上积秽很多或菜市场等地方,泥沙、石屑等污染物容易随水流入雨水口时,为避免这些污染物进入管道而造成堵塞,常设置沉泥井式雨水口截留进入雨水口的粗重杂质。为保证发挥其作用,对设有沉泥井的雨水口需要及时清除井底的截留物,否则不但失去截留作用,而且可能散发臭味。清掏方法可使用手动污泥夹、小型污泥装载车;也可使用抓泥车和吸泥车,其清掏积泥的效率更高。

此外,设有沉泥井的雨水口,井底积水是蚊虫滋生的地方,天暖多雨的季节要定时加药。

雨水口以连接管与街道排水检查井相连。连接管管径应根据箅数及泄水量由计算确定。连接管的最小管径一般为200 mm,连接管坡度一般不小于1%,雨水连接管的长度一般不宜大于25 m,连接管串联雨水口的个数不宜超过3个。

当街道排水管道的直径大于800 mm时,也可在连接管与排水管道连接处不另设检查井,而设连接暗井。

十、倒虹管

排水管道有时会不可避免地穿越障碍物，如穿过河道、铁路等设施，管道不能按原有坡度埋设，而是以下凹的折线方式从障碍物下通过，这种管道称为倒虹管（见图6-18）。

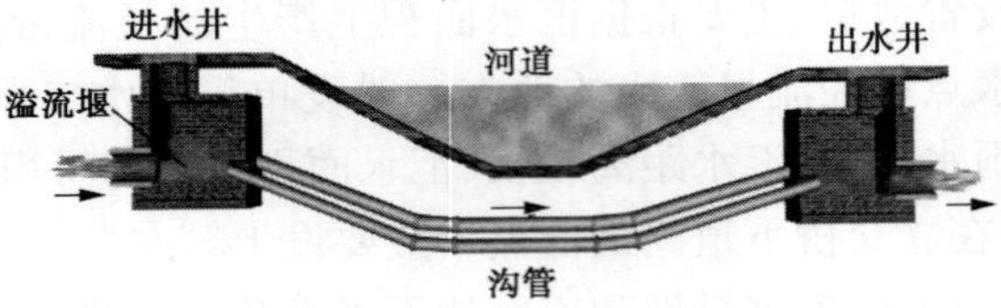

图6-18　倒虹管

倒虹管由进水井、管道及出水井三部分组成。倒虹管井应布置在不被洪水淹没处，必要时可考虑排气设施。

在进行倒虹管设计时应注意以下几方面：

（1）确定倒虹管的路线时，应尽可能与障碍物正交通过，以缩短倒虹管的长度，并应符合与该障碍物相交的有关规定；

（2）选择河道地质条件好的地段、不易被水冲刷地段及埋深小的部位敷设；

（3）穿过河道的倒虹管一般不宜少于两条，当近期水量不能达到设计流速时，可使用其中的一条，暂时关闭一条。穿过小河、旱沟和洼地的倒虹管，可敷设一条工作管道。穿过特殊重要构筑物（如地下铁道）的倒虹管，应敷设三条管道，其中两条工作，一条备用。

（4）倒虹管一般采用金属管或钢筋混凝土管，管径一般不小于200 mm。倒虹管水平管的长度应根据穿越物的形状和远景发展规划确定，水平管的管顶距规划的河底一般不宜小于0.5 m，通过航运河道时，应与当地航运管理部门协商确定，并设有标志。遇到冲刷河床，应采取防冲措施。

（5）当倒虹管采用复线时，其中的水流用溢流堰自动控制，或用闸门控制。当流量不大时，井中水位低于堰口，污水从小管中流至出水井；当流量大于小管的输水能力时，井中水位上升，管渠内水就溢过堰口，通过大管同时流出。

由于倒虹管的清通比一般管道困难得多，因此在设计时可采取以下措施来防止倒虹管内污水的淤积。

（1）提高倒虹管内的设计流速。一般设计流速采用1.2～1.5 m/s，在条件困难时，可适当降低，但不宜小于0.9 m/s，且不得小于上游管道内的流速。当流速达不到0.9 m/s时，应采取定期冲洗措施，但冲洗流速不得小于1.2 m/s。

（2）为防止污泥在管内淤积，折管式倒虹管的下行管、上行管与水平管的夹角一般不大于30°。

（3）在进水井或靠近进水井的上游管道的检查井底部设沉泥槽，直管式倒虹管的进出水井中也应设沉泥槽，一般井底落底为0.5 m。

（4）进水井应设事故排出口，当需要检修倒虹管时，使上游废水通过事故排出口直接排入水体。如因卫生要求不能设置，则应设备用管线。

(5)当用合流制管道设置倒虹管时,应按旱流污水量校核流速。

污水在倒虹管内的流动是依靠上、下游管道中的水位差(进、出水井的水面高差)进行的,该高差用来克服污水流经倒虹管时的阻力损失。

在计算倒虹管时,应计算管径和全部阻力损失值,要求进水井和出水井间水位高差稍大于全部阻力损失值,其差值一般取 0.05 ~ 0.10 m。

十一、管桥

当排水管道穿过谷地时,可不改变管道的坡度,采用栈桥或桥梁承托管道,这种设施称为管桥(见图 6-19)。管桥比倒虹管易于施工,检修维护方便,且造价低,其建设应取得城市规划部门的同意。管桥也可作为人行桥,无航运的河道可考虑采用,但只适用于小流量污水。

图 6-19　管桥

管道在上桥和下桥处应设检查井,通过管桥时,每隔 40 ~ 50 m 应设检修口。在上游,检查井应设有事故排放口。

十二、出水口

排水管渠出水口是设在排水系统终点的构筑物,污水由出水口向水体排放。出水口的位置形式和出水口流速,应根据出水水质、水体的流量、水位变化幅度、水流方向、下游用水情况、稀释和自净能力、波浪状况、岸边变迁(冲淤)情况和夏季主导风向等因素确定,并要取得当地卫生主管部门和航运管理部门的同意。

当在较大的江河岸边设置出水口时,应与取水构筑物、游泳区及家畜饮水区有一定的卫生防护距离,并要注意不能影响下游城市居民点的卫生和饮用。

当在城市河流的桥、涵、闸附近设置雨水出水口时,应选其下游,同时要保证结构条件、水力条件所需的距离。

当在海岸设置污水出水口时，应考虑潮位的变化、水流方向、主导风向、波浪情况、海岸和海底高程的变迁情况、水产情况、是否是风景游览区及游泳区等，选择适当的位置和形式，以保证出水口的使用安全，不影响水产、水运，保持海岸附近地带的环境卫生。

出水口设在岸边的称为岸边式出水口。为使污水与河水较好混合，同时避免污水沿滩流泻造成环境污染，污水出水口一般采用淹没式，即出水管的管底标高低于水体的常水位。淹没式出水口分为岸边式出水口和江心分散式出水口两种。出水口与河道连接处一般设置护坡或挡土墙，以保护河岸、固定管道出口管的位置，底板要采取防冲加固措施。

江心分散式出水口如图 6-20 所示。

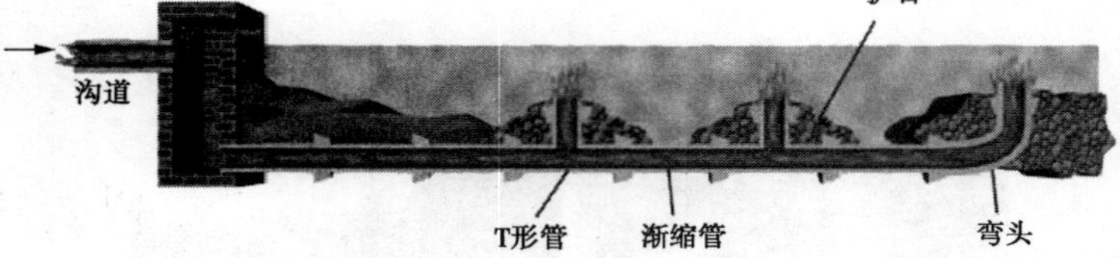

图 6-20　江心分散式出水口

思考题

1. 在排水管渠系统中，为什么要设置检查井？试说明其设置及构造。
2. 跌水井的作用是什么？常用跌水井有哪些形式？
3. 雨水口是由哪几部分组成的？有几种类型？试说明雨水口的作用、布置形式及各种形式下雨水口的适用条件。
4. 在什么条件下，可考虑设置倒虹管？倒虹管设计时应注意哪些问题？
5. 常用出水口有哪几种形式？各种形式出水口适用哪些条件？

习　题

1. 试比较分流制与合流制的优缺点。
2. 试述合流制管渠的特点和使用场所。
3. 你认为小区排水系统宜采用分流制还是合流制？为什么？
4. 为什么旧合流制排水系统的改造具有必要性，如何进行改造？
5. 合流制排水管渠溢流井上、下游管渠的设计流量计算有何不同？如何合理确定截流倍数？

单元七　给水排水管网管理与维护

【知识目标】

1. 了解给水排水管网日常管理工作；
2. 掌握管网技术资料的组成以及管理；
3. 熟悉给水管网检漏方法，排水管网的清通、修理内容。

【能力目标】

1. 学生能够掌握给水管网的检漏方法，排水管网的清通方法；
2. 初步学会排水管渠修理的内容。

学习情境一　给水排水管网的技术资料管理

给水排水管网档案主要是工程技术档案，是为了系统地积累施工技术资料，总结经验，并为各项管道工程交工使用、维护管理和改建扩建提供依据。因此，施工单位应从工程准备开始就建立工程技术档案，汇集整理有关资料，并贯穿于整个施工过程，直至交工验收后结束。

凡是列入技术档案的技术文件、资料，都必须如实反映情况，并有有关人员的签证，不得擅自修改、伪造和事后补做。

工程技术档案的主要内容因保存单位不同可分为以下几种。

一、提供给建设单位保存的技术资料

(1)竣工工程项目一览表；
(2)图纸会审记录、设计变更通知书、技术核定书及竣工图等；
(3)隐蔽工程验收记录(包括水压试验、灌水试验、测量记录等)；
(4)工程质量检验记录及质量事故的发生和处理记录、监理工程师的整改通知单等；
(5)规范规定的必要的试验、检验记录；
(6)设备的调试和试运行记录；
(7)由施工单位和设计单位提出的工程移交及使用注意事项文件；
(8)其他有关该项工程的技术资料。

二、由施工单位保存和参考的技术资料档案

(1)工程项目及开工报告；
(2)图纸会审记录及有关工程会议记录，设计变更及技术核定单；
(3)施工组织设计和施工经验总结；
(4)施工技术、质量、安全交底记录及雨季施工措施记录；

(5)分部分项和单位工程质量评定表、重大质量、安全事故情况分析及其补救措施和处理文件；

(6)隐蔽工程验收记录及交竣工证明书；

(7)设备及系统试压、调试和试运行记录；

(8)规范要求的各种检验、试验记录；

(9)施工日记；

(10)其他有关施工技术管理资料及经验总结。

三、供水部门日常管理维护的资料

(1)管网平面图，图中表明管线、泵站、阀门、消火栓等的位置和尺寸，可根据城市大小，一个区或一条街道绘制一张平面图。

(2)管线详图，注明干管、支管和接户管的位置、直径、埋深以及阀门等的具体布置。

(3)管线穿越铁路、公路和河流的构筑物详图。

(4)阀门和消火栓记录资料，包括型号、安装年月、地点、口径、检修记录等。

(5)管道检漏、防腐及清洗记录。

工程技术档案是永久性保存文件，应严加管理，不能遗失和损坏。人员调动，必须办理交接手续。

学习情境二　给水管网的日常管理

一、给水管网的监测与检漏

(一)管网的监测与检漏

监测是利用各种手段得到管网运行的参数。通过对这些参数的分析来判断管网的运行状态。

检漏工作是降低管线漏水量、节约用水量，降低成本的重要措施。漏水量的大小与给水管网的材料质量、施工质量、日常维护工作、管网运行年限、管网工作压力等因素有关。管网漏水不仅会提高运行成本，还会影响附近的其他设施的安全。

水管漏水的原因很多，如管网质量差或使用过久而破损；施工不良、管道接口不牢、管基沉陷、支座(支墩)不当、埋深不够、防腐不规范等；意外事故造成管网的破坏；维修不及时；水压过高等都会导致管网漏水。

检漏的方法有很多，如听漏法、直接观察法、分区检测法、间接测定法等。

1. 听漏法

听漏法是常用的检漏方法，它是根据管道漏水时产生的漏水声或由此产生的震荡，利用听漏棒、听漏器以及电子检漏器等仪器进行管道渗漏的测定。

听漏工作为了避免其他杂音的干扰，应选择在夜间进行。使用听漏棒时，应将其一端放在地面、阀门或消火栓上，可从棒的另一端听漏水声。这种方法与操作人员的经验有很大的关系。

半导体检漏仪是比较好的检漏工具。它是一种高频放大器,利用晶体探头将地下漏水的低频振动转化为电信号,放大后即可在耳机里听到漏水声,也可从输出电表的指针摆动看出漏水的情况。检漏器的灵敏度很高,但杂音亦会放大,故而有时判断起来也有困难。

2. 直接观察法

直接观察法是从地面上观察管道的漏水迹象。遇到下列情况之一,可作为查找漏水点的依据:地面上有"泉水"出露,甚至呈明显的管涌现象;铺设时间不长的管道,管沟回填土的局部下塌速度比别处快;周围地面都是干土,只有唯一一处是潮土;柏油路面发生沉陷现象;干旱区域的地面上,沿管子方向青草长得茂盛等。此方法简单易行,但比较粗略。

3. 分区检测法

分区检测法是先将整个给水管网分成若干小区,凡与其他小区相通的阀门全部关闭,小区内暂停用水,然后开启装有水表的进水管上的阀门,如若小区内的管网漏水,水表指针将会转动,由此可读出漏水量。查明小区内管道漏水后,可按需要逐渐缩小检漏范围。

4. 间接测定法

间接测定法是利用测定管线的流量和节点的水压来确定漏水点,漏水点的水力坡降线有突然下降的现象。

检漏的方法是多种多样的,在工程实践中我们可以根据不同的情况,采取相应的检漏措施。

(二)管道水压和流量测定

在管网运行过程中为了更好地了解管网中运行参数的变化,通常需要对某些管道进行水压和流量的测定。

1. 压力测定

在水流呈直线的管道下方设置导压管,注意导压管应与水流方向垂直。在导压管上安装压力表即可测出该管段水压值。

常用的压力表是弹簧管压力表,其工作原理是:弹簧管作为测量元件,它的一端固定在支持器上,另一端为自由端,是封闭的,自由端借连杆和扇形齿轮相连。扇形齿轮和中心齿轮啮合,它们组成传动放大机构。在中心齿轮的轴上装着指针和螺旋形的游丝,游丝的作用是保证齿轮的啮合紧密。此外,还有电接点压力表,它装有电接点,当被测压力超过给定的范围时,会发出电信号,既可用于远程控制,也可用于双位控制。

2. 流量的测定

流量测定的设备较多,在此我们简单介绍三种。

1)差压流量计

差压流量计是基于流体流动的节流原理,利用液体流经节流装置时产生的压力差实现流量的测定。它由节流装置、压差引导管和压差计三部分组成。节流装置是差压流量计的测量元件,装在管道里造成液体的局部收缩。

2)电磁流量计

电磁流量计的测量原理是法拉第电磁感应定律,即导电液体在磁场中做切割磁力线运动时,导体中产生感生电动势。测量流量时,液体流过垂直于流动方向的磁场,导电性液体的流动感应出一个与平均流速成正比的电压,因此要求被测流动液体要有最低限度的导电率,其感生电压信号通过两个与液体直接接触的电极检出,并通过电缆传送至放大器,然后转换为统一输出的信号。这种测量方式具有如下优点:测量管内无阻流件,因而无附加压力损失;由于信号在整个充满磁场的空间中形成,它是管道截面上的平均值,因此从电极平面至传感器上游端平面间所需直管段相对较短,长度为5倍的管径;只有管道衬里和电极与被测液体接触,因此只要合理选择电极及衬里材料,即可达到耐腐蚀、耐磨损的要求;传感器信号是一个与平均流速成精确线性关系的电动势;测量结果与液体的压力、温度、密度、黏度、电导率(不小于最低电导率)等物理参数无关,测量精度高,工作可靠。

3)超声波流量计

超声波流量计是利用超声波传播原理测量圆管内液体流量的仪器。探头(换能器)贴装在管壁外侧,不与液体直接接触,其测量过程对管路系统无任何影响,使用非常方便。

仪表分为探头和主机两部分。使用时将探头贴装在被测管路上,通过传输电缆与主机连接。使用键盘将管路及液体参数输入主机,仪表即可工作。PCL型超声波流量计采用先进的“时差”技术,高精度地完成电信号的测量,以独特技术完成信号的全自动跟踪、雷诺数及温度自动补偿。电路设计上充分考虑了复杂的现场,从而保证了仪表的精确、可靠性。

二、给水管道的防腐与修复

管道外部直接与大气和土壤接触,将产生化学和电化腐蚀。为了避免和减少这种腐蚀,对与空气接触的管道外部可涂刷防腐涂料,对埋地管道可设置防腐绝缘层或进行电化保护。

(一)管道防腐

1.涂料防腐

涂料俗称“油漆”,是指以天然漆和植物油为主体所组成的混合液体。随着化学工业的不断发展,油漆中的油料,部分或全部被合成树脂所取代,再叫“油漆”已不够准确,现称为有机涂料,简称涂料。

(1)管道表面的处理。管道表面往往有锈层、油类、旧漆膜、灰尘等,涂漆前对管道表面要进行很好的处理,否则会影响漆膜的附着力,使新涂的漆膜很快脱落,达不到防腐的目的。

①手工处理。用刮刀、锉刀、钢丝刷或砂纸等将管道表面的锈层、氧化皮、铸砂等除掉。

②机械处理。采用机械设备处理管道表面或压缩空气喷石英砂(喷砂法)吹打管道表面的锈层、氧化皮、铸砂等将污物除掉。喷砂法比手工处理和机械处理效果好,管道表面经喷打后呈粗糙状,能增强漆膜的附着力。

③化学处理。用酸洗法清除管道表面的锈层、氧化皮。采用浓度为10%～20%,温度为18～60 ℃的稀硫酸溶液,浸泡管道15～60 min。为了酸洗时不损害管道,在酸溶液

中加入缓蚀剂。酸洗后要用清水洗涤，并用 5% 的碳酸钠溶液进行中和，然后用热水冲洗。

④旧漆膜的处理。在旧漆膜上重新涂漆时，可视旧漆膜的附着情况，确定是否全部清除或部分清除。如旧漆膜附着很好，刮不掉可不必清除；如旧漆膜附着不好，必须全部清除重新涂刷。

（2）涂料施工。涂料施工的程序：第一层底漆或防锈漆，直接涂在管道的表面上与管道表面紧密结合，是整个涂层的基础，它起到防锈、防腐、防水、层间结合的作用；第二层面漆（调和漆或磁漆），是直接暴露在大气表面的防护层，施工应精细，使管道获得所需要的色彩；第三层罩光清漆，有时为了增强涂层的光泽和耐腐蚀能力等，常在面漆上面再涂一层或几层罩光漆。

涂漆方法应根据施工的要求、涂料的性能、施工条件、设备情况进行选择。涂漆方法的选择将影响漆膜的色彩、光亮度、使用寿命。常用的涂漆方法有手工涂刷、空气喷涂等。目前，涂漆的方法是以机械化、自动化逐步代替手工操作的，特别是涂料工业正朝着有机高分子合成材料方向发展。涂漆方式及设备也必须朝着节约涂料、提高劳动生产率、改善劳动条件、清除操作人员职业病的方向努力革新。

2. 埋地管道的防腐

目前，我国埋地管道的防腐，主要是采用沥青绝缘防腐，对一些腐蚀性高的地区或重要的管线，也可采取电化保护防腐措施。当埋地管道穿越铁路、公路、河流、盐碱沼泽地、山洞等地段时，一般采用加强防腐，穿越电气铁路的管道需采用特加强防腐。

埋地管道沥青绝缘防腐层结构如表 7-1 所示。

表 7-1　埋地管道沥青绝缘防腐层结构

防腐措施	防腐层结构	每层沥青厚度（mm）	总厚度不小于（mm）
普通防腐	沥青底漆—沥青 3 层、中间夹玻璃布 2 层—塑料布	2	6
加强防腐	沥青底漆—沥青 4 层、中间夹玻璃布 3 层—塑料布	2	8
特加强防腐	沥青底漆—沥青 5 层或 6 层、中间夹玻璃布 4 层或 5 层—塑料布	2	10 或者 12

注：（1）沥青底漆（冷底子油）：为增强沥青和管道表面的黏结力，在涂沥青绝缘层前需先刷一层沥青底漆。它是用和沥青绝缘层同类的沥青及不含铅的车用汽油或工业溶剂汽油按 1∶2.5～1∶3.0（体积比）调配而成的，其比重为 0.8～0.82。

（2）沥青：管道绝缘防腐用沥青一般是石油建筑沥青或专用石油沥青，都属于低蜡沥青，含蜡在 3% 以下。为了提高沥青的强度，也可采用加矿物填料（石灰石粉、高岭土、滑石粉等）的办法，沥青绝缘层应具有热稳定性、足够的强度和耐寒性。

（3）玻璃布：为沥青绝缘层的中间加强包扎材料，可提高绝缘层的强度和稳定性。用于管道绝缘防腐的玻璃布，有无纺布、定长纤维布，目前多采用连续长纤维布，要求玻璃布含碱量为 12% 左右（中碱性）。

（4）塑料布：为沥青绝缘层的外包材料，可增强绝缘层的强度、热稳定性、耐寒性，防止绝缘层机械损伤和日晒变形。目前均采用聚氯乙烯工业或农业用薄膜。为了适应冬季施工的需要，可采用地下管道绝缘防腐专用聚氯乙烯薄膜。

施工步骤与方法：

(1)管道表面除锈和去污；

(2)将管道架起，将调配好的冷底子油在 20 ~ 30 ℃时，用漆刷涂刷在除锈后的管道表面上，涂层要均匀，厚度为 0.1 ~ 0.15 mm。

(3)将调配好的沥青玛琋脂，在 60 ℃以上时用专用设备向管道表面浇洒，同时管以一定速度旋转，浇洒设备沿管线移动，在管表面均匀浇上一层沥青玛琋脂。

(4)若浇洒沥青玛琋脂设备能起吊、旋转，宜在水平浇洒沥青玛琋脂后，再用漆刷平摊开来；如不能，则只能用漆刷涂刷沥青玛琋脂。

(5)最内层的沥青玛琋脂，采用人工或半机械化涂刷时，应分两层，每层厚度为 1.5 ~ 2.0 mm，涂层应均匀、光滑。

(6)用矿棉纸油毡或浸有冷底子油的玻璃丝布制成的防水卷材，应呈螺旋形缠绕在热沥青玛琋脂层上，相互搭接的压头宽度不小于 50 mm，卷材纵向搭接长度为 80 ~ 100 mm，并用热沥青玛琋脂将接头黏合。

(7)缠包牛皮纸或缠包没有涂冷底子油的玻璃丝布时，每圈之间应有 15 ~ 20 mm 的搭边，前后搭接长度不得小于 100 mm，接头处用冷底子油或热沥青玛琋脂黏合。

(8)当管道外壁做特加强防腐层时，两道防水卷材宜反向缠绕。

(9)涂抹热沥青玛琋脂时，其温度应保持在 160 ~ 180 ℃，当施工环境气温高于 30 ℃时，其温度可降至 150 ℃。

(10)普通、加强和特加强防腐层的最小厚度分别为 3 mm、6 mm 和 9 mm，其厚度偏差分别为 -0.3 mm、-0.5 mm 和 -0.5 mm。

(二)刮管涂料

输水管如事先没有做内衬，运行一定时间后管道内壁就会产生锈蚀并结垢，有时甚至可使管径缩小 1/2 以上，极大地影响管道送输水的能力并且会造成水有铁锈味或出现黑水，使水质变坏，严重时不能饮用。为恢复其输水能力，改善水质，就需根据结垢情况进行管线清垢工作。

1. 人工清管器

对小口径(*DN*50 以下)水管内的结垢清除，如结垢松软，一般用较大压力的水对管道进行冲洗。当管道管径稍大(*DN*75 ~ *DN*400)、结垢为坚硬沉淀物时，就需要用由拉耙、盆形钢丝轮、钢丝刷等组成的清管器，用 0.5 t 的卷扬机和钢丝绳在管道内将其来回拖动，把结垢铲除，再用清水冲洗干净，最后放入钝化液，使管壁形成钝化膜，这样既达到除垢目的，又延长了管道的使用寿命。

2. 电动刮管机

对于口径在 *DN*500 以上的管道可采用电动刮管机。电动刮管机主要由密封防水电机、齿轮减速装置、链条、榔头及行走动力机构组成。它通过旋转的链条带动榔头锤击管壁，把垢体击碎下来。

整个刮管涂料的工序包括刮管、除垢、冲洗、排水、喷涂等五道工序，通常由配套的刮管机、除垢机、冲洗机、喷浆机以及其他的辅助设备来完成。

施工时，要求管道在相距 200 ~ 400 m 直管处开挖工作坑，作为机械进出口。涂料采用水泥砂浆，只要管壁无泥巴、无积垢，管内无大片积水区，即可进行。

以上刮管加衬方法，特点是不用大面积挖沟就能分段把水管清理干净，极大地恢复了输水能力，减小了水头阻力。砂浆层呈环状附着在管壁上，有相当的耐压力，当管外壁已锈蚀有微小穿孔时，砂浆层仍完好无损，可照常输送 0.3 MPa 的有压水。

3. 聚氨酯和橡皮刮管器

聚氨酯和橡皮刮管器是一种用聚氨酯做成的刮管器，外形像一枚炸弹，在其表面镶嵌若干个钢质钉头，它不用钢丝绳拖拉，用发射器送入管中，仅靠刮管器前后压差就可推动其前进，同时表面的铁钉可将结垢清除下来；还有一种用铁骨架外包环状硬橡皮轮，也是用发射器将其送入管内，仪器往前走把结垢清除掉，它的特点是刮管器内装有警报信息装置，它在管内走到哪里，在地面上用接收器都可知道，即使卡在管中也很容易探测到方位，以便采取相应的措施进行处理。

凡结垢清理完毕的管道必须做衬里，否则其锈蚀速度比原来发展更快。对于小口径的地下管道，如果想在地下涂水泥砂浆则比较困难，而用聚氨酯或其他无毒塑料制成的软管做成衬里则可以一劳永逸。其方法是：先将软管送入清洗过的管道中，平拉铺直，然后利用原来管道上的出水口，例如接用户卡子或者消火栓等作为排气口。此时要设法向软管内冲水，同时把卡子或消火栓打开，排出管壁与软管之间的空气，向软管冲水与打开消火栓等排气要同时进行，这时软管就会撑起，很好地贴在管壁上。这样原来管道就相当于外壁是钢或铸铁内镶塑料的复合管道。

三、给水管道的水质管理和供水调度

（一）水质管理

给水管道的水质管理是整个给水系统管理的重要内容，因为它直接关系人民的身体健康和工业产品的质量。符合饮用水标准的水进入管网要经过长距离输送到达用户，如果管网本身管理不善，会造成二次污染，将难以满足用户对水质的要求，甚至可能导致饮用者患病乃至死亡、产品不合格等重大事故。所以，加强给水管道管理，是保证水质的重要措施。

1. 影响给水管道水质变化的主要因素

给水管道系统中化学和生物的反应给水质带来了不同程度的影响，导致管道内水质二次污染的主要因素有水源水质、给水管道的渗漏、管道的腐蚀和管壁上金属的腐蚀、储水设备中残留或产生的污染物质、消毒剂与有机物和无机物质间的化学反应产生的消毒副产物、细菌的再生长和病原体的寄生、由悬浮物导致的混浊度等。另外，水在管道中停留的时间过长也是影响水质的一个主要原因。在管道中，可以从不同的水源通过不同的时间和管线路径将水输送给用户，而水的输送时间与管道内水质的变化有着密切关系。

给水管道系统内的水受外界的影响产生的二次污染也不能忽视。由于管道漏水、排水管或排气阀损坏，当管道降压或失压时，水池废水、受污染的地下水等外部污水均有可能倒流入管道，待管道升压后就送到了用户；用户蓄水的屋顶水箱或其他地下水池未定期清洗，特别是人孔未盖严，致使其他污物进入水箱或水池；管道与生产供水管道连接不合理；管道错接等原因都可引起局部或短期水质恶化或严重恶化。

在卫生部颁发的《生活饮用水卫生标准》(GB 5749—2006)和《生活饮用水输配水设备及防护材料的安全性评价标准》(GB/T 17219—1998)中,规定供水单位必须负责检验水源水、净化构筑物出水、出厂水和管网水的水质,应在水源、出厂水和居民经常用水点采样。城市供水管网的水质检验采样点数,一般应按每 2 万供水人口设一个采样点计算。当供水人口超过 100 万时,按上述比例计算出的采样点数可酌量减少;当供水人口在 20 万以下时,应酌量增加。在全部采样点中,应有一定的点数,选在水质易受污染的地点和管网系统陈旧部分的供水区域。在每一采样点上,每月采样检验应不少于 2 次,细菌学指标、混浊度和肉眼可见物为必检项目。其他指标可根据当地水质情况和需要选项。对水源水、出厂水和部分有代表性的管网末端水,至少每半年进行一次常规检验项目全分析。当检测指标连续超标时,应查明原因,采取有效措施,防止对人体健康造成危害。凡与饮用水接触的输配水设备、水处理材料和防护材料,均不得污染水质,出水水质必须符合《生活饮用水卫生标准》(GB 5749—2006)的要求。

水在加氯消毒后,氯会与管材发生反应,特别是在老化和没有保护层的铸铁管和钢管中,由于铁的腐蚀或者生物膜上的有机质氧化,会消耗大量的氯气,管道中的余氯会产生一定的损失。此类反应的速率一般很高,氯的半衰期会减少到几小时,并且它会随着管道的使用年数增长和材料的腐蚀而不断加剧。

氯化物的衰减速度比自由氯要慢一些,但同样会产生少量的氯化副产物。但是,在一定的 pH 和氯氨存在的条件下,氯氨的分解会生成氮,可能会导致水的富营养化。目前已经有方法来处理管道系统中氯损失率过大的问题。首先,可以使用一种更加稳定的化合型消毒物质,例如氯化物;其次,可以更换管道材料和冲洗管道,通过运行调度减少水在管道系统中的滞留时间,消除管道中的严重滞留管段;最后,降低处理后水中有机化合物的含量。

管道腐蚀会给水带来金属味,导致病原微生物滞留,降低管道输水能力,并最后导致管道泄漏或堵塞。管道腐蚀的种类主要有衡腐蚀、凹点腐蚀、结节腐蚀、生物腐蚀等。

许多物理、化学和生物因素都影响腐蚀的发生和腐蚀速率。在铁质管道中,水在停滞状态下会促使凹点腐蚀和结节腐蚀产生并加剧。一般来说,对所有的化学反应,腐蚀速率都会随着温度的升高而加快。但是,在较高的温度下,钙会在管壁上形成一层保护膜。pH 较低时,会促进腐蚀,当水中 $pH<5$ 时,铜和铁的腐蚀都相当快;当 $pH>9$ 时,这两种金属通常都不会被腐蚀。当 pH 为 5 ~ 9 时,如果在管壁上没有防腐保护层,腐蚀就会发生。碳酸盐和重碳酸盐碱度为水中 pH 的变化提供了缓冲空间,它同样会在管壁上形成一层碳酸盐保护层,并防止水泥管中钙的溶解。溶解氧和可溶解的含铁化合物发生反应形成可溶性的含铁氢氧化物,这种状态的铁就会导致结节的形成及铁锈水的出现。所有可溶性固体在水中表现为离子的聚合体,它会提高导电性及电子的转移,因此会促进电化腐蚀。硬水一般比软水的腐蚀性低,因为在管壁上形成了一层碳酸钙保护层。氧化铁细菌会产生可溶性的含铁氢氧化物。

一般有三种方法可以控制腐蚀:调整 pH、涂衬保护层和更换管道材料。调整 pH 是控制腐蚀最直接的形式,因为它直接影响电化腐蚀和碳酸钙的溶解,也会直接影响混凝土管道中钙的溶解。

2. 给水管道的水质控制

保证给水管道水质也是给水管网调度和管理工作的重要任务之一。随着人们对水污染以及污染水对人体的危害认识的逐步提高，人们希望从管网中得到优质的用水。近年来，用户对给水水质的投诉也越来越多，促使供水企业对给水管道水质的管理逐步加强，《生活饮用水卫生标准》（GB 5749—2006）明确提出了对给水管道水质的要求，研究控制给水管道水质的调度手段和技术，提出给水管道水质管理的新概念和方法，已经成为给水管道系统研究的重要和急迫课题。

为保持给水管道正常的水量或水质，除了对出厂水质严格把关，目前主要采取以下措施：

（1）通过给水栓、消火栓和放水管，定期冲排管道中停滞时间过长的"死水"；

（2）及时检漏、堵漏，避免管道在负压状态下受到污染；

（3）对离水厂较远的管线，若余氯不能保证，应在管网中部加氯，以提高管网边缘地区的余氯浓度，防止细菌繁殖；

（4）长期未用的管线或管线末端，在恢复使用时必须冲洗干净；

（5）定期对金属管道清垢、刮管和衬涂内壁，以保证管网输水能力和水质洁净；

（6）无论在新敷设管线竣工后，还是在旧管线检修后均应冲洗消毒。消毒之前先用高速水流冲洗水管，然后用 20 ~ 30 mg/L 的漂白粉溶液浸泡 24 h 以上，再用清水冲洗，同时连续测定排出水的浊度和细菌，直到合格；

（7）长期维护与定期清洗水塔、水池以及屋顶高位水箱，并检验其储水水质；

（8）当用户自备水源与城市管网联合供水时，一定要有空气隔离措施；

（9）在管网的运行调度中，重视管道内的水质检测，发现问题及时采取有效措施予以解决。

水质检测是一门技术性较强的学科，涉及物理、化学、分析化学、仪器分析、水生物学等多种学科，并且在水质的检测工作中还涉及一些具有共性的问题。例如，有关水质检测方面的一般规则、水样的采集和保存、水质检验结果的表示方法和数据处理、检测质量控制、检测仪器安装及技术性能要求、开机前后的注意事项、检测过程中出现异常现象的处理办法等都是较为重要的问题。有关内容详见"水分析技术"及"水处理微生物学"等课程。

（二）供水调度

为了满足用户对水量、水压和水质的要求，在运行过程中常常需要控制管道中的水压、水量，其目的是：通过供水的调度，可以合理地利用水资源；通过供水的调度，可以达到节能、降低运行成本的作用；通过供水的调度，可以降低管网事故危害性；通过供水的调度，可以协调各水厂之间的供水。

大城市的给水管网往往随着用水量的增加而逐步形成多水源的给水系统，通常在管网中设有水库和加压泵站。多水源给水系统的城市如不采取统一调度的措施，各方面的工作将得不到很好的协调，从而影响经济而有效的供水。为此须有集中管理部门进行统一调度，及时了解整个给水系统的生产情况，并采取有效的科学方法执行集中调度的任务。通过集中调度，各水厂泵站不再只根据本水厂水压的大小来启闭水泵，而是由集中调度管理部门按照管网控制点的水压确定各水厂和泵站运行水泵的台数。这样，既能保证管网所需的水压，又可避免因管网水压过高而浪费能量。

调度管理部门是整个管网的管理中心，也是整个给水系统的管理中心，不仅要进行日常的运转管理，而且要在管网发生事故时，立即采取措施。要做好调度工作，管理人员就必须熟悉各水厂和泵站中的各种设备，并了解和掌握管网的特点和用户的用水情况，才能充分发挥统一调度的功效。

目前，我国绝大多数供水系统运行调度还处于经验型的管理状态，即调度人员根据以往的运行资料和设备情况，按日、按时段制订供水计划，确定各泵站在各时段投入运行的水泵型号和台数。这种经验型的管理办法虽然大体上能够满足供水需要，但缺乏科学性和预见性，难以适应日益发展变化的客观要求，所确定的调度方案，只是若干可行方案中的一种，而不是最优的，往往造成管网中部分地区水压过高，而另一部分地区则水压不足，不能满足供水要求。这种不合理的供水状况难以及时正确地反馈，调度人员也难以迅速做出科学决策，不及时采取有效措施加以调节，会造成既浪费能源又不能很好地满足供水需求的局面。随着科学技术的快速发展，仅凭人工经验调度已不能符合现代化管理的要求。

先进的调度管理应充分利用计算机信息化和自动控制技术，20 世纪 60 年代后期国外就开始了调度系统的计算机应用，现已普遍采用计算机系统进行数据采集、监督运行和远程控制，建立了 SCADA（Supervisory Control And Data Acquisition）系统，即监控和数据采集系统。近年来，我国许多供水公司也逐渐采用了自动化控制技术进行管理，包括管网地理信息系统、管网压力、流量及水质的遥测和遥信系统等，通过计算机数据库管理系统和管网水力及水质动态模拟软件，实现给水管网的程序逻辑控制和运行调度管理。

该系统一般由中央监控系统、分中心和现场终端等组成。中央监控系统用以监测各分中心和净水厂的无人设备，它可以完成收集管网点的信息，预测配水量，制订送水泵运行计划，计算管网终端水压控制值，把控制指令传送给分中心、泵站、清水池等工作。分中心监控水源地、清水池、泵站各设施的流量、水位、水压和水质等参数并传送给中央监控系统。现场终端设在泵站、管网末端和水源地等，用以检测水质、流量、机泵运转状况、接收及执行中心发来的指令。整个系统具有遥测、遥控、监视机电设备运行状况、数据处理、数值统计、预测值计算和指导操作员进行供配水调度及无线电话的功能。

从长远看，建立城市供水管网的数学模型，结合计算机进行城市供水系统的优化调度是供水行业发展的必然趋势。优化调度系统的应用，在很大程度上依赖于系统监测控制设备及数据获取水平的提高、可用软件的普及程度及用水量模型的预测精度。

由于管网建模需要消耗较多人力、物力与时间，不是短期内能够实现的，在发展SCADA软件的同时，当前还是以经济调度为主，在管网中设置相当的有线或无线的远距离水压监测器，以此作为控制人员实际操作的依据，选择经济合理的水源与配泵。

学习情境三 排水管网的日常管理

一、排水管渠管理和维护的任务

排水管渠在建成通水后，为了保证其正常工作，必须经常进行管理和维护。排水管渠常见的故障有：污物淤积堵塞管道；过重的外荷载、地基不均匀沉陷或污水的侵蚀作用，使管渠损坏、出现裂缝或腐蚀等。

排水管渠管理和维护的任务是：

(1)验收排水管渠；

(2)监督排水管渠使用规则的执行；

(3)经常检查、冲洗或清通排水管渠，以维持其排水能力；

(4)修理管渠及其附属构筑物，并处理意外事故等。

排水管渠系统的养护工作，一般由城市建设机关专设部门领导，按行政区划设养护管理所，下分若干养护工程队，分片负责。整个城市排水系统的管理养护组织一般可分为管渠系统、排水泵站和污水厂三部分。工厂内的排水系统一般由工厂自行负责管理与维护。在实际工作中，管渠系统的管理和维护应实行岗位责任制，分片区包干。同时，可根据管渠中沉淀可能性的大小，划分成若干个维护等级，以便对其中水力条件差、排入污物较多、易于淤积的管渠进行重点维护。实践证明，这样可大大提高维护工作的效率，是保证排水管渠正常工作行之有效的办法。

二、管渠的清通

管渠系统管理维护经常性和大量的工作是清通排水管渠。在排水管渠中，往往由于水量不足、坡度较小、污水中污物较多或施工质量不良等原因而发生沉淀、淤积，淤积过多将影响管渠的排水能力，甚至造成管渠的堵塞。因此，必须定期清通。清通的方法主要有竹劈清通法、钢丝清通法、水力清通法和机械清通法等。

(一)竹劈清通法

作业时，首先需要在有积水的下游方向找排水检查井，然后揭开检查井井盖，如需清通的排水管管径较大，宜采用竹劈进行清通。

当用竹劈清通时，应先将竹劈较细一端插入排水井中，为增强竹劈端头的锐力，同时保护端头不致过早地磨坏，宜在竹劈较细的端头包上锐形铁尖，插入竹劈的长度应超出堵塞的范围，然后来回抽拉，直到将被堵塞管道清通。当一节竹劈长度不够时，可将几节竹劈连接起来使用。

(二)钢丝清通法

当被堵塞的排水管道直径较小时，宜采用钢丝清通法。当用钢丝清通管道时，一般选用直径为1.5 mm的钢丝，既能钩出管道中诸如棉丝、布条之类的堵塞物，又不至于在管道接口处被卡住，宜在插入管道的一端弯成小钩。为转动钢丝方便，应将露在管道外的钢丝盘成圈。清通时，既要不断地转动钢丝，又要经常改变转动的方向。当感觉钢丝碰到堵塞物时,应将钢丝向一个方向转动几下后,再将钢丝拖出,钩出堵塞物。照此方法,将钢丝插入、转动、拉出,反复进行多次,至将堵塞的管道清通好。

清通小管径、长度小且有电源的地方,用排水疏通机既快又省力,有条件时应优先选用。

(三)水力清通法

水力清通法是用水对管道进行冲洗,可以利用管道内的污水自冲,也可利用自来水或河水冲洗。当用管道内污水自冲时,管道本身必须具有一定的流量,同时管内的淤泥不宜过多(20%左右)。当用自来水冲洗时,通常从消防龙头或街道集中给水栓取水,或用水车将水送到冲洗现场,一般在街坊内的污水支管每冲洗一次需水量较大。

水力清通的操作方法是:用一个一端由钢丝绳系在绞车上的橡皮气塞或木桶橡皮刷堵住管道井下游管道的进口,使上游管道充水。待上游管道充满水并在检查井中水位抬高至 1 m 左右以后,突然放掉气塞中部分空气,使气塞缩小,气塞便在水流的推力作用下往下游浮动而刮走污泥,同时水流在上游较大的水压的作用下,以较大的流速从气塞底部冲向下游管道。这样沉积在管底的淤泥便在气塞和水流的冲刷下排向下游的检查井,而管道本身则得到清洗。污泥排入下游的检查井后,可用吸泥车抽吸运走。

近年来,有些城市采用水力冲洗车进行管道的清通。目前,生产中使用的水力冲洗车的水罐容量为 1.2 ~ 8.0 m^3,高压胶管直径为 25 ~ 32 mm,喷头喷嘴为 1.5 ~ 8.0 mm 等多种规格,射水方向与喷头前进方向相反,喷射角为 15°、30°或 35°,消耗的喷水量为 200 ~ 500 L/min。

水力清通方法操作简便,工效较高,工作人员操作条件较好,目前已得到广泛采用。根据我国一些城市的经验,水力清通不仅能清除下游管道 250 m 以内的淤泥,而且在 150 m 左右的上游管道中的淤泥也能得到一定程度的清刷。当检查井中水位升高到 1.20 m 时,突然松塞放水,不仅可以清除污泥,而且可冲刷出管道中的碎砖石等。但在管渠系统脉脉相通的地方,当一处用上了气塞后,虽然此处的管渠堵塞了,但由于上游的污水可以流向别的管段,无法在该管渠中积存,气塞也就无法向下游移动,此时只能采用水力冲洗车或从别的地方运水来冲洗,消耗的水量较大。

(四)机械清通法

当管渠淤塞严重,淤泥黏结比较密实,水力清通效果不好时,需要采用机械清通的方法。机械清通时,首先用竹片穿过需要清通的管渠段,竹片一端系上钢丝绳,绳上系住清通工具的一端。在清通管渠段的两端检查井上各设一架绞车,当竹片穿过管渠段后,将钢丝绳系在一架绞车上,清通工具的另一端通过钢丝绳系在另一绞车上。然后利用绞车往复绞动钢丝绳,带动清通工具将淤泥刮至下游检查井内,使管渠得以清通。绞车的动力可以是手动的,也可以是机动的,如以汽车引擎作为动力。清通工具的大小应与管道管径相适应,当管壁较厚时,可先用小号清通工具,待淤泥清除到一定程度后再用与管径相适应的清通工具。当清通大管径时,由于检查井的井口尺寸的限制,清通工具可分成数块,在检查井内拼合后再使用。

近年来,国外开始采用气动式通沟机清通管渠。气动式通沟机借压缩空气把清泥器从一个检查井送到另一检查井,然后用绞车通过该机尾部钢丝绳向后拉,清泥器的翼片即行张开，把管内淤泥刮到检查井底部。钻杆通沟机是通过汽油机或汽车引擎带动钻头向前钻进的，同时将管内的淤积物清除到另一检查井中。淤泥被刮到下游检查井后，通常用吸泥车吸出，如果淤泥含水量少，也可采用抓泥车挖出，然后用汽车运走。

排水管渠的维护工作必须注意安全。管渠中的污水常常会析出硫化氢、甲烷、二氧化碳等气体，某些生产污水能析出石油、汽油或苯等气体，这些气体与空气中的氮混合能形成爆炸性气体。煤气管道的失修、渗漏也会导致煤气逸入排水管渠中，造成危险。如果维护人员要下井，除应有必要的劳动保护措施外，下井前必须先将安全灯放入井内，如有有害气体，由于缺氧，灯将熄灭。如有爆炸性气体，灯在熄灭前会发出闪光。当发现管渠中存在有害气体时，必须采取有效措施排除，例如将相邻两检查井的井盖打开一段时间，或者用引风机吸出有害气体。排气后要进行复查。即使确认有害气体已被排除，维护人员下井时仍应有适当的预防措施，例如在井内不得携带有明火的灯，不得点火或吸烟，必要时可戴上附有气带的防毒面具，穿上系有绳子的防护腰带，井外留人，以便随时给予井下人员必要的援助。

三、排水管渠的修理

系统地检查排水管渠的淤塞及损坏情况，有计划地安排管渠修理，是维护工作的重要内容之一。当发现管渠系统有损坏时，应及时修理，以防止损坏处扩大而造成事故。管渠的修理有大修与小修之分，应根据各地的经济条件来划分。修理内容包括：检查井、雨水口顶盖等的修理与更换；检查井内踏步的更换，砖块脱落后的修理；局部管渠段损坏后的修补；由于出户管的增加需要添建的检查井及管渠；由于管渠本身损坏严重、淤积严重、无法清通时所需的整段开挖翻修。

当进行检查井的改建、添建或整段管渠翻修时，常常需要断绝污水的流通，应采取措施，例如安装临时水泵将污水从上游检查井抽送到下游检查井，或者临时将污水引入雨水管渠中。修理项目应尽可能在短时间内完成，如能在夜间进行更好。当需时较长时，应与有关交通部门取得联系，设置路障，夜间应挂红灯。

四、排水管道渗漏检测

排水管道的渗漏主要用闭水试验来检测，闭水试验的方法是先将两排水检查井间的管道封闭，封闭的方法可用砖砌水泥砂浆或用木制堵板加止水垫圈。封闭管道后，从管道低的一端充水，目的是便于排除管道中的空气，直到排气管排水后，关闭排气阀，再充水，使水位达到水筒内所要求的高度，记录时间和计算水筒内的降水量，则可根据规范的要求判断管道的渗水量。

对于非金属污水管道闭水试验，应符合下列规定：

（1）在潮湿土壤中，检查地下水渗入管中的水量，可根据地下水的水位线而定。若地下水位超过管顶 2 ~4 m，渗入管中的水量不超过表 7-2 中的规定；若地下水位超过管顶 4 m 以上，则每增加水头 1 m，允许渗入水量 10%。

（2）在干燥土壤中，检查管道的渗出水量，其充水高度应高出上游检查井内管顶高度 4 m，渗水不应大于表 7-2 中的规定。

(3)非金属污水管道的渗水试验时间不应小于30 min。

表7-2　1 000 m长管道在一昼夜内允许渗入或渗出水量　（单位：m^3）

管径(mm)	<150	200	250	300	350	400	450	500	600
钢筋混凝土管、混凝土管或石棉水泥管	7.0	20	24	8	30	32	34	36	40
缸瓦管	7.0	12	15	18	20	21	22	23	23

思考题

1. 施工单位应保存的技术资料有哪些?
2. 管道涂料防腐的施工步骤是什么?
3. 给水管道有哪些检漏方法?
4. 为避免管道内水质变坏,应采取哪些措施?
5. 排水管渠系统管理和维护的任务是什么?
6. 排水管道的清通方法有哪些?
7. 排水管渠修理的内容有哪些?

单元八　管线综合设计

【知识目标】

1. 掌握管道综合设计以及综合设计的原则；
2. 了解管廊布置的要求；
3. 掌握管道综合设计的平面图示。

【能力目标】

学生能够具备独立识读管线平面布置示意图的能力。

【素质目标】

模拟实际岗位需求，要求学生能够掌握施工岗位所具备的仔细、细心精神。

学习情境一　管线综合设计基本认识

一、概述

为避免工程管线之间以及工程管线与邻近建(构)筑物相互产生干扰，解决工程管线在设计阶段的平面走向、立体交叉时的矛盾，以及施工阶段建设顺序上的矛盾，在城市基础设施规划中必须进行工程管线综合工作。城市工程管线综合所说的各类工程管线系指市政工程中的常规管线，即雨水、给水、排水、电力、电信、燃气、供热等工程管线，管线综合设计是根据道路及这些工程管线专业设计进行综合，要求符合《城市工程管线综合规划规范》(GB 50289—2016)的有关规定并满足各专业的规范、规定和技术标准。

管线综合工作要做到统筹安排工程管线在城市的地上和地下空间位置，协调工程管线之间以及城市工程管线与其他各项工程之间的关系。所谓统筹安排，是指要采用城市统一坐标系统和标高系统，总体安排各类工程管线的空间位置，以免发生互不衔接和混乱的现象。所谓综合协调，就是要综合考虑地形、地质条件、城市道路走向，相邻工程管线平行时的水平距离和相互交叉时的垂直距离，工程管线与其他工程设施之间所要求的距离，城市设施的安全以及环境的美观等要求，协调解决工程管线之间以及与城市其他各项工程之间的矛盾，实施统一规划、统一设计、统一建设，共同维护、集中管理。

二、城市管线的分类

(一)按管线的功能分类

(1)给水管道：包括生活给水、工业给水、消防给水等管道。

(2)排水管渠：包括城市污水、雨水、工业废水，城市周边的排洪、截洪等管渠。

(3)中水管道：城市(或工业)污、废水经中水处理设施净化后产生的(再生)水管道。

(4)电力线路：包括高压输电、生产用电、生活用电等线路。

(5)弱电线路:包括电话、报警、广播、电视天线等线路。

(6)热力管道:包括热水、蒸汽等管道。

(7)燃气管道:包括人工煤气、天然气、液化石油气等管道。

(8)其他管道:主要是工业生产上用的管道,如空气管道、氧气管道、石油管道、灰渣排除管道等。

(二)按管线输送方式分类

按管线输送方式可分为压力管道和重力自流管道两类。给水管、燃气管、热力管等一般为压力输送,属于压力管道:排水管道大都利用重力自流方式,污水、雨水等管道属于重力管道。

(三)按管线敷设方式分类

按管线敷设方式可分为地下埋设和架空敷设两类。地下埋设又可分为沟内埋设和地下直埋等。架空管线又分为高架、中架和低架等。

(四)按管线埋设深度分类

按管线埋设深度可分为浅埋和深埋。浅埋是指覆土深度小于1.5 m的管道。我国南方土壤的冰冻线较浅,对给水管、排水管、燃气管等没有影响,尤其是热力管、电力电缆等不受冰冻的影响,均可浅埋。我国北方的土壤冰冻线较深,对水管和含水分的管道在寒冷情况下将形成冰冻威胁,应加大覆土厚度,避免土壤冰冻的影响。管道覆土厚度大于1.5 m称为深埋管道。

学习情境二　管线综合设计内容

各种工程管线从规划、设计到建成使用,需要一个过程,在这个过程中,各个阶段内容和深度是不同的,一般分为规划、初步设计、施工图3个阶段。

一、规划阶段管线综合设计

工程管线规划综合设计是城市总体规划的一个组成部分,它是以各项工程管线的规划资料为依据而进行总体布置并编制综合示意图。工程管线规划综合设计规划阶段的主要任务是解决各项工程管线的主干管线在系统布置上存在的问题,并确定主干管线的走向。对于管线的具体位置,除有条件的以及必须定出的个别控制点外,一般不作肯定。因为单项工程在下阶段设计中,需根据测量选线,管线的位置将会有若干的变动和调整(沿道路敷设的管线,则可在道路横断面图中定出)。工程管线规划综合设计一般编制城市工程管线综合规划平面图、道路标准横断面图和城市工程管线综合规划说明书。

(一)城市工程管线综合规划平面图

图纸比例通常采用1:5 000 ~1:1 000。比例尺的大小随城市的大小、管线的复杂程度等情况而有所变更,但应尽可能和城市总体规划图的比例尺一致。图中包括下列主要内容。

(1)自然地形:主要的地物、地貌以及表明地势的等高线;

(2)现状:现有的工厂、建筑物、铁路、道路、给水、排水等各种管线以及它们的主要设

备和构筑物(如铁路站场、自来水厂、污水处理厂、泵房等);

(3)规划的工业企业厂址、居住区、道路网、铁路等;

(4)各种规划管线的布置和它们的主要设备及构筑物,有关的工程措施,如防洪堤、防洪沟等;

(5)标明道路横断面的所在地段等。

(二)道路标准横断面图

道路标准横断面图图纸比例通常采用1∶200,它的内容包括:

(1)道路的各组成部分,如机动车道、非机动车道(自行车道、人行道、分车带、绿化带等。

(2)现状和规划设计的管线在道路中的位置,并注有各种管线与建筑线之间的距离。目前还在规划但将来要修建的管线,在道路横断面图中应预留出位置。

(3)道路横断面的编号。

(三)工程管线综合规划说明书

在编制管线综合规划图纸的同时,应编写工程管线综合规划说明书,其内容如下:

(1)规划设计依据:包括上级主管部门对工程项目的审批文件、与规划设计部门的规划设计合同、建设部门的规划设计委托书、有关管线的规划设计规范等。

(2)规划设计范围及内容:说明城市工程管线布置范围,规划设计的城市工程管线种类、名称等。

(3)城市概况、规模及区域划分等。

(4)按管线分类说明现状管线及相关厂站(如电厂、水厂等)的名称、规模(或管径)、走向、埋深及完好程度、利用价值等。

(5)按管线分类说明规划设计管线的名称;物流源(水源、气源、电源等);负荷标准、有关参数及计算负荷、用量等;管网布置、管道材料;有关厂站规模、位置等。

(6)工程管线协调、综合:各种工程管线规划设计图纸、资料汇总、叠合后如产生矛盾或有违反有关规范规定的情况出现,必须对有关管线进行协商、调整,直到解决矛盾,符合规范规定。说明书中说明出现的矛盾、解决的原则、解决的措施及结果。

二、初步设计阶段管线综合设计

按照城市规划工作阶段划分,初步设计阶段管线综合设计相当于详细规划阶段的工作。管线设计综合不但要确定各项工程管线具体的平面位置,而且应检查管线在立面上有无问题,并解决不同管线在交叉处所发生的矛盾。这是它和规划综合在工作深度上的主要区别。

工程管线初步设计综合是在规划综合的基础上,编制工程管线初步设计综合平面图、工程管线交叉点标高图和修订道路标准横断面图等。对于没有进入规划综合阶段的城市和建筑小区,还要编制工程管线初步设计综合说明书,其内容与规划综合说明书基本相同。

(1)城市工程管线初步设计综合平面图:综合平面图中的内容和编制方法,基本和综合规划图相同,而在内容的深度上,比综合规划图要深入。

(2)工程管线交叉点标高图:工程管线交叉点标高图的作用主要是检查和控制交叉

管线的高程－立面位置。

(3)修订道路标准横断面图:编制设计综合时,有时由于管线的增加或调整规划综合时所做的布置,需根据综合平面图,对原来配置在道路横断面图中的管线位置进行补充修订。道路标准横断面图的数量较多,通常是分别绘制,汇订成册。

三、施工图阶段管线调整综合

工程管线经初步设计综合后,对管线的平面位置与立面位置都已做了安排。单项工程设计单位在编制施工详图的过程中,由于设计进一步深入,或者由于客观情况变化,施工详图中的管线位置可能有若干变动,因此需要对单项工程的施工详图进行核对检查、调整,以解决由于改变设计后所产生的新的矛盾。

学习情境三　管线综合设计方法

一、工程管线布置的一般原则

(1)城市工程管线宜地下敷设。

(2)管线布置应采用城市统一的坐标系统和高程系统。

(3)管线规划、设计时应结合城市道路网规划,在不妨碍工程管线正常运行、检修和合理占用土地的情况下,使线路短捷。

(4)充分利用现有管线,当现状管线不满足要求时,经经济、技术比较,可废弃或抽换。

(5)在平原城市布置工程管线,宜避开土质松软地区、地震断裂带、沉陷区和地下水位较高的不利地带;在山地城市,还应避开滑坡危险地带和山洪峰口。

(6)管线布置应与地下铁道、地下通道、人防工程等地下隐蔽工程协调配合。

(7)工程管线综合规划、设计时,应减少管线在道路交叉口处交叉。当管线竖向位置发生矛盾时,宜按以下原则处理:

①压力管线让重力自流管线;

②可弯曲管线让不易弯曲管线;

③分支管线让主干管线;

④小管径管线让大管径管线;

⑤新建管线让原有管线。

二、工程管线布置的一般要求

(1)冬季寒冷地区给水、排水、燃气等管线应根据土壤冰冻深度确定管线覆土深度;热力、电信、电力电缆等管线以及冬季寒冷地区以外地区的工程管线应根据土壤性质和地面承受荷载情况确定管线的覆土深度。工程管线的最小覆土深度应符合表 8-1 的规定。

(2)工程管线宜沿道路敷设并与道路中心线平行,其主干管线应靠近分支管线多的一侧,工程管线不宜从道路一侧转到另一侧。

表 8-1　工程管线的最小覆土厚度

管线名称		给水管线	排水管线	再生水管线	电力管线		通信管线		直埋热力管线	燃气管线	管沟
					直埋管	保护管	直埋及塑料、混凝土保护管	钢保护管			
最小覆土深度	非机动车道（含人行道）	0.60	0.60	0.60	0.70	0.50	0.60	0.50	0.70	0.60	—
	机动车道	0.70	0.70	0.70	1.00	0.50	0.90	0.60	1.00	0.90	0.50

注：聚乙烯给水管线机动车道下的覆土深度不宜小于 1.0 m。

对于道路红线宽度超过 30 m 的城市干道，宜两侧布置给水配水管线和燃气配气管线；对于道路红线宽度超过 50 m 的城市干道，应在道路两侧布置排水管线。

（3）工程管线在道路下面的具体位置，应布置在人行道、绿化带或非机动车道下面。电信电缆、给水输水、燃气输气、污水、雨水等工程管线可布置在非机动车道或机动车道下面。

（4）工程管线在道路上的平面位置宜相对固定。从道路红线向道路中心线方向平行布置顺序，应根据工程管线的性质、埋深等确定。分支管线少、埋设深、检修周期短及可燃、易燃和损坏时对建筑物基础造成不利影响的工程管线应远离建筑物。布置次序宜为电力电缆、电信电缆、燃气配气、给水配水、热力干线、燃气输气、给水输水、雨水排水、污水排水。

（5）各种工程管线不应在平面位置上重叠埋设。

（6）沿铁路、公路敷设的工程管线应与铁路、公路线路平行。当管线与铁路、公路交叉时，宜采用垂直交叉方式布置。

（7）管线跨越河流，在河底敷设时，应选择在稳定河段，埋设深度应不妨碍河道的整治和管线的安全。在河道下面敷设工程管线时，应符合下列规定：

①1 级航道下面敷设，管顶应在河底设计高程 2 m 以下；

②其他河道下面敷设，管顶应在河底设计高程 1 m 以下；

③灌溉渠道下面敷设，管顶应在渠底设计高程 0.5 m 以下。

（8）工程管线之间、工程管线与建（构）筑物之间的最小水平净距应符合表 8-2 的规定。当受某些因素限制难以满足要求时，可根据实际情况采取安全措施后减少其最小水平净距。

（9）对于埋深大于建（构）筑物基础的工程管线，其与建（构）筑物之间的最小水平距离，按下列公式计算，折算成水平净距后与表 8-2 和表 8-3 的数值比较，采用其较大值：

$$L = \frac{H - h}{\tan\alpha} + \frac{b}{2}$$

式中　L——管线中心至建（构）筑物基础边水平距离，m；

H——管线敷设深度，m；

h——建（构）筑物基础底砌置深度，m；

α——土壤内摩擦角（°）；

b——开挖管沟宽度，m。

表 8-2　工程管线之间及其与建(构)筑物之间的最小水平净距

(单位:m)

序号	管线名称			建(构)筑物	给水管 d≤200 mm	给水管 d>200 mm	污水、雨水管线	再生水管线	燃气管线 低压	燃气管线 中压 B	燃气管线 中压 A	燃气管线 次高压 B	燃气管线 次高压 A	直埋热力管线	电力管线 直埋	电力管线 保护管	通信管线 直埋	通信管线 管道、通道	管沟	乔木	灌木	地上杆柱 通信、照明 <10 kV	地上杆柱 高压杆塔基础边 ≤35 kV	地上杆柱 高压杆塔基础边 >35 kV	道路侧石边缘	有轨电车钢轨	铁路钢轨(或坡脚)
1	建(构)筑物			—	1.0	3.0	2.5	1.0	0.7	1.0	1.5	5.0	13.5	3.0	0.6		1.0	1.5	0.5	—		—			—	—	—
2	给水管	管径≤200 mm		1.0	—		1.0	0.5	0.5			1.0	1.5	1.5	0.5		1.0		1.5	1.5	1.0	0.5	3.0		1.5	2.0	5.0
		管径>200 mm		3.0			1.5																				
3	污水、雨水管			2.5	1.0	1.5	—	0.5	1.0	1.2		1.5	2.0	1.5	0.5		1.0		1.5	1.5	1.0	0.5	1.5		1.5	2.0	5.0
4	再生水管线			1.0	0.5		0.5	—	0.5			1.0	1.5	1.0	0.5		1.0		1.5	1.0		0.5	3.0		1.5	2.0	5.0
5	燃气管线	低压	P≤0.01 MPa	0.7	0.5		1.0	0.5	管径≤300 mm 0.4 管径>300 mm 0.5					1.0	0.5	1.0	0.5	1.0	1.0	0.75		1.0	1.0	2.0	1.5		
		中压 B	0.01 MPa<P≤0.2 MPa	1.0			1.2												1.5								
		中压 A	0.2 MPa<P≤0.4 MPa	1.5																							
		次高压 B	0.4 MPa<P≤0.8 MPa	5.0	1.0		1.5	1.0						1.5	1.0		1.0		2.0	1.2				5.0			
		次高压 A	0.8 MPa<P≤1.6 MPa	13.5	1.5		2.0	1.5						2.0	1.5		1.5		4.0								
6	直埋热力管线			3.0	1.5		1.5	1.0	1.0			1.5	2.0	—	2.0		1.0		1.5	1.5		1.0	3.0(330 kV,5.0)		1.5	2.0	5.0
7	电力管线	直埋		0.6	0.5		0.5	0.5	0.5			1.0	1.5	2.0	0.25	0.1	<35 kV,0.5 ≥35 kV,2.0		1.0	0.7		1.0	2.0		1.5	2.0	10.0(非电气化3.0)
		保护管							1.0						0.1	0.1											
8	通信管线	直埋		1.0	1.0		1.0	1.0	0.5			1.0	1.5	1.0	<35 kV,0.5 ≥35 kV,2.0		0.5		1.0	1.5	1.0	0.5	0.5	2.5	1.5	2.0	2.0
		管道、通道		1.5					1.0																		
9	管沟			0.5	1.5		1.5	1.5	1.0	1.5		2.0	4.0	1.5	1.0		1.0		—	1.5	1.0	1.0	3.0		1.5	2.0	5.0
10	乔木			—	1.5		1.5	1.0	0.75			1.2		1.5	0.7		1.5		1.5	—		—	—		0.5	—	—
11	灌木				1.0		1.0										1.0		1.0								
12	地上杆柱	通信、照明<10 kV		—	0.5		0.5	0.5	1.0					1.0	1.0		0.5		1.0	—		—	—		0.5	—	—
		高压杆塔基础边	≤35 kV		3.0		1.5	3.0	1.0					3.0(>330 kV,5.0)	2.0		0.5		3.0	—							
			>35 kV						2.0			5.0					2.5			—							
13	道路侧石边缘			—	1.5		1.5	1.5	1.5			2.5		1.5	1.5		1.5		1.5	0.5		0.5	0.5		—	—	—
14	有轨电车钢轨			—	2.0		2.0	2.0	2.0					2.0	2.0		2.0		2.0	—		—			—	—	—
15	铁路钢轨(或坡脚)			—	5.0		5.0	5.0	5.0					5.0	10.0(非电气化3.0)		2.0		3.0	—		—			—	—	—

(10)当工程管线交叉敷设时,自地表面向下的排列顺序宜为:电力管线、热力管线、燃气管线、给水管线、雨水排水管线、污水排水管线。

(11)工程管线在交叉点的高程应根据排水管线的高程确定地下工程管线交叉时的最小垂直净距,应符合表8-3的规定。

表8-3　地下工程管线交叉时的最小垂直净距　(单位:m)

序号	管线名称		给水管线	污水、雨水管线	热力管线	燃气管线	通信管线		电力管线		再生水管线
							直埋	保护管、通道	直埋	保护管	
1	给水管线		0.15	—	—	—	—	—	—	—	—
2	污水、雨水管线		0.40	0.15	—	—	—	—	—	—	—
3	热力管线		0.15	0.15	0.15	—	—	—	—	—	—
4	燃气管线		0.15	0.15	0.15	0.15	—	—	—	—	—
5	通信管线	直埋	0.50	0.50	0.25	0.50	0.25	0.25	—	—	—
		保护管、通道	0.15	0.15	0.25	0.15	0.25	0.25	—	—	—
6	电力管线	直埋	0.50	0.50	0.50	0.50	0.50	0.50	0.50	0.25	—
		保护管	0.25	0.25	0.25	0.15	0.25	0.25	0.25	0.25	—
7	再生水管线		0.50	0.40	0.15	0.15	0.15	0.15	0.50	0.25	0.15
8	管沟		0.15	0.15	0.15	0.15	0.25	0.25	0.50	0.25	0.15
9	涵洞(基底)		0.15	0.15	0.15	0.15	0.25	0.25	0.50	0.25	0.15
10	电车(轨底)		1.00	1.00	1.00	1.00	1.00	1.00	1.00	1.00	1.00
11	铁路(轨底)		1.00	1.20	1.20	1.20	1.50	1.50	1.00	1.00	1.00

注:(1)用隔板分隔时,不得小于0.25 m;

(2)燃气管线采用聚乙烯管材时,燃气管线与热力管线的最小垂直净距应按其他相关规程执行;

(3)铁路为时速大于等于200 km/h客运专线时,铁路(轨底)与其他管线最小垂直净距为1.50 m。

三、综合管沟敷设

(一)综合管沟适用条件

(1)交通运输繁忙或工程管线较多的机动车道、城市主干道以及配合兴建地下铁道、立体交叉等工程地段;

(2)不宜开挖路面的路段;

(3)广场或主干道的交叉处;

(4)同时敷设两种以上工程管线及多回路电缆的道路;

(5)道路宽度难以满足直埋敷设多种管线的路段。

(二)综合管沟及基本要求

(1)综合管沟内宜敷设电信电缆、低压配电电缆、给水管线、热力管线、污水及雨水排水管线。

(2)综合管沟内相互无干扰的工程管线可设在管沟的同一小室;综合管沟内相互有干扰的工程管线应分别设置在管沟的不同小室。电信电缆管线与高压输电电缆管线必须分开设置;给水管线与排水管线可在综合管沟的同侧设置,排水管线应布置在综合管沟的底部。

(3)综合管沟应与道路中心线平行。根据各种工程管线的输配方案、管线相互交叉关系、管沟断面尺寸等因素,综合管沟可布置在机动车道下、非机动车道下或人行道下。其覆土深度应根据道路施工、行车荷载、管沟结构强度及当地冰冻深度等因素综合确定。

(4)行管沟内应有足够的空间供通行、检修;应有通风、照明及积水排泄等措施。

四、架空敷设

(1)沿城市道路架空敷设的工程管线,其位置应根据规划、设计道路的横断面确定,并应保障交通畅通、居民安全及工程管线正常运行。

(2)架空线线杆宜设置在人行道上距路缘石不大于 1 m 的位置;有分车带的道路,架空线线杆宜布置在分车带内。

(3)电力架空杆线与电信架空杆线宜分别架设在道路两侧,且与同类地下电缆位于同侧。

(4)同一性质的工程管线宜合杆架设。

(5)架空热力管线不应与架空输电线、电气化铁路的馈电线交叉敷设。当必须交叉时,应采取保护措施。

(6)工程管线跨越河流时,宜采用管道桥或利用交通桥梁进行架设,并应符合下列规定:

①可燃、易燃工程管线不宜利用交通桥梁跨越河流;

②工程管线利用交通桥梁跨越河流时,其规划设计应与桥梁设计相结合。

(7)架空管线与建(构)筑物等的最小水平净距应符合《城市工程管线综合规划规范》(GB 50289—2016)的规定。

学习情境四　管线综合设计图示与实例

一、管线综合设计图示

(一)绘制工程管线交叉点标高图

(1)计算确定管线交叉点道路标高;

(2)根据外围主管网连接点埋深,由外向内初步确定雨污水主管管坡和交叉点标高;

(3)以最小净距为基础,考虑管径因素,向上确定各管线标高;

(4)核查各管线的埋深,进行调整,防止管线埋深不合理;

(5)画成垂距表;

(6)若没有外围管网,则管线标高由内向外推导,在第一个交叉口处的标高以最上面的管线为基准,按垂距要求和管径向下推算管线埋深,向外按坡度推导,核查每个交叉口的净距和埋深。

(二)作图方法

(1)在每一个管线交叉点处绘制一垂距(见图 8-1),再将地面标高、管线截面大小,管底号道路标高以及管线交叉处的垂直净距离等数值填入表 8-4 中。

表 8-4　给水排水管道相交的垂直距离简表

名称	截面尺寸(m)	管底标高(m)

净距(m)		地面标高(m)	

道路交叉口图	交叉口编号	管线交点编号	交点处的地面标高	上面 名称	上面 截面直径(m)	上面 管底标高	上面 埋设深度(m)	下面 名称	下面 截面直径(m)	下面 管底标高	下面 埋设深度(m)	垂直净距(m)	附注
见图 8-1	20	1		给水				污水					
		2		给水				雨水					
		3		给水				雨水					
		4		给水				污水					
		5		给水				污水					
		6		给水				给水					

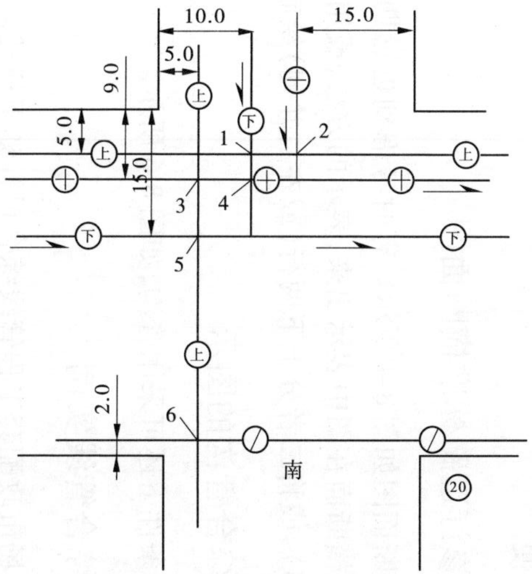

图 8-1　管道交叉点标高图

(2)若交叉点多,图中绘制不下,可先将管线交叉路口编上号码,而后依照编号将管线标高等各种数据填入,另外绘制在交叉管线垂距表中,有关管线冲突和处理的情况则填入垂距表的附注栏内,修正后的数据填入相应各栏中,如图 8-2 所示。

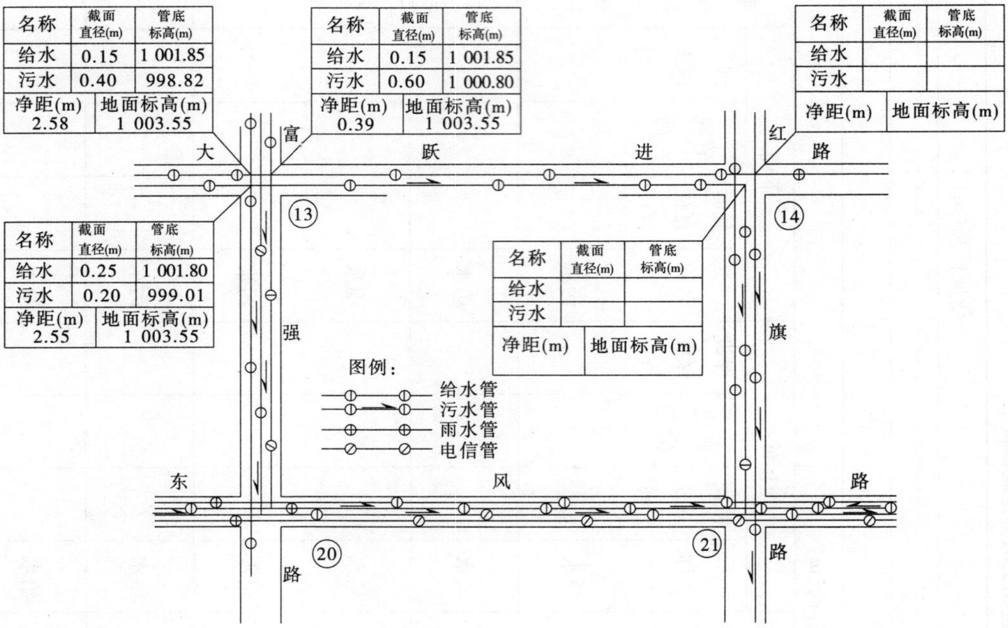

图 8-2　交叉管线垂距

(3)或者不采用管线交叉点垂距表的形式,而将管道直径、地面控制高程直接注在平面图上,然后将管线交叉点两管相邻的外壁高程用线引出,注于图纸空白处,如图 8-3 所示。这种方法适用于管线交叉点较多的交叉口,其优点是既能看到管线的全面情况,绘制时也较简便。

二、修订道路标准横断面图

道路断面图如图 8-4 所示。有时考虑到近远期的设计,需要将同一道路的现状横断画和规划横断面在图中表示出来,表示的方法,或用不同的图例和文字注释绘在一个图中(见图 8-5),或将二者分上下两行(或左右并列)绘制。

三、综合管沟的图示

有的条件下还可采用管沟,如图 8-6 所示。

四、综合管线实例

某机场市政配套工程管线综合设计如下所述。

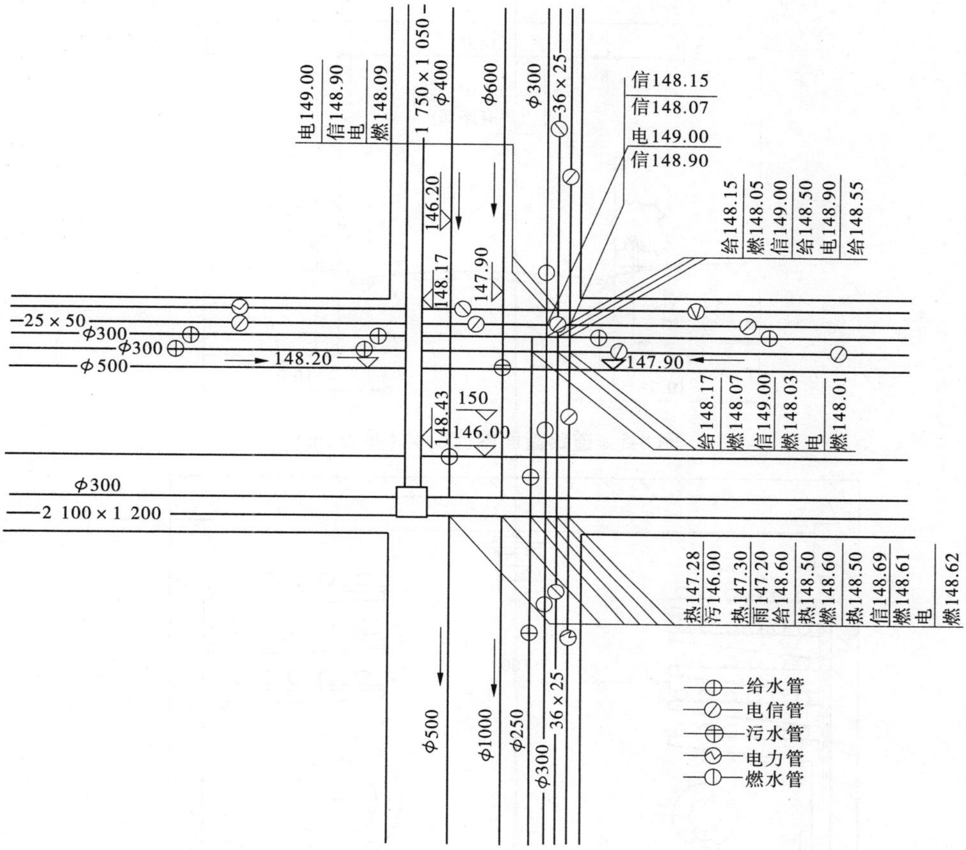

图 8-3　道路交叉口管道综合设计大样

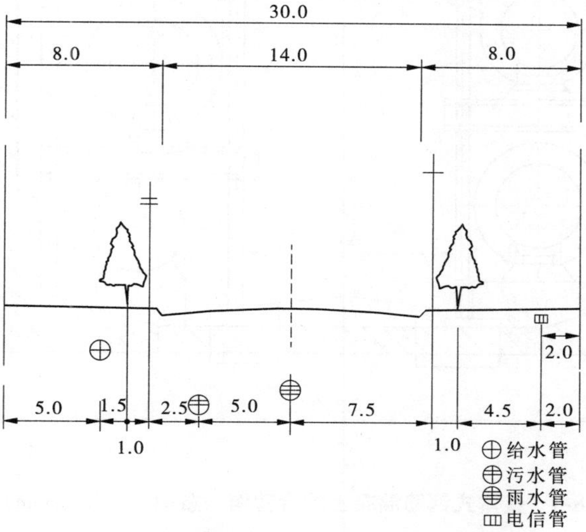

图 8-4　道路断面图(一)　(单位:m)

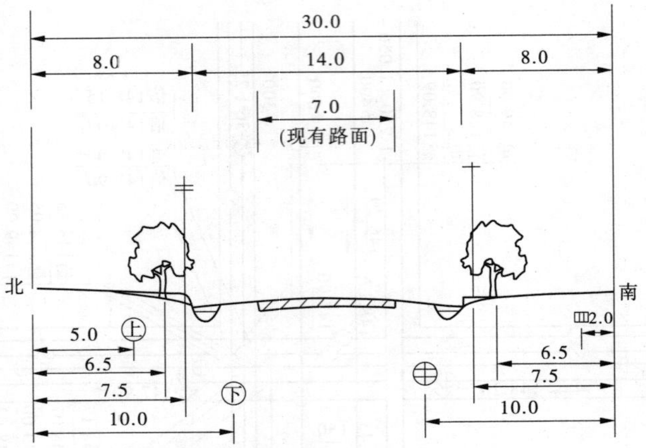

图 8-5　道路断面图(二)　(单位:m)

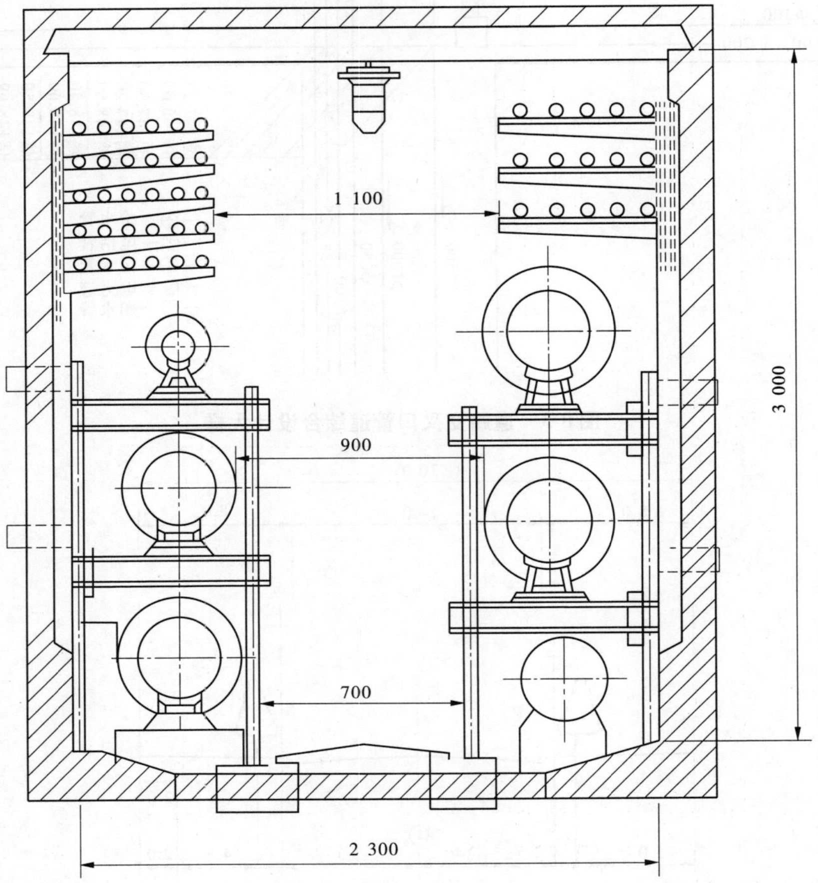

图 8-6　整体式钢筋混凝土综合管沟示意图　(单位:mm)

（一）管线综合的平面排布

××路是×机场工作区的主要道路，东西走向，路宽 24 mm，人行道、非机动车道共板。其中，机动车道 15 m，两侧均有非机动车道（3 m）和人行道（1.5 m）。按照×机场的规划，××路要敷设的工程管线有电力排管、通信管群、燃气管道、给水管道、雨水管道、污水管道以及照明电缆。其中，照明电缆采用直埋，布置在路缘石的两侧。其他管线按照管线综合的排布原则，在路中心线的北侧依次布置雨水、给水、通信管线；在路中心线的南侧依次布置污水、燃气和电力管线。

在布置好各工程管线的排序后，还要确定管线间的水平间距。各工程管线之间的水平间距要满足相邻管道的外壁（包括工作井）不发生冲突，同时要结合道路的形式以及管道的特性综合考虑。××路非机动车道和人行道仅有 4.5 m 宽，照明电缆一般布置在距离路缘石 1 m 的位置，且埋深较浅。以××路的北侧为例，通信管群（12 孔）的排管外宽为 0.57 m，工作井的宽度为 2.4 m。因此通信管群在布置上要距离道路红线有一定的距离，避免其工作井超出道路红线。考虑照明电缆对应的路灯杆要有 1 m 左右的基础，因此通信管群与照明电缆之间的净距已经不适合布置 *DN*500 的给水管道，故将给水管布置在靠近机动车道边缘的慢车道上，同时将 *DN*600 的雨水管道布置在快车道上。根据上述原则，将电力排管布置在道路南侧的人行道和非机动车道上，将燃气管布置在靠近机动车道边缘的慢车道上，将污水管布置在快车道上，其横断面布置如图 8-7 所示。

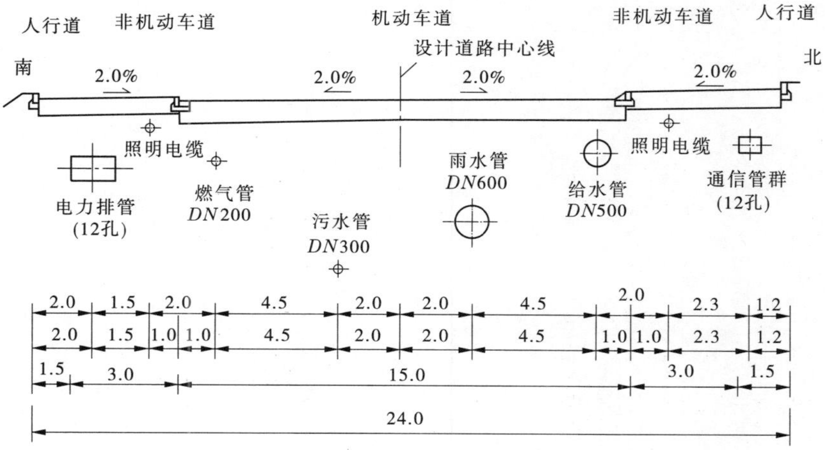

图 8-7　××路横断面设计　（单位：*DN* 为 mm，其余为 m）

（二）交叉口处管线综合设计

以某机场的××路、××路交叉口处的管线综合设计为例，按照前面的原则，最上层为横穿××路的通信管群（12 孔），由于此处的路面标高为 4.50 m，故将通信管群的排管上顶标高定为 3.50 m，根据其管高为 0.45 m，可以得出其下底标高为 3.05 m。同理，依照各种管线上下层的排布顺序，计算出各种管线的上顶标高和下底标高，标于管线上，得到××路、××路管线综合的平面设计图，如图 8-8 所示。

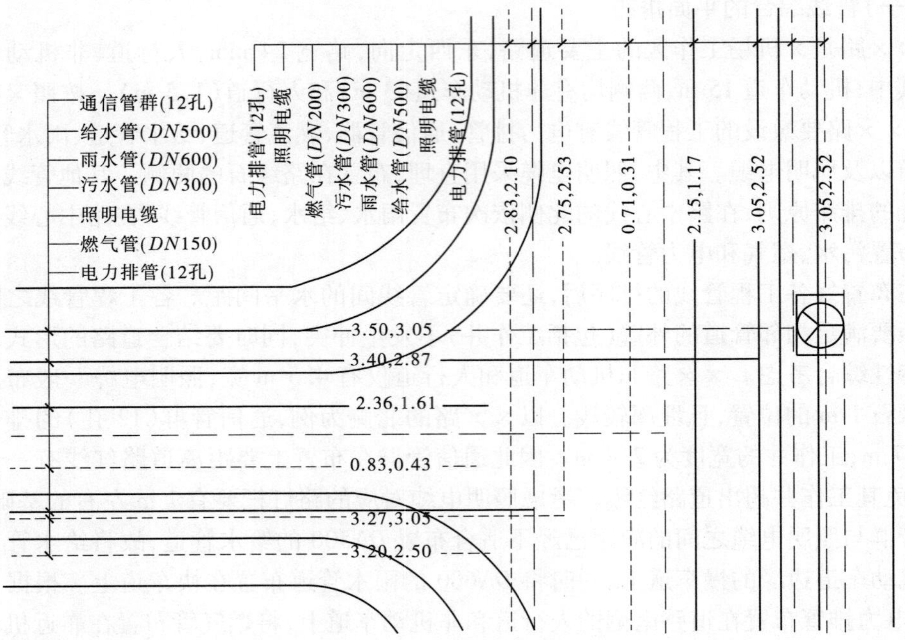

图 8-8 管线综合的平面设计图

单元九　海绵城市

【知识目标】

掌握海绵城市的含义，理解建设海绵城市的目的，了解建设海绵城市的关键技术。

【能力目标】

具备建设海绵城市的关键技术。

【素质目标】

培养团结协作的意识和一丝不苟的学习态度。

学习情境一　海绵城市的概念

改革开放以来，我国城市数量从1978年的103个增加到2018年的600多个，城镇化率达到54.77%，城市已成为人们生产生活的主要组成部分。近年来，许多城市都面临内涝频发、径流污染、雨水资源大量流失、生态环境破坏等诸多雨水问题，在城市建设中构建完善雨洪管理系统刻不容缓。据国家防汛抗旱总指挥部统计，2012～2014年分别有184座、234座和125座城市发生内涝，“城市看海”屡见不鲜，其中相当一部分是严重内涝，人员伤亡的现象时有发生，财产损失严重。究其原因，很大程度上是雨水利用系统不完善或城市排水体系不达标。内涝问题与当前城市建设切割地面、硬化面积大量增加等有直接关系。与此同时，城市也面临资源约束趋紧、环境污染加重、生态系统退化等一系列问题，其中又以城市水问题表现最为突出。

一、水安全问题

一方面，受“重地上、轻地下”等习惯思维的影响，城市排水设施建设不足，“逢雨必涝”成为城市顽疾。据统计，全国有62%的城市发生过水涝；另外，传统城市到处都是水泥硬地面，城市绿地等“软地面”在竖向设计上又高于硬地面，雨水下渗量很小，也未考虑“滞”和“蓄”的空间，容易造成积水内涝，更严重的是，阻碍地下水补给，造成地下水位下降，形成漏斗区。

二、水生态问题

传统城市建设造成大量湖河水系、湿地等城市蓝线受到侵蚀。据调查，我国湿地面积比10年前减少3.4万km^2，土壤、气候等生态环境质量下降。另外，城市河、湖、海等水岸被大量水泥硬化，甚至这种城市化水岸修筑模式已向乡村、田园蔓延，人为割裂了水与土壤、水与水之间的自然联系，导致水的自然循环规律被干扰，水生物多样性减少，水生态系统被破坏。

三、水污染问题

降雨挟带空气中的尘埃降落到地面，形成了地表径流，雨水冲刷地面，形成了径流初期雨水污染，对城镇水体造成了一定的污染。

四、水短缺问题

降雨量在时间、空间上分布不均衡。传统的雨水排水模式水来得急、去得也快，而位于城市的自然调蓄空间大量被挤占。人工蓄水设施又不足，导致大量雨水流走，浪费了水资源。据调查，我国有 300 多个城市属于联合国人居环境署评价标准的“严重缺水”和“缺水”城市，在缺水的城市发生内涝，显得格外突出。

因此，要解决城市雨水问题，不能局限建筑本身，一定要看成是整个城市建设的一个系统工程，才能解决城市水环境的生态问题，建设“海绵城市”，就是系统地解决城市水安全、水资源、水环境问题。减少城市洪涝灾害，缓解城市水资源短缺问题，改善城市水质量和水环境，调节小气候，恢复生物多样性，使城市再现“鸟语、蝉鸣、鱼跃、蛙叫”等生态景象，形成人与自然和谐相处的生态环境。

“海绵城市”就是使城市像海绵一样，在适应环境变化和应对自然灾害等方面有良好的“弹性”，通过下雨时吸水、蓄水、渗水、净水，需要时将蓄存的水“释放”并加以利用，可实现“自然积存、自然渗透、自然净化”三大功能，让城市回归自然。“海绵城市”建设可有效地解决城市水安全、水污染、水短缺，生态退化等问题。

2013 年 12 月 12 日，习近平总书记在中央城镇化工作会议上，强调指出，在提升城市排水系统时要优先考虑把有限的雨水保留下来，优先考虑更多利用自然力量排水，建设自然积存、自然渗透、自然净化的“海绵城市”。这表明，海绵城市建设是落实生态文明建设的重要举措，是实现修复城市水生态、改善城市水环境、提高城市水安全等多重目标的有效手段，应科学谋划并将其付诸实施。

学习情境二　国内外“海绵城市”的建设经验

“海绵城市”概念的产生源自于行业内和学术界习惯用“海绵”来比喻城市的某种吸附功能，最早是澳大利亚人口研究学者 Budke(2006)应用海绵来比喻城市对人口的吸附现象。近年来，更多的是将海绵用以比喻城市或土地的雨洪调蓄能力。“海绵城市”是从城市雨洪管理角度来描述的一种可持续的城市建设模式，其内涵是：现代城市应该具有像海绵一样吸纳、净化和利用雨水的功能，以及应对气候变化、极端降雨的防灾减灾、维持生态功能的能力。很大程度上，海绵城市与国际上流行的城市雨洪管理理念与方法非常契合，如低影响开发(Low Impact Development，LID)、绿色雨水基础设施(Green Stormwater Infrastructure，GSI)及水敏感性城市设计(Water Sensitive Urban Design，WSUD)等，都是将水资源可持续利用、良性水循环、内涝防治、水污染防治、生态友好等作为综合目标。

“海绵城市”建设的重点是构建“低影响开发雨水系统”，强调通过源头分散的小型控制设施，维持和保护场地自然水文功能，有效地缓解城市不透水面积增加造成的洪峰流量增加、径流系数增大，面源污染负荷加重等城市问题，德国、美国、日本和澳大利亚等国是较早开展雨水资源利用和管理的国家，经过几十年的发展，已取得了较为丰富的实践经验。国外“海绵城市”的建设典型经验简介如下。

一、德国

德国是最早对城市雨水采用政府管制制度的国家，目前已经形成针对低影响开发的雨水管理较为系统的法律法规、技术指引和经济激励政策。在政府的引导下，目前德国的雨洪利用技术已经进入标准化。

（一）通过制定各级法律法规引导水资源保护与雨水综合运用

德国的《联邦水法》（以下简称“水法”）、建设法规和地区法规以法律条文或规定的形式，对自然环境的保护和水的可持续利用提出了明晰的要求，《联邦水法》以优化生态环境、保持生态平衡为政策导向，成为各州制定相关法规的基本依据。1986 年的水法将供水技术的可靠性和卫生安全性列为重点，并在第一章中提出“每一用户有义务节约用水，以保证水供应的总量平衡”，以约束公民行为。1995 年颁布了欧洲首个标准《室外排水沟和排水管道标准》，提出通过雨水收集系统尽可能地减少公共地区建筑物底层发生洪水的危险性。1996 年，在水法的补充条款中增加了“水的可持续利用”理念，强调“为了保证水的利用效率，要避免排水量增加”，实现“排水量零增长”。在此背景下，德国建设规划导则规定：在建设项目的用地规划中，要确保雨水下渗用地，并通过法规进一步落实。虽然各州的具体落实方式不同，但都规定：除了特定情况，降水不能排放到公共管网中；新建项目的业主必须对雨水进行处置和利用。

（二）积极推广雨水利用的三种方式

德国的雨水利用技术经过多年发展已经日渐成熟，目前，德国的城市雨水利用方式主要有以下三种。

1. 屋面雨水集蓄系统

收集的雨水经简单处理后，达到杂用水水质标准，主要用于家庭、公共场所和企业的非饮用水，如街区公寓的厕所冲洗和庭院浇洒。如法兰克福一个苹果榨汁厂，把屋顶收集下来的雨水作为工业冷却循环用水，成为工业项目雨水利用的典范。

2. 雨水截污与渗透系统

道路雨洪通过下水道排入沿途大型蓄水池或通过渗透补充地下水。德国城市街道雨洪管道口均设有截污挂篮，以拦截雨洪径流挟带的污染物；城市地面使用可渗透地砖，以减小径流；行道树周围以疏松的树皮、木屑、碎石、镂空金属盖板覆盖。

3. 生态小区雨水利用系统

小区沿着排水道修建可渗透浅沟，表面植有草皮，供雨水径流时下渗。超过渗透能力的雨水则进入雨洪池或人工湿地，作为水景或继续下渗。

（三）采用经济手段控制排污量

为了实现排入管网的径流量等增长的目标，在国家法律法规和技术导则的指引下，各城市根据生态法、水法、地方行政费用管理等相关法规，制定了各自的雨水费用（也称为管道使用费）征收标准，并结合各地降水状况、业主所拥有的不透水地面积，由地方行政主管部门核算,收取业主应缴纳的雨水费。此项资金主要用于雨水项目的投资补贴,以鼓励雨水利用项目的建设。雨水费用的征收有力地促进了雨水处置和利用方式的转变,对雨水管理理念的贯彻有重要意义。

(四)建立统一的水资源管理机制

德国对水资源实施统一的管理制度,即由水务局统一管理与水务有关的全部事项,包括雨水、地表水、地下水、供水和污水处理等水循环的各个环节,并以市场模式运作,接受社会的监督。这种管理模式保证了水务管理者对水资源的统一调配,有利于管理好水循环的每个环节,同时促使用水者合理、有效地用好每一滴水,使水资源和水务管理始终处于良性发展中。

二、美国

美国的城市雨水管理总体上经历了排放、水量控制、水质控制、生态保护等阶段,雨水管理理念和技术重点逐渐向低影响开发(LID)源头控制转变,逐步构建污染防治与总量削减相结合的多目标控制和管理体系。

(一)立法严控雨水下泄量

美国国会积极立法保障雨水的调蓄及利用,1972年的《联邦水污染控制法》、1987年的《水质法案》和1997年的《清洁水法》均强调了对雨水径流及其污染控制系统的识别和管理利用。联邦法律要求对所有新开发区强制实行"就地滞洪蓄水",即改建或新建开发区的雨水下泄量不得超过开发前的水平。在联邦法律基础上,各州相继制订了《雨水利用条例》,保证了雨水的资源化利用,同时,美国联邦和各州还通过总税收控制、发行义务债券、联邦和各州给予补贴与贷款等系列经济手段来鼓励雨水的合理处理及资源化利用。

(二)强调非工程的生态技术开发与综合应用

美国的雨水资源管理以提高天然入渗能力为宗旨,最为显著的特色是对城市雨水资源管理和雨水径流污染控制实施"最佳管理方案(Best Management Pratices,简称为BMP)"。通过工程措施和非工程措施相结合的方法,进行雨水的控制和处理,强调源头控制、强调自然与生态措施、强调非工程方法。

在城市雨水利用处理技术应用上,强调非工程的生态技术开发与综合运用。在城市水资源管理和雨水径流污染控制第二代"最佳管理方案(BMP)"中强调与植物、绿地、水体等自然条件和景观相结合的生态设计,如植被缓冲带、植物浅沟、湿地等,大量应用由屋顶蓄水或入渗池、井、草地、透水地面组成的地表回灌系统,以获得环境、生态、景观等多重效益。20世纪90年代,美国东部马里兰州的乔治王子郡及西北地区的西雅图市和波特兰市共同提出的基于微观尺度景观控制措施发展而来的"低影响开发"雨水管理技术,通过分散的、均匀分布的、小规模的雨水源头控制机制,用渗透、过滤、存储、蒸发,以及在接近源头的地方截取径流等设计技术,实现对暴雨所产生的径流和污染的控制,缓解或修复开发造成的难以避免的水文扰动、水文状况的冲击,减少开发行为活动对场地水文状况的冲击。

三、日本

日本是个水资源较缺乏的国家，政府十分重视对雨水的收集和利用，早在1980年，日本建设省就开始推行雨水储留渗透计划，近年来，随着雨水渗透设施的推广和应用，带动了相关领域内雨水资源化利用的法律、技术和管理体系逐渐完善。

（一）发挥规划和社会组织作用

日本建设省在1980年通过推广用水储留渗透计划来推进雨水资源的综合利用，1992年颁布的“第二代城市下水总体规划”正式将雨水渗沟、渗塘及透水地面作为城市总体规则的组成部分，要求新建和改建的大型公共建筑群必须设置雨水就地下渗设施，要求在城市中的新开发土地应附设500 m^3/hm^2 的雨洪调蓄池。1988年还成立了民间组织“日本雨水储留渗透技术协会”。这些计划、规划和非政府性的组织为日本城市用水资源的控制及利用奠定了基础，保障了雨水资源化的实施。

（二）注重雨水调蓄设施的多功能应用

日本雨水利用的具体技术措施包括降低绿地、公园、花坛、楼间空地的地面高程；在停车场、广场铺设透水路面或碎石路面，并建设渗水井，加速雨水渗流；在运动场下修建大型地下水库，并利用高层建筑的地下室作为水库调蓄雨洪；在东京、大阪等特大城市建设地下河，将低洼地区雨水导入地下河；在城市上游侧修建分洪水路；在城市河道狭窄处修筑旁通水道；在低洼处建设大型泵站排水等。其中，最具特色的技术手段是建设雨水调节池，在传统的、功能单一的雨水调节池的基础上发展了多功能调蓄设施，具有设计标准高、规模大、效益投资高的特点。当非雨季或没有大暴雨时，多功能调蓄设施还可以全部或部分地发挥城市景观、公园、绿地、停车场、运动场、市民休闲集会和娱乐场所等多种功能。

（三）加大雨水利用的政府补助

日本对雨水利用实行补助金制度，各个地区和城市的补助政策不一。例如，东京都墨田区1996年开始建立促进雨水利用补助金制度，对地下储雨装置、中型储雨装置和小型储雨装置给予一定的补助，水池补40～120美元/m^3，雨水净化器补1/3～2/3的设备价，以此促进雨水利用技术的应用以及雨水资源化。

四、澳大利亚

维多利亚州首府墨尔本是澳大利亚的文化、商业、教育、娱乐、体育及旅游中心，在2011年、2012年和2013年连续3年的世界宜居城市评比中均摘得桂冠。墨尔本人口约400万人，面积8 800 km^2，城市绿化面积比率高达40%，以花园城市而闻名世界。和世界其他大城市一样，在城市发展中，墨尔本也面临城市防洪、水资源短缺和水环境保护等方面的挑战。作为城市水环境管理尤其是现代雨洪管理领域的新锐，墨尔本倡导的水敏性城市设计（Water Sensitive Urhan Design, WSUD）和相关持续的前沿研究，使其逐渐成为城市雨洪管理领域的世界领军城市。目前，澳大利亚要求2 hm^2 以上的城市开发必须采用WSUD技术进行雨洪管理设计，其主要设计内容包括控制径流量——开发后防洪排涝系统（河道、排水管网等）上、下游的设计洪峰流量、洪水位和流速不超过现状；保护受纳水体水质——项目建成后的场地初期雨水无须收集处理，通过雨水水质处理设施使污染物含量达到一定程度的削减，比如一般要求总磷量达45%，总氤量达45%和总悬浮颗粒（泥沙颗粒及附着其上的重金属和有机物质等）达80%后，方可排入下游河道或水体，水质处理目标要根据下游水体的敏感性程度来确定。雨洪处理设施融入城市景观，力求功能和景观的融合，将雨水作为一种景观要素。

五、中国

近年来，我国的雨水资源化利用与管理逐渐起步，重庆、深圳、武汉等地也开始建设海绵城市。国内“海绵城市”建设典型经验简介如下。

（一）重庆

重庆市发布了《重庆市海绵城市建设管理办法（试行）》，主城区和规划常住人口较大（100万人以上）的城区（区、县）可以分总规和控规两阶段开展专项规划编制工作，第一阶段将雨水年径流总量控制率等目标分解到排水分区，第二阶段将雨水年径流总量控制率等目标分解到控规地块。推广海绵型建筑与居住小区，因地制宜采取屋顶绿化、雨水调蓄与收集利用、微地形改造等措施，提高建筑与小区的雨水积存和蓄滞能力。推进海绵型道路与广场建设，改变雨水快排、直排的传统做法，采用适用于大坡度道路的低影响开发设施，增强道路绿化带对雨水的消纳功能。推广海绵型公园和绿地，通过建设雨水花园、下凹式绿地、人工湿地等措施，增强公园和绿地系统的城市海绵体功能。加强对城市坑塘、河湖、湿地等水体自然形态的保护和恢复。应根据海绵城市专项规划和修建性详细规划，确定海绵城市近期建设区域和建设重点，确保到2020年，城市建成区20%以上面积达到海绵城市指标要求，到2030年，城市建成区80%以上面积达到海绵城市指标要求。近期建设区域应当报同级政府批准后实施，并报市城乡建设主管部门备案。对于以海绵城市理念建设并通过竣工验收达到海绵城市要求的居住小区，实行星级评价制度。评价采取自愿申请原则，由重庆市海绵城市建设专家委员会按照市相关评价标准对申报建筑小区的海绵城市建设效果进行评价并授予星级。评价标准由市城乡建设主管部门另行制定。对于已建成的建筑小区，可以通过以奖代补方式，鼓励业主按照海绵城市建设要求进行改造。区（县）政府要建立雨水径流水量水质监测系统、河湖水系水量水质监测系统、重要海绵城市设施运行情况监测系统、降雨及城市气温监测系统，运用大数据、互联网等技术手段，开展海绵城市规划、建设、运营管理和环境绩效的全过程综合管理，实现智慧水务和智慧城建目标。

（二）深圳

1. 开展相关技术交流与研究

2004年，深圳市举办了第四届流域管理与城市供水国际学术研讨会，深圳市水务局与美国土木工程师协会和美国联邦环保局签署包括流域管理、面源污染控制和低冲击开发的技术交流与合作协议框架。深圳市光明新区低冲击开发示范区成为国家水体污染控制与治理科技重大专项“低影响开发城市雨水系统研究与示范”项目的基础研究与示范基地。通过课题研究，将国际交流与自身实践相结合，促进城市雨水系统建设理念从快排为主，到“渗、滞、蓄、用、排”相结合的转变，为探索“自身可持续、成本可接受、形式可复制”的低冲击开发模式奠定基础。

2. 编制完善地方相关导则规范

深圳编制了一系列关于低冲击开发的地方技术规范，包括《雨水利用工程技术规范》（SZDBZ 49—2011）、《再生水、雨水利用水质规范》（SZJG 32—2010）等。

3. 武汉

武汉发布了《武汉市海绵城市规划设计导则》（试行），新建建筑与小区中高度不超过 50 m 的平房屋宜采用屋顶绿化。新建公园透水铺装率应不低于 55%，改建公园应不低于 45%。新建城市广场透水铺装率应不低于 50%，改建城市广场透水铺装率不低于 40%，导则还图文并茂地对各种透水铺装、下沉绿地等设施的建设方法、技术规格要求做了描述。

学习情境三　“海绵城市”技术选择

一、技术类型

低影响开发技术按主要功能一般可分为渗透、储存、调节、转输、截污净化等几类。通过各类技术的组合应用，可实现径流总量控制、径流峰值控制、径流污染控制、雨水资源化利用等目标。在实践中，应结合不同区域水文地质、水资源等特点及技术经济分析，按照因地制宜和经济高效的原则选择低影响开发技术及其组合系统。

二、单项设施

各类低影响开发技术又包含若干不同形式的低影响开发设施，主要有透水铺装、绿色屋顶、下沉式绿地、生物滞留设施、渗透塘、渗井、湿塘、雨水湿地、蓄水池、雨水罐、调节塘、调节池、植草沟、渗管（渠）、植被缓冲带、初期雨水弃流设施、人工土壤渗滤等。低影响开发单项设施往往具有多个功能，如生物滞留设施的功能除渗透补充地下水外，还可削减峰值流量、净化雨水，实现径流总量、径流峰值和径流污染控制等多重目标。因此，应根据设计目标灵活选用低影响开发设施及其组合系统，根据主要功能按相应的方法进行设施规模计算，并对单项设施及其组合系统的设施选型和规模进行优化。

（一）透水铺装

透水铺装按照面层材料不同可分为透水砖铺装、透水水泥混凝土铺装和透水沥青混凝土铺装，嵌草砖、园林铺装中的鹅卵石、碎石铺装等也属于渗透铺装。透水铺装结构应符合《透水砖路面技术规程》（CJJ/T 188—2012）、《透水沥青路面技术规程》（CJJ/T 190—2012）和《透水水泥混凝土路面技术规程》（CJJ/T 135—2009）的规定。透水铺装还应满足以下要求：

（1）当透水铺装对道路路基强度和稳定性的潜在风险较大时，可采用半透水铺装结构。

（2）当土地透水能力有限时，应在透水铺装的透水基层内设置排水管或排水板。

（3）当透水铺装设置在地下室顶板上时，顶板覆土厚度不应小于 600 mm，并应设置排水层。

透水砖铺装典型结构示意图如图 9-1 所示。

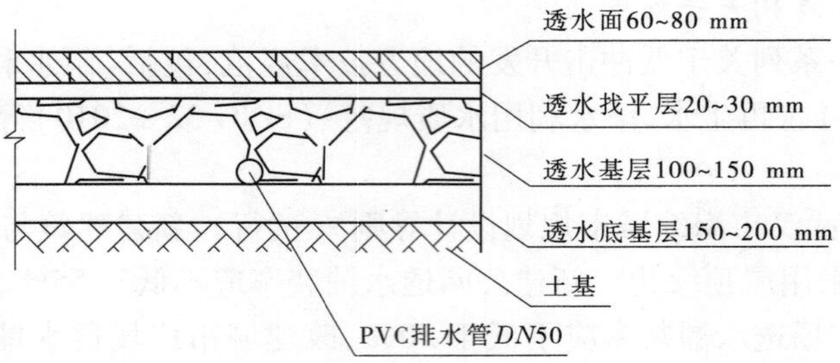

图 9-1　透水砖铺装典型结构示意图

(二)绿色屋顶

绿色屋顶也称种植屋面、屋顶绿化等,根据种植基质深度和景观复杂程度,绿色屋顶又分为简单式和花园式,基质深度根据植物需求及屋顶荷载确定,简单式绿色屋顶的基质深度一般不大于 150 mm,花园式绿色屋顶在种植乔木时基质深度可超过 600 mm,绿色屋顶的设计可参考《种植屋面工程技术规程》(JGJ 155—2013)。

绿色屋顶典型构造示意图如图 9-2 所示。

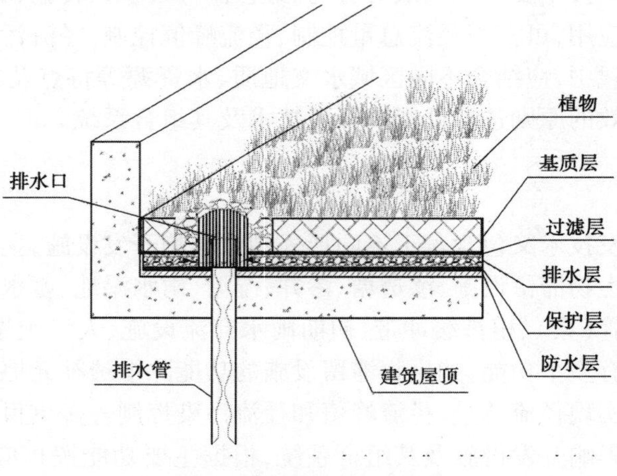

图 9-2　绿色屋顶典型构造示意图

(三)下沉式绿地

下沉式绿地具有狭义和广义之分。狭义的下沉式绿地指低于周边铺砌地面或道路在 200 mm 以内的绿地;广义的下沉式绿地泛指具有一定的调蓄容积(在以径流总量控制为目标进行目标分解或设计计算时,不包括调节容积),且可用于调蓄和净化径流雨水的绿地,包括生物滞留设施、渗透塘、湿塘、雨水湿地、调节塘等。狭义的下沉式绿地应满足以下要求:

(1)下沉式绿地的下凹深度应根据植物耐淹性能和土壤渗透性能确定,一般为 100 ~ 200 mm。

(2)下沉式绿地内一般应设置溢流口(如雨水口),保证暴雨时径流的溢流排放,溢流口顶部标高一般应高于绿地 50 ~ 100 mm。

狭义的下沉式绿地典型构造示意图如图 9-3 所示。

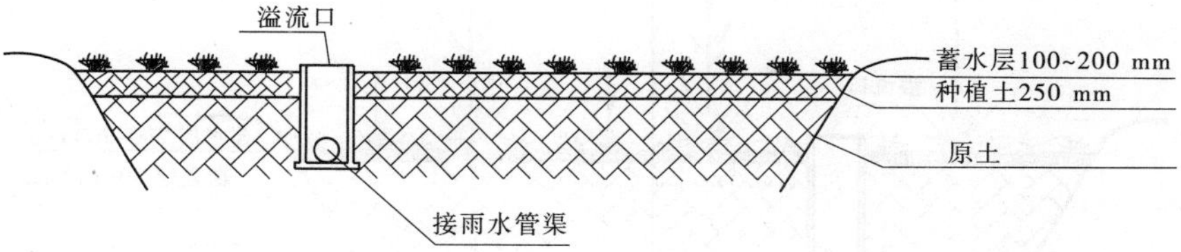

图 9-3　狭义的下沉式绿地典型构造示意图

（四）生物滞留设施

生物滞留设施指在地势较低的区域，通过植物、土壤和微生物系统蓄渗、净化径流雨水的设施。生物滞留设施分为简易型生物滞留设施和复杂型生物滞留设施，按应用位置不同又称作雨水花园、生物滞留带、高位花坛、生态树池等。生物滞留设施应满足以下要求：

（1）对于污染严重的汇水区应选用植草沟、植被缓冲带或沉淀池等对径流雨水进行预处理，去除大颗粒的污染物并减缓流速；应采取弃流、排盐等措施防止融雪剂或石油类等高浓度污染物侵害植物。

（2）屋面径流雨水可由雨落管接入生物滞留设施，道路径流雨水可通过路缘石豁口进入，路缘石豁口尺寸和数量应根据道路纵坡等经计算确定。

（3）当生物滞留设施应用于道路绿化带时，若道路纵坡大于 1%，应设置挡水堰（台坎），以减缓流速，并增加雨水渗透量；设施靠近路基部分应进行防渗处理，防止对道路路基稳定性造成影响。

（4）生物滞留设施内应设置溢流设施，可采用溢流竖管、盖箅溢流井或雨污水口等，溢流设施顶一般应低于汇水面 100 mm。

（5）生物滞留设施宜分散布置且规模不宜过大，生物滞留设施面积与汇水面积之比一般为 5% ~10%。

（6）复杂型生物滞留设施结构层外侧及底部应设置透水土工布，防止周围原土侵入。如经评估认为下渗会对周围建（构）筑物造成塌陷风险，或者拟将底部出水进行集蓄回用时，可在生物滞留设施底部和周边设置防渗膜。

（7）生物滞留设施的蓄水层深度应根据植物耐淹性能和土壤渗透性能来确定，一般为 200 ~300 mm，并应设 100 mm 的超高；换土层介质类型及深度应满足出水水质要求，还应符合植物种植及园林绿化养护管理技术要求；为防止换土层介质流失，换土层底部一般设置透水土工布隔离层，也可采用厚度不小于 100 mm 的砂层（细砂和粗砂）代替；砾石层起到排水作用，厚度一般为 250 ~300 mm，可在其底部埋置管径为 100 ~150 mm 的穿孔排水管，砾石应洗净且粒径不小于穿孔管的开孔孔径；为提高生物滞留设施的调蓄作用，在穿孔管底部可增设一定厚度的砾石调蓄层。

简易型生物滞留设施典型构造示意图如图 9-4 所示。

复杂型生物滞留设施典型构造示意图如图 9-5 所示。

（五）渗透塘

渗透塘是一种用于雨水下渗、补充地下水的洼地，具有一定的净化雨水和削减峰值流量的作用。

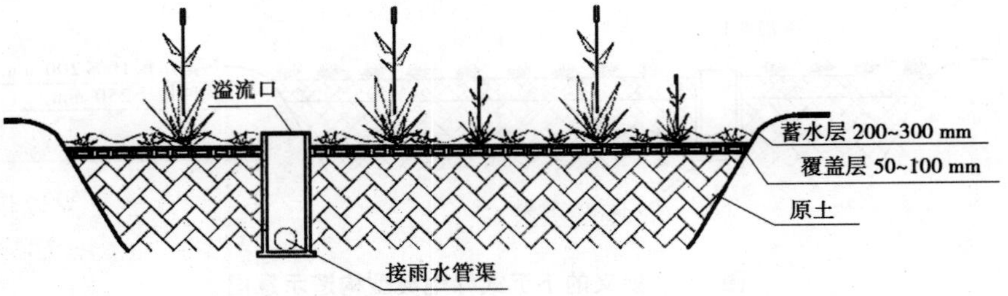

图 9-4　简易型生物滞留设施典型构造示意图

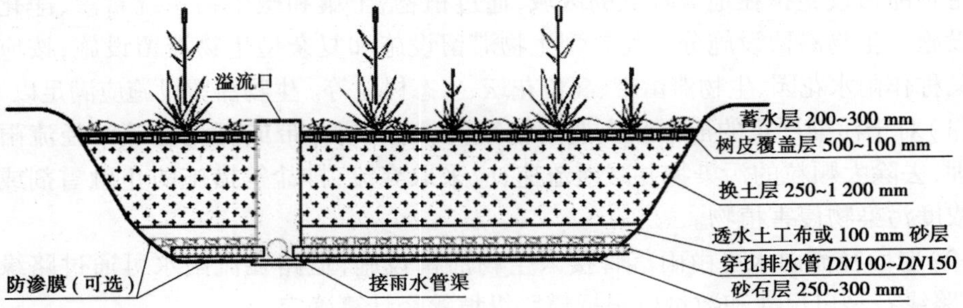

图 9-5　复杂型生物滞留设施典型构造示意图

渗透塘应满足以下要求：

(1)渗透塘前应设置沉砂池、前置塘等预处理设施，去除大颗粒的污染物并减缓流速；有降雪的城市，应采取弃流、排盐等措施防止融雪剂侵害植物。

(2)渗透塘边坡坡度(垂直：水平)一般不大于 1∶3，塘底至溢流水位一般不小于 0.6 m。

(3)渗透塘底部构造一般为 200 ~ 300 mm 的种植土、透水土工布及 300 ~ 500 mm 的过滤介质层。

(4)渗透塘排空时间不应大于 24 h。

(5)渗透塘应设溢流设施，并与城市雨水管渠系统和超标雨水径流排放系统衔接，渗透塘外围应设安全防护措施和警示牌。

渗透塘典型构造示意图如图 9-6 所示。

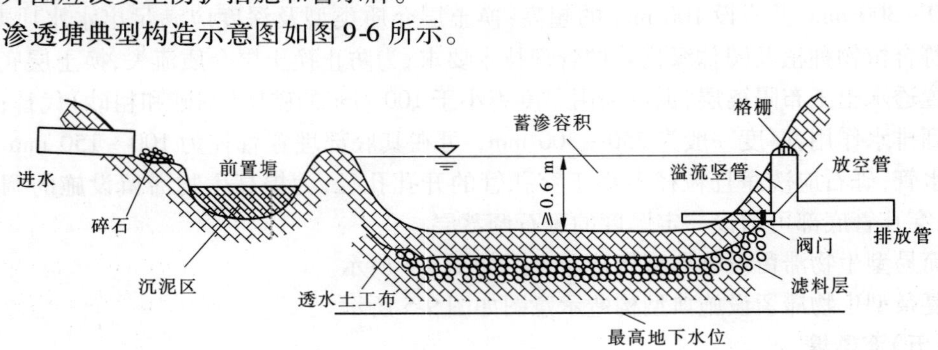

图 9-6　渗透塘典型构造示意图

(六)渗井

渗井指通过井壁和井底进行雨水下渗的设施,为增大渗透效果,可在渗井周围设置水平渗排管,并在渗排管周围铺设砾(碎)石。

渗井应满足下列要求:

(1)雨水由渗井下渗前应通过植草沟、植被缓冲带等设施对雨水进行预处理。

(2)渗井的出水管的内底高程应高于进水管管内顶高程,但不应高于上游相邻井的出水管管内底高程。渗井调蓄容积不足时,也可在渗井周围连接水平渗排管,形成辐射渗井。

辐射渗井构造示意图如图9-7所示。

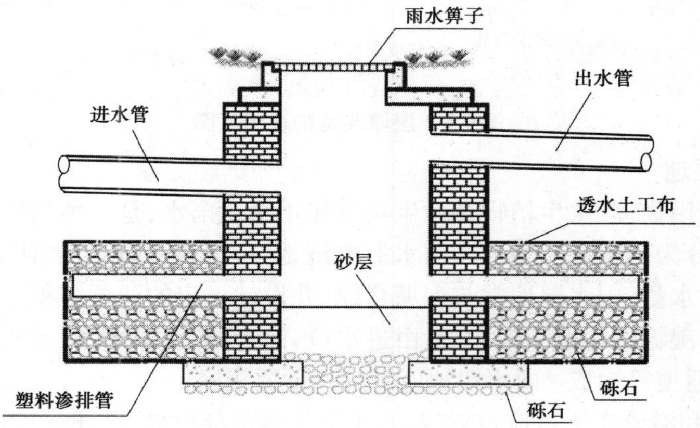

图9-7　辐射渗井构造示意图

(七)湿塘

湿塘指具有雨水调蓄和净化功能的景观水体,雨水同时作为其主要的补水水源。湿塘有时可结合绿地、开放空间等场地条件设计为多功能调蓄水体,即平时发挥正常的景观及休闲、娱乐功能,暴雨发生时发挥调蓄功能,实现土地资源的多功能利用。

湿塘一般由进水口、前置塘、主塘、溢流出水口、护坡及驳岸、维护通道等构成。湿塘应满足以下要求:

(1)进水口和溢流出水口应设置碎石、消能坎等消能设施,防止水流冲刷和侵蚀。

(2)前置塘为湿塘的预处理设施,起到沉淀径流中大颗粒污染物的作用;池底一般为混凝土或块石结构,便于清淤;前置塘应设置清淤通道及防护设施,驳岸形式宜为生态软驳岸,边坡坡度(垂直:水平)一般为1:2～1:8;前置塘沉泥区容积应根据清淤周期和所汇入径流雨水的SS污染物负荷确定。

(3)主塘一般包括常水位以下的永久容积和储存容积,永久容积水深一般为0.8～2.5 m;储存容积一般根据所在区域相关规划提出的"单位面积控制容积"确定;具有峰值流量削减功能的湿塘还包括调节容积,调节容积应在24～48 h内排空;主塘与前置塘间宜设置水生植物种植区(雨水湿地),主塘驳岸宜为生态软驳岸,边坡坡度(垂直:水平)不宜大于1:6。

(4)溢流出水口包括溢流竖管和溢洪道,排水能力应根据下游雨水管(渠)或超标雨水径流排放系统的排水能力确定。

(5)湿塘应设置护栏、警示牌等安全防护与警示措施。

湿塘典型构造示意图如图9-8所示。

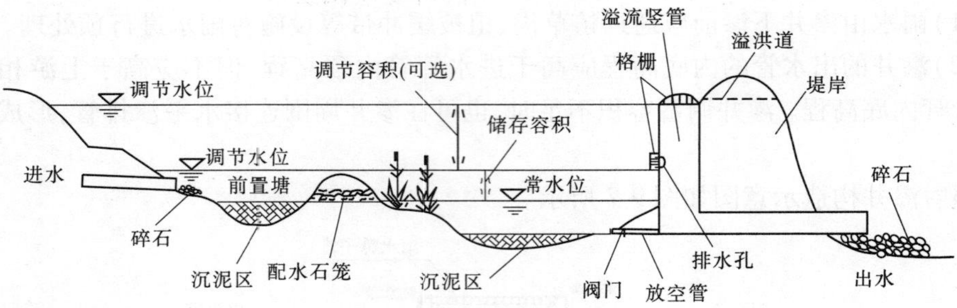

图9-8　湿塘典型构造示意图

(八)雨水湿地

雨水湿地利用物理、水生植物及微生物等作用净化雨水，是一种高效的径流污染控制设施，雨水湿地分为雨水表流湿地和雨水潜流湿地，一般设计成防渗型，以便维持雨水湿地植物所需要的水量，雨水湿地常与湿塘合建、并设计一定的调蓄容积。

雨水湿地与湿塘的构造相似，一般由进水口、前置塘、沼泽区、出水池、溢流出水口、护坡及驳岸、维护通道等构成。雨水湿地应满足以下要求：

(1)进水口和溢流出水口应设置碎石、消能坎等消能设施，防止水流冲刷和侵蚀。

(2)雨水湿地应设置前置塘对径流雨水进行预处理。

(3)沼泽区包括浅沼泽区和深沼泽区，是雨水湿地主要的净化区，其中浅沼泽区水深范围一般为0～0.3 m，深沼泽区水深范围一般为0.3～0.5 m，根据水深不同，种植不同类型的水生植物。

(4)雨水湿地的调节容积应在24 h内排空。

(5)出水池主要起防止沉淀物的再悬浮和降低温度的作用，水深一般为0.8～1.2 m，出水池容积约为总容积(不含调节容积)的10%。

雨水湿地典型构造示意图如图9-9所示。

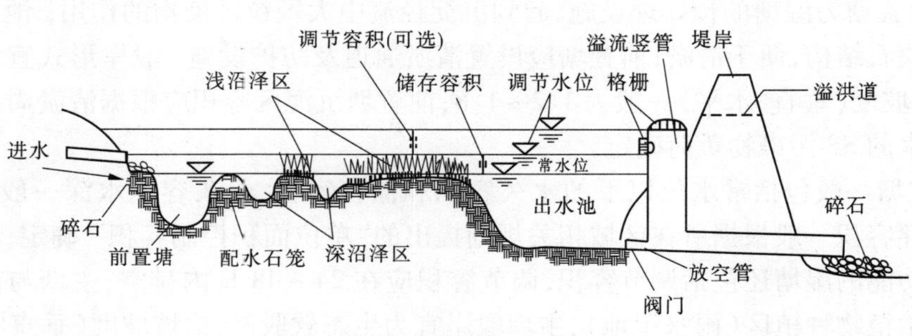

图9-9　雨水湿地典型构造示意图

（九）蓄水池

蓄水池指具有雨水储存功能的集蓄利用设施，同时具有削减峰值流量的作用，主要包括钢筋混凝土蓄水池，砖、石砌筑蓄水池及塑料蓄水模块拼装式蓄水池，用地紧张的城市大多采用地下封闭式蓄水池。蓄水池典型构造可参照国家建筑标准设计图集《雨水综合利用》（10SS705）。

（十）雨水罐

雨水罐也称雨水桶，为地上或地下封闭式的简易雨水集蓄利用设施，可用塑料、玻璃钢或金属等材料制成。

（十一）调节塘

调节塘也称干塘，以削减峰值流量功能为主，一般由进水口、调节区、出口设施、护坡及堤岸构成，也可通过合理设计使其具有渗透功能，起到一定的补充地下水和净化雨水的作用。

调节塘应满足以下要求：

（1）进水口应设置碎石、消能坎等消能设施，防止水流冲刷和侵蚀。

（2）应设置前置塘对径流雨水进行预处理。

（3）调节区深度一般为 0.6～3 m，塘中可以种植水生植物，以减小流速、增强雨水净化效果。塘底设计成可渗透时，塘底部渗透面距离季节性最高地下水位或岩石层不应小于 1 m，距离建筑物基础不应小于 3 m（水平距离）。

（4）调节塘出水设施一般设计成多级出水口形式，以控制调节塘水位，增加雨水水力停留时间（一般不大于 24 h），控制外排流量。

（5）调节塘应设置护栏、警示牌等安全防护与警示措施。

调节塘典型构造示意图如图 9-10 所示。

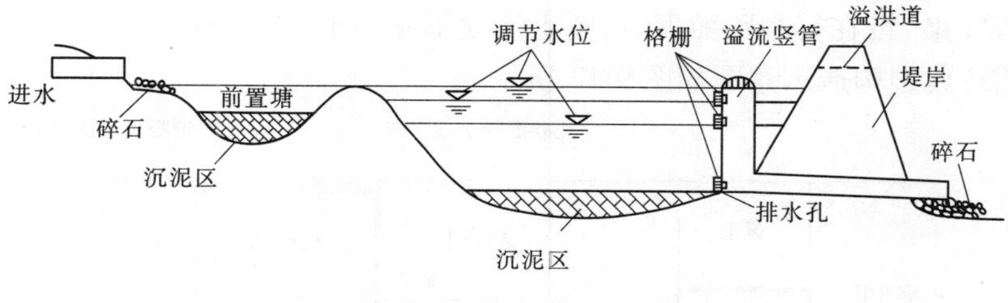

图 9-10　调节塘典型构造示意图

（十二）调节池

调节池为调节设施的一种，主要用于削减雨水管渠峰值流量，一般常用溢流堰式或底部流槽式，可以是地上敞口式调节池或地下封闭式调节池，其典型构造可参见《给水排水设计手册》（第 5 册）。

（十三）植草沟

植草沟指覆有植被的地表沟渠，可收集、输送和排放径流雨水，并具有一定的雨水净化作用，可用于衔接其他各单项设施、城市雨水管渠系统和超标雨水径流排放系统。除转输型植草沟外，还包括渗透型的干式植草沟及常有水的湿式植草沟，可分别提高径流总量和径流污染控制效果。

植草沟应满足以下要求：

(1)浅沟断面形式宜采用倒抛物线形、三角形或梯形。

(2)植草沟的边坡坡度(垂直: 水平)不宜大于1:3，纵坡不应大于4%。纵坡较大时，宜设置为阶梯形植草沟或在中途设置消能台坎。

(3)植草沟最大流速应小于0.8 m/s，曼宁系数宜为0.2～0.3。

(4)转输型植草沟内植被高度宜控制在100～200 mm。

转输型三角形断面植草沟典型构造示意图如图9-11所示。

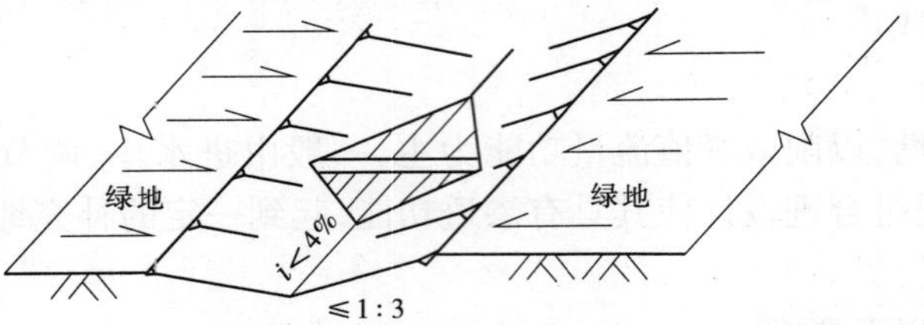

图9-11　转输型三角形断面植草沟典型构造示意图

(十四)渗管(渠)

渗管(渠)指具有渗透功能的雨水管(渠)，可采用穿孔塑料管、无砂混凝土管(渠)和砾(碎)石等材料组合而成。

渗管(渠)应满足以下要求：

(1)渗管(渠)应设置植草沟、沉淀(砂)池等预处理设施。

(2)渗管(渠)开孔率应控制在1%～3%，无砂混凝土管的孔隙率应大于20%。

(3)渗管(渠)的敷设坡度应满足排水的要求。

(4)渗管(渠)四周应填充砾石或其他多孔材料，砾石层外包透水土工布，土工布搭接宽度不应小于200 mm。

(5)渗管(渠)设在行车路面下时，覆土深度不应小于700 mm。

渗管(渠)典型构造示意图如图9-12所示。

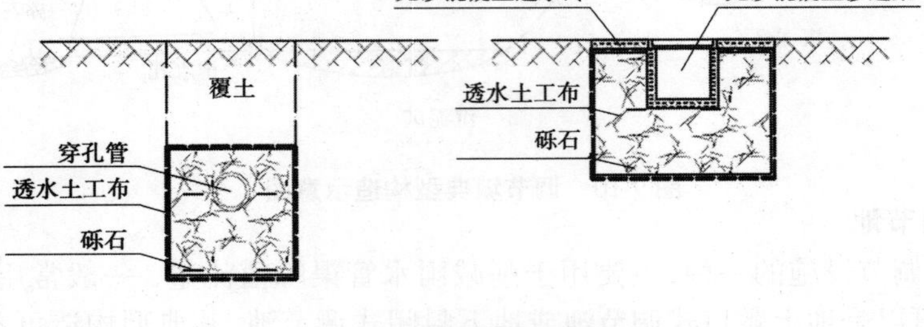

图9-12　渗管(渠)典型构造示意图

(十五)植被缓冲带

植被缓冲带为坡度较缓的植被区，经植被拦截及土壤下渗作用减缓地表径流流速，并去除径流中的部分污染物，植被缓冲带坡度一般为2%～6%，宽度不宜小于2 m。

植被缓冲带典型构造示意图如图9-13所示。

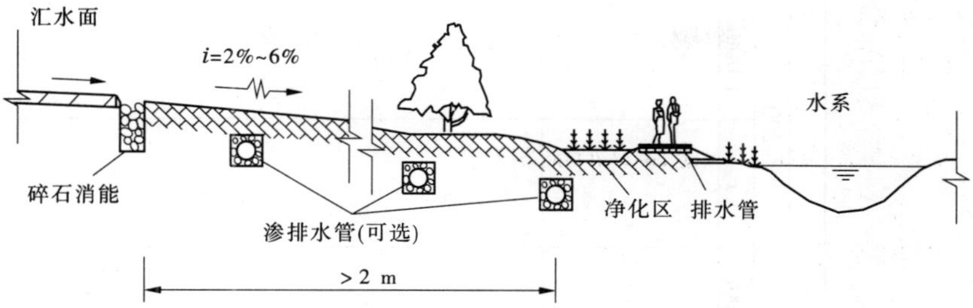

图 9-13　植被缓冲带典型构造示意图

(十六)初期雨水弃流设施

初期雨水弃流指通过一定方法或装置将存在初期冲刷效应、污染物浓度较高的降雨初期径流予以弃除,以降低雨水的后续处理难度。弃流雨水应进行处理,如排入市政污水管网(或雨污合流管网),由污水处理厂进行集中处理等。常见的初期弃流方法包括容积法弃流、小管弃流(水流切换法)等,弃流形式包括自控弃流、渗透弃流、弃流池、雨落管弃流等。

初期雨水弃流设施示意图如图 9-14 所示。

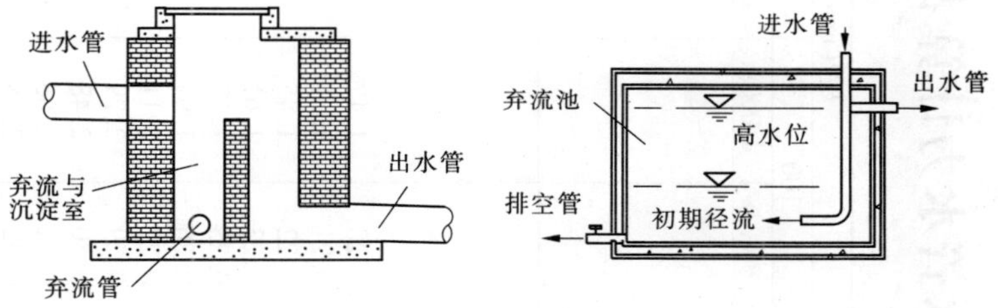

(a)小管弃流井　(b)容积法弃流装置

图 9-14　初期雨水弃流设施示意图

(十七)人工土壤渗滤

人工土壤渗滤主要作为蓄水池等雨水储存设施的配套雨水设施,以达到回用水水质指标。人工土壤渗滤设施的典型构造可参照复杂型生物滞留设施。

思考题

1. 海绵城市的含义是什么?
2. LID 的含义是什么?
3. 说一说你身边的海绵城市有哪些?

能力提升

请用笔描绘一幅你眼中的海绵城市图。

附录　相关图表

附录一　给水管水力计算表（铸铁管）

Q		DN(mm)											
		50		75		100		125		150		200	
		v	1 000i	v	1 000i	v	1 000i	v	1 000i	v	1 000i	v	1 000i
1.80	0.5	0.26	4.99										
2.16	0.6	0.32	6.90										
2.52	0.7	0.37	9.09										
2.88	0.8	0.42	11.60										
3.24	0.9	0.48	14.30	0.21	1.92								
3.60	1.0	0.53	17.30	0.23	2.31								
3.96	1.1	0.58	20.60	0.26	2.75								
4.32	1.2	0.64	24.10	0.28	3.20								
4.68	1.3	0.69	27.90	0.30	3.69								
5.04	1.4	0.74	32.00	0.33	4.22								
5.40	1.5	0.79	36.30	0.35	4.77	0.20	1.17						
5.76	1.6	0.85	40.90	0.37	5.34	0.21	1.31						
6.12	1.7	0.90	45.70	0.39	5.95	0.22	1.45						
6.48	1.8	0.95	50.80	0.42	6.59	0.23	1.61						
6.84	1.9	1.01	56.20	0.44	7.28	0.25	1.77						
7.20	2.0	1.06	61.90	0.46	7.98	0.26	1.94						
7.56	2.1	1.11	67.90	0.49	8.71	0.27	2.11						
7.92	2.2	1.17	74.00	0.51	9.47	0.29	2.29						
8.28	2.3	1.22	80.30	0.53	10.30	0.30	2.48						
8.64	2.4	1.27	87.50	0.56	11.10	0.31	2.66	0.200	0.902				
9.00	2.5	1.33	94.90	0.58	11.90	0.32	2.88	0.210	0.966				
9.36	2.6	1.38	103.00	0.60	12.80	0.34	3.08	0.215	1.030				
9.72	2.7	1.43	111.00	0.63	13.80	0.35	3.30	0.220	1.110				
10.08	2.8	1.48	119.00	0.65	14.70	0.36	3.52	0.230	1.180				
10.44	2.9	1.54	128.00	0.67	15.70	0.38	3.75	0.240	1.250				
10.80	3.0	1.59	137.00	0.70	16.70	0.39	3.98	0.250	1.330				

Q		DN(mm)											
		50		75		100		125		150		200	
		v	1 000i	v	1 000i	v	1 000i	v	1 000i	v	1 000i	v	1 000i
11.16	3.1	1.64	146	0.72	17.70	0.40	4.23	0.26	1.41				
11.52	3.2	1.70	155	0.74	18.80	0.42	4.47	0.265	1.49				
11.88	3.3	1.75	165	0.77	19.90	0.43	4.73	0.27	1.57				
12.24	3.4	1.80	176	0.79	21.00	0.44	4.99	0.28	1.66				
12.60	3.5	1.86	186	0.81	22.20	0.45	5.26	0.29	1.75				
12.96	3.6	1.91	197	0.84	23.20	0.47	5.53	0.30	1.84	0.200	0.723		
13.32	3.7	1.96	208	0.86	24.50	0.48	5.81	0.31	1.93	0.210	0.755		
13.68	3.8	2.02	219	0.88	25.80	0.49	6.10	0.315	2.03	0.212	0.794		
14.04	3.9	2.07	231	0.91	27.10	0.51	6.39	0.32	2.12	0.220	0.834		
14.40	4.0	2.12	243	0.93	28.40	0.52	6.69	0.33	2.22	0.224	0.874		
14.76	4.1	2.17	255	0.95	29.70	0.53	7.00	0.34	2.31	0.230	0.909		
15.12	4.2	2.23	268	0.98	31.10	0.55	7.31	0.35	2.42	0.235	0.952		
15.48	4.3	2.28	281	1.00	32.50	0.56	7.63	0.36	2.53	0.240	0.995		
15.84	4.4	2.33	294	1.02	33.90	0.57	7.96	0.364	2.63	0.250	1.04		
16.20	4.5	2.39	308	1.05	35.30	0.58	8.29	0.37	2.74	0.252	1.08		
16.56	4.6	2.44	321	1.07	36.80	0.60	8.63	0.38	2.85	0.260	1.12		
16.92	4.7	2.49	335	1.09	38.30	0.61	8.97	0.39	2.96	0.264	1.17		
17.28	4.8	2.55	350	1.12	39.80	0.62	9.33	0.40	3.07	0.270	1.22		
17.64	4.9	2.60	365	1.14	41.40	0.64	9.68	0.41	3.20	0.275	1.26		
18.00	5.0	2.65	380	1.16	43.00	0.65	10.00	0.414	3.31	0.280	1.31		
18.36	5.1	2.70	395	1.19	44.60	0.66	10.40	0.42	3.43	0.286	1.35		
18.72	5.2	2.76	411	1.21	46.20	0.68	10.80	0.43	3.56	0.290	1.40		
19.08	5.3	2.81	427	1.23	48.00	0.69	11.20	0.44	3.68	0.300	1.45		
19.44	5.4	2.86	443	1.26	49.80	0.70	11.60	0.45	3.80	0.304	1.50		
19.80	5.5	2.92	459	1.28	51.70	0.72	12.00	0.455	3.92	0.310	1.55		
20.16	5.6	2.97	476	1.30	53.60	0.73	12.30	0.46	4.07	0.315	1.60		

Q		DN(mm)											
		50		75		100		125		150		200	
		v	1 000i	v	1 000i	v	1 000i	v	1 000i	v	1 000i	v	1 000i
20. 52	5. 7	3. 02	493	1. 33	55. 3	0. 74	12. 7	0. 47	4. 19	0. 33	1. 71		
20. 88	5. 8			1. 35	57. 3	0. 75	13. 2	0. 48	4. 32	0. 333	1. 77		
21. 24	5. 9			1. 37	59. 3	0. 77	13. 6	0. 49	4. 47	0. 34	1. 81		
21. 60	6. 0			1. 39	61. 5	0. 78	14. 0	0. 50	4. 60	0. 344	1. 87		
21. 96	6. 1			1. 42	63. 6	0. 79	14. 4	0. 505	4. 74	0. 35	1. 93		
22. 32	6. 2			1. 44	65. 7	0. 80	14. 9	0. 51	4. 87	0. 356	1. 99		
22. 68	6. 3			1. 46	67. 8	0. 82	15. 3	0. 52	5. 03	0. 36	2. 08	0. 200	0. 505
23. 04	6. 4			1. 49	70. 0	0. 83	15. 8	0. 53	5. 17	0. 37	2. 10	0. 206	0. 518
23. 40	6. 5			1. 51	72. 2	0. 84	16. 2	0. 54	5. 31	0. 373	2. 16	0. 210	0. 531
23. 76	6. 6			1. 53	74. 4	0. 86	16. 7	0. 55	5. 46	0. 38	2. 22	0. 212	0. 545
24. 12	6. 7			1. 56	76. 7	0. 87	17. 2	0. 555	5. 62	0. 384	2. 28	0. 215	0. 559
24. 48	6. 8			1. 58	79. 0	0. 88	17. 7	0. 56	5. 77	0. 39	2. 34	0. 220	0. 577
24. 84	6. 9			1. 60	81. 3	0. 90	18. 1	0. 57	5. 92	0. 396	2. 41	0. 222	0. 591
25. 20	7. 0			1. 63	83. 7	0. 91	18. 6	0. 58	6. 09	0. 40	2. 46	0. 225	0. 605
25. 56	7. 1			1. 65	86. 1	0. 92	19. 1	0. 59	6. 24	0. 41	2. 53	0. 228	0. 619
25. 92	7. 2			1. 67	88. 6	0. 93	19. 6	0. 60	6. 40	0. 413	2. 60	0. 230	0. 634
26. 28	7. 3			1. 70	91. 1	0. 95	20. 1	0. 604	6. 56	0. 42	2. 66	0. 235	0. 653
26. 64	7. 4			1. 72	93. 6	0. 96	20. 7	0. 61	6. 74	0. 424	2. 72	0. 238	0. 668
27. 00	7. 5			1. 74	96. 1	0. 97	21. 2	0. 62	6. 90	0. 43	2. 79	0. 240	0. 683
27. 36	7. 6			1. 77	98. 7	0. 99	21. 7	0. 63	7. 06	0. 436	2. 86	0. 244	0. 698
27. 72	7. 7			1. 79	101. 0	1. 00	22. 2	0. 64	7. 25	0. 44	2. 93	0. 248	0. 718
28. 08	7. 8			1. 81	104. 0	1. 01	22. 8	0. 65	7. 41	0. 45	2. 99	0. 250	0. 734
28. 44	7. 9			1. 84	107. 0	1. 03	23. 3	0. 654	7. 58	0. 453	3. 07	0. 254	0. 749
28. 80	8. 0			1. 86	109. 0	1. 04	23. 9	0. 66	7. 78	0. 46	3. 14	0. 257	0. 765
29. 16	8. 1			1. 88	112. 0	1. 05	24. 4	0. 67	7. 95	0. 465	3. 21	0. 260	0. 781
29. 52	8. 2			1. 91	115. 0	1. 06	25. 0	0. 68	8. 12	0. 47	3. 28	0. 264	0. 802

Q		DN(mm)											
		75		100		125		150		200		250	
		v	1 000i	v	1 000i	v	1 000i	v	1 000i	v	1 000i	v	1 000i
29.88	8.30	1.93	118	1.08	25.6	0.69	8.30	0.476	3.35	0.267	0.819		
30.24	8.40	1.95	121	1.09	26.2	0.70	8.50	0.48	3.43	0.27	0.835		
30.60	8.50	1.98	123	1.10	26.7	0.704	8.68	0.49	3.49	0.273	0.851		
30.96	8.60	2.00	126	1.12	27.3	0.71	8.86	0.493	3.57	0.277	0.874		
31.32	8.70	2.02	129	1.13	27.9	0.72	9.04	0.50	3.65	0.28	0.891		
31.68	8.80	2.05	132	1.14	28.5	0.73	8.25	0.505	3.73	0.283	0.908		
32.04	8.90	2.07	135	1.16	29.2	0.74	9.44	0.51	3.80	0.287	0.93		
32.40	9.00	2.09	138	1.17	29.9	0.745	9.63	0.52	3.91	0.29	0.942		
33.30	9.25	2.15	146	1.20	31.3	0.77	40.10	0.53	4.07	0.30	0.989		
34.20	9.50	2.21	154	1.23	33.0	0.79	10.60	0.54	4.28	0.305	1.04		
35.10	9.75	2.27	162	1.27	34.7	0.81	11.20	0.56	4.49	0.31	1.09		
36.00	10.00	2.33	171	1.30	36.5	0.83	11.70	0.57	4.69	0.32	1.13	0.200	0.384
36.90	10.25	2.38	180	1.33	38.4	0.85	12.20	0.59	4.92	0.33	1.19	0.210	0.40
37.80	10.50	2.44	188	1.36	40.3	0.87	12.80	0.60	5.13	0.34	1.24	0.216	0.421
38.70	10.75	2.50	197	1.40	42.2	0.89	13.40	0.62	5.37	0.35	1.30	0.220	0.438
39.60	11.00	2.56	207	1.43	44.2	0.91	14.00	0.63	5.59	0.354	1.35	0.226	0.456
40.50	11.25	2.62	216	1.46	46.2	0.93	14.60	0.64	5.82	0.36	1.41	0.230	0.474
41.40	11.50	2.67	226	1.49	48.3	0.95	15.10	0.66	6.07	0.37	1.46	0.236	0.492
42.30	11.75	2.73	236	1.53	50.4	0.97	15.80	0.67	6.31	0.38	1.52	0.240	0.51
43.20	12.00	2.79	246	1.56	52.6	0.99	16.40	0.69	6.55	0.39	1.58	0.246	0.529
44.10	12.25	2.85	256	1.59	54.8	1.01	17.00	0.70	6.82	0.394	1.64	0.250	0.552
45.00	12.50	2.91	267	1.62	57.1	1.03	17.70	0.72	7.07	0.40	1.70	0.260	0.572
45.90	12.75	2.96	278	1.66	59.4	1.06	18.40	0.73	7.32	0.41	1.76	0.262	0.592
46.80	13.00	3.02	289	1.69	61.7	1.08	19.00	0.75	7.60	0.42	1.82	0.270	0.612
47.70	13.25			1.72	64.1	1.10	19.70	0.76	7.87	0.43	1.88	0.272	0.632
48.50	13.50			1.75	66.6	1.12	20.40	0.77	8.14	0.434	1.95	0.280	0.653

Q		DN(mm)											
		100		125		150		200		250		300	
		v	1 000i	v	1 000i	v	1 000i	v	1 000i	v	1 000i	v	1 000i
49.5	13.75	1.79	69.1	1.14	21.2	0.79	8.43	0.44	2.01	0.282	0.674		
50.4	14.00	1.82	71.6	1.16	21.9	0.80	8.71	0.45	2.08	0.29	0.695		
51.3	14.25	1.85	74.2	1.18	22.6	0.85	8.99	0.46	2.15	0.293	0.721		
52.2	14.50	1.88	76.8	1.20	23.3	0.83	9.30	0.47	2.21	0.30	0.743	0.20	0.301
53.1	14.75	1.92	79.5	1.22	24.1	0.85	9.59	0.474	2.28	0.303	0.766	0.210	0.312
54.0	15.00	1.95	82.2	1.24	24.9	0.86	9.88	0.48	2.35	0.31	0.788	0.212	0.32
55.8	15.50	2.01	87.8	1.28	26.6	0.89	10.50	0.50	2.50	0.32	0.834	0.22	0.338
57.6	16.00	2.08	93.5	1.32	28.4	0.92	11.10	0.51	2.64	0.33	0.886	0.23	0.358
59.4	16.50	2.14	99.5	1.37	30.2	0.95	11.80	0.53	2.79	0.34	0.935	0.233	0.377
61.2	17.00	2.21	106	1.41	32.0	0.97	12.50	0.55	2.96	0.35	0.985	0.24	0.398
63.0	17.05	2.27	112	1.45	33.9	1.00	13.20	0.56	3.12	0.36	1.04	0.25	0.421
64.8	18.00	2.34	118	1.49	35.9	1.03	13.90	0.58	3.28	0.37	1.09	0.255	0.443
66.6	18.50	2.40	125	1.53	37.9	1.06	14.60	0.59	3.45	0.38	1.15	0.26	0.464
68.4	19.00	2.47	132	1.57	40.0	1.09	15.30	0.61	3.62	0.39	1.20	0.27	0.486
70.2	19.50	2.53	139	1.61	42.1	1.12	16.10	0.63	3.80	0.40	1.26	0.28	0.509
72.0	20.00	2.60	146	1.66	44.3	1.15	16.90	0.64	3.97	0.41	1.32	0.283	0.532
73.8	20.50	2.66	154	1.70	46.5	1.18	17.70	0.66	4.16	0.42	1.38	0.29	0.556
75.6	21.00	2.73	161	1.74	48.8	1.20	18.40	0.67	4.34	0.43	1.44	0.30	0.58
77.4	21.50	2.79	169	1.78	51.2	1.23	19.30	0.69	4.53	0.44	1.50	0.304	0.604
79.2	22.00	2.86	177	1.82	53.6	1.26	20.20	0.71	4.73	0.45	1.57	0.310	0.629
81.0	22.50	2.92	185	1.86	56.1	1.29	21.20	0.72	4.93	0.46	1.63	0.320	0.655
82.8	23.00	2.99	193	1.90	58.6	1.32	22.10	0.74	5.13	0.47	1.69	0.325	0.681
84.6	23.50			1.95	61.2	1.35	23.10	0.76	5.35	0.48	1.77	0.33	0.707
86.4	24.00			1.99	63.8	1.38	24.10	0.77	5.56	0.49	1.83	0.34	0.734
88.2	24.50			2.03	66.5	1.41	25.10	0.79	5.77	0.50	1.90	0.35	0.765
90.0	25.00			2.07	69.2	1.43	26.10	0.80	5.98	0.51	1.97	0.354	0.793

Q		DN(mm)											
		125		150		200		250		300		350	
		v	1 000i	v	1 000i	v	1 000i	v	1 000i	v	1 000i	v	1 000i
91. 8	25. 5	2. 11	72. 0	1. 46	27. 2	0. 82	6. 21	0. 52	2. 05	0. 36	0. 821	0. 265	0. 388
93. 6	26. 0	2. 15	74. 9	1. 49	28. 73	0. 84	6. 44	0. 53	2. 12	0. 37	0. 850	0. 270	0. 401
95. 4	26. 5	2. 19	77. 8	1. 52	29. 4	0. 85	6. 67	0. 54	2. 19	0. 375	0. 879	0. 275	0. 414
97. 2	27. 0	2. 24	80. 7	1. 55	30. 5	0. 87	6. 90	0. 55	2. 26	0. 38	0. 91	0. 28	0. 430
99. 0	27. 5	2. 28	83. 8	1. 58	31. 6	0. 88	7. 14	0. 56	2. 35	0. 39	0. 939	0. 286	0. 444
100. 8	28. 0	2. 32	86. 8	1. 61	32. 8	0. 90	7. 38	0. 57	2. 42	0. 40	0. 969	0. 29	0. 458
102. 6	28. 5	2. 36	90. 0	1. 63	34. 0	0. 92	7. 62	0. 58	2. 50	0. 403	1. 00	0. 296	0. 472
104. 4	29. 0	2. 40	93. 2	1. 66	35. 2	0. 93	7. 87	0. 59	2. 58	0. 41	1. 03	0. 30	0. 486
106. 2	29. 5	2. 44	96. 4	1. 69	36. 4	0. 95	8. 13	0. 61	2. 66	0. 42	1. 06	0. 31	0. 503
108. 0	30. 0	2. 48	99. 6	1. 72	37. 7	0. 96	8. 40	0. 62	2. 75	0. 424	1. 10	0. 312	0. 518
109. 8	30. 5	2. 53	103	1. 75	38. 9	0. 98	8. 66	0. 63	2. 83	0. 43	1. 13	0. 32	0. 533
111. 6	31. 0	2. 57	106	1. 78	40. 2	1. 00	8. 92	0. 64	2. 92	0. 44	1. 17	0. 322	0. 548
113. 4	31. 5	2. 61	110	1. 81	41. 5	1. 01	9. 19	0. 65	3. 00	0. 45	1. 20	0. 33	0. 563
115. 2	32. 0	2. 65	113	1. 84	42. 8	1. 03	9. 46	0. 66	3. 09	0. 453	1. 23	0. 333	0. 582
117. 0	32. 5	2. 69	117	1. 86	44. 2	1. 04	9. 74	0. 67	3. 18	0. 46	1. 27	0. 34	0. 597
118. 8	33. 0	2. 73	121	1. 89	45. 6	1. 06	10. 00	0. 68	3. 27	0. 47	1. 30	0. 343	0. 613
120. 6	33. 5	2. 77	124	1. 92	47. 0	1. 08	10. 30	0. 69	3. 36	0. 474	1. 34	0. 35	0. 629
122. 4	34. 0	2. 82	128	1. 95	48. 4	1. 09	10. 60	0. 70	3. 45	0. 48	1. 37	0. 353	0. 646
124. 2	34. 5	2. 86	132	1. 98	49. 8	1. 11	10. 90	0. 71	3. 54	0. 49	1. 41	0. 36	0. 665
126. 0	35. 0	2. 90	136	2. 01	51. 3	1. 12	11. 20	0. 72	3. 64	0. 495	1. 45	0. 364	0. 682
127. 8	35. 5	2. 94	140	2. 04	52. 7	1. 14	11. 50	0. 73	3. 74	0. 50	1. 49	0. 37	0. 699
129. 6	36. 0	2. 98	144	2. 06	54. 2	1. 16	11. 80	0. 74	3. 83	0. 51	1. 52	0. 374	0. 716
131. 4	36. 5	3. 02	148	2. 09	55. 7	1. 17	12. 10	0. 75	3. 93	0. 52	1. 56	0. 38	0. 733
133. 2	37. 0			2. 12	57. 3	1. 19	12. 40	0. 76	4. 03	0. 523	1. 60	0. 385	0. 754
135. 0	37. 5			2. 15	58. 8	1. 21	12. 70	0. 77	4. 13	0. 53	1. 64	0. 39	0. 772
136. 8	38. 0			2. 18	60. 4	1. 22	13. 00	0. 78	4. 23	0. 54	1. 68	0. 395	0. 789

Q		DN(mm)											
		150		200		250		300		350		400	
		v	1 000i	v	1 000i	v	1 000i	v	1 000i	v	1 000i	v	1 000i
138. 6	38. 5	2. 21	62. 0	1. 24	13. 4	0. 79	4. 33	0. 545	1. 72	0. 40	0. 808	0. 808	0. 306
140. 4	39. 0	2. 24	63. 6	1. 25	13. 7	0. 80	4. 44	0. 55	1. 76	0. 405	0. 826	0. 826	0. 310
142. 2	39. 5	2. 27	65. 3	1. 27	14. 1	0. 81	4. 54	0. 56	1. 81	0. 41	0. 848	0. 848	0. 314
144. 0	40	2. 29	66. 9	1. 29	14. 4	0. 82	4. 63	0. 57	1. 85	0. 42	0. 866	0. 866	0. 32
147. 6	41	2. 35	70. 3	1. 32	15. 2	0. 84	4. 87	0. 58	1. 93	0. 43	0. 904	0. 904	0. 33
151. 2	42	2. 41	73. 8	1. 35	15. 9	0. 86	5. 09	0. 59	2. 02	0. 44	0. 943	0. 943	0. 334
154. 8	43	2. 47	77. 4	1. 38	16. 7	0. 88	5. 32	0. 61	2. 10	0. 45	0. 986	0. 986	0. 34
158. 4	44	2. 52	81. 0	1. 41	17. 5	0. 90	5. 56	0. 62	2. 19	0. 46	1. 03	1. 03	0. 35
162. 0	45	2. 58	84. 7	1. 45	18. 3	0. 92	5. 79	0. 64	2. 29	0. 47	1. 07	1. 07	0. 36
165. 6	46	2. 64	88. 5	1. 48	19. 1	0. 94	6. 04	0. 65	2. 38	0. 48	1. 11	1. 11	0. 37
169. 2	47	2. 70	92. 4	1. 51	19. 9	0. 96	6. 27	0. 66	2. 48	0. 49	1. 15	1. 15	0. 374
172. 8	48	2. 75	96. 4	1. 54	20. 8	0. 99	6. 53	0. 68	2. 57	0. 50	1. 20	1. 20	0. 38
176. 4	49	2. 81	100	1. 58	21. 7	1. 01	6. 78	0. 69	2. 67	0. 51	1. 25	1. 25	0. 39
180. 0	50	2. 87	105	1. 61	22. 6	1. 03	7. 05	0. 71	2. 77	0. 52	1. 30	1. 30	0. 40
183. 6	51	2. 92	109	1. 64	23. 5	1. 05	7. 30	0. 72	2. 87	0. 53	1. 34	1. 34	0. 41
187. 2	52	2. 98	113	1. 67	24. 4	1. 07	7. 58	0. 74	2. 99	0. 54	1. 39	1. 39	0. 414
190. 8	53	3. 04	118	1. 70	25. 4	1. 09	7. 85	0. 75	3. 09	0. 55	1. 44	1. 44	0. 42
194. 4	54			1. 74	26. 3	1. 11	8. 13	0. 76	3. 20	0. 56	1. 49	1. 49	0. 43
198. 0	55			1. 77	27. 3	1. 13	8. 41	0. 78	3. 31	0. 57	1. 54	1. 54	0. 44
201. 6	56			1. 80	28. 3	1. 15	8. 70	0. 79	3. 42	0. 58	1. 59	1. 59	0. 45
205. 2	57			1. 83	29. 3	1. 17	8. 99	0. 81	3. 53	0. 59	1. 64	1. 64	0. 454
208. 8	58			1. 86	30. 4	1. 19	9. 29	0. 82	3. 64	0. 60	1. 70	1. 70	0. 46
212. 4	59			1. 90	31. 4	1. 21	9. 58	0. 83	3. 77	0. 61	1. 75	1. 75	0. 47
216. 0	60			1. 93	32. 5	1. 23	9. 91	0. 85	3. 88	0. 62	1. 81	1. 81	0. 48
219. 6	61			1. 96	33. 6	1. 25	10. 20	0. 86	4. 00	0. 63	1. 86	1. 86	0. 485
223. 2	62			1. 99	34. 7	1. 27	10. 60	0. 88	4. 12	0. 64	1. 91	1. 91	0. 49

Q		DN(mm)											
		200		250		300		350		400		450	
		v	1 000i	v	1 000i	v	1 000i	v	1 000i	v	1 000i	v	1 000i
226. 8	63	2. 03	35. 8	1. 29	10. 9	0. 89	4. 25	0. 65	1. 97	0. 50	1. 02	0. 40	0. 572
230. 4	64	2. 06	37. 0	1. 31	11. 3	0. 91	4. 37	0. 67	2. 03	0. 51	1. 05	0. 402	0. 588
234. 0	65	2. 09	38. 1	1. 33	11. 7	0. 92	4. 50	0. 68	2. 09	0. 52	1. 08	0. 41	0. 606
237. 6	66	2. 12	39. 3	1. 36	12. 0	0. 93	4. 64	0. 69	2. 15	0. 525	1. 11	0. 415	0. 622
241. 2	67	2. 15	40. 5	1. 38	12. 4	0. 95	4. 76	0. 70	2. 20	0. 53	1. 14	0. 42	0. 639
244. 8	68	2. 19	41. 7	1. 40	12. 7	0. 96	4. 90	0. 71	2. 27	0. 54	1. 17	0. 43	0. 658
248. 4	69	2. 22	43. 0	1. 42	13. 1	0. 98	5. 03	0. 72	2. 33	0. 55	1. 20	0. 434	0. 674
252. 0	70	2. 25	44. 2	1. 44	13. 5	0. 99	5. 17	0. 73	2. 39	0. 56	1. 23	0. 44	0. 691
255. 6	71	2. 28	45. 5	1. 46	13. 9	1. 00	5. 30	0. 74	2. 46	0. 565	1. 27	0. 45	0. 708
259. 2	72	2. 31	46. 8	1. 48	14. 3	1. 02	5. 45	0. 75	2. 52	0. 57	1. 30	0. 453	0. 729
262. 8	73	2. 35	48. 1	1. 50	14. 7	1. 03	5. 59	0. 76	2. 59	0. 58	1. 33	0. 46	0. 746
266. 4	74	2. 38	49. 4	1. 52	15. 1	1. 05	5. 74	0. 77	2. 65	0. 59	1. 37	0. 465	0. 764
270. 0	75	2. 041	50. 8	1. 54	15. 5	1. 06	5. 88	0. 78	2. 71	0. 60	1. 40	0. 47	0. 785
273. 6	76	2. 44	52. 1	1. 56	15. 9	1. 07	6. 02	0. 79	2. 78	0. 605	1. 43	0. 48	0. 803
277. 2	77	2. 48	53. 5	1. 58	16. 3	1. 09	6. 17	0. 80	2. 85	0. 61	1. 46	0. 484	0. 821
280. 8	78	2. 51	54. 9	1. 60	16. 7	1. 10	6. 32	0. 81	2. 92	0. 62	1. 50	0. 49	0. 84
284. 4	79	2. 54	56. 3	1. 62	17. 2	1. 12	6. 48	0. 82	2. 99	0. 63	1. 54	0. 50	0. 858
288. 0	80	2. 57	57. 8	1. 64	17. 6	1. 13	6. 63	0. 83	3. 06	0. 64	1. 58	0. 503	0. 88
291. 6	81	2. 60	59. 2	1. 66	18. 1	1. 15	6. 79	0. 84	3. 13	0. 645	1. 61	0. 51	0. 899
295. 2	82	2. 64	60. 7	1. 68	18. 5	1. 16	6. 94	0. 85	3. 20	0. 65	1. 64	0. 516	0. 922
298. 8	83	2. 67	62. 2	1. 70	19. 0	1. 17	7. 10	0. 86	3. 28	0. 66	1. 68	0. 52	0. 941
302. 4	84	2. 70	63. 7	1. 73	19. 4	1. 19	7. 26	0. 87	3. 35	0. 67	1. 72	0. 53	0. 961
306. 0	85	2. 73	65. 2	1. 75	19. 9	1. 20	7. 41	0. 88	3. 42	0. 68	1. 76	0. 534	0. 981
309. 6	86	2. 77	66. 8	1. 77	20. 4	1. 22	7. 58	0. 89	3. 50	0. 684	1. 80	0. 54	1. 00
313. 2	87	2. 80	68. 3	1. 79	20. 8	1. 23	7. 76	0. 90	3. 57	0. 69	1. 83	0. 55	1. 02
316. 8	88	2. 83	69. 9	1. 81	21. 3	1. 24	7. 94	0. 91	3. 65	0. 70	1. 87	0. 553	1. 04

Q		DN(mm)											
		200		250		300		350		400		450	
		v	1 000i	v	1 000i	v	1 000i	v	1 000i	v	1 000i	v	1 000i
320. 4	89	2. 86	71. 5	1. 83	21. 8	1. 26	8. 12	0. 93	3. 73	1. 91	0. 56	0. 56	1. 07
324. 0	90	2. 89	73. 1	1. 85	22. 3	1. 27	8. 30	0. 94	3. 80	1. 95	0. 57	0. 57	1. 09
327. 6	91	2. 93	74. 8	1. 87	22. 8	1. 29	8. 49	0. 95	3. 88	1. 98	0. 572	0. 572	1. 11
331. 2	92	2. 96	76. 4	1. 89	23. 3	1. 30	8. 68	0. 96	3. 96	2. 03	0. 58	0. 58	1. 13
334. 8	93	2. 99	78. 1	1. 91	23. 8	1. 32	8. 87	0. 97	4. 05	2. 07	0. 585	0. 585	1. 16
338. 4	94	3. 02	79. 8	1. 93	24. 3	1. 33	9. 06	0. 98	4. 12	2. 12	0. 59	0. 59	1. 18
342. 0	95			1. 95	24. 8	1. 34	9. 25	0. 99	4. 20	2. 16	0. 60	0. 60	1. 20
345. 6	96			1. 97	25. 4	1. 36	9. 45	1. 00	4. 29	2. 20	0. 604	0. 604	1. 23
349. 2	97			1. 99	25. 9	1. 37	9. 65	1. 01	4. 37	2. 24	0. 61	0. 61	1. 25
352. 8	98			2. 01	26. 4	1. 39	9. 85	1. 02	4. 46	2. 29	0. 62	0. 62	1. 27
356. 4	99			2. 03	27. 0	1. 40	10. 0	1. 03	4. 54	2. 33	0. 622	0. 622	1. 29
360. 0	100			2. 05	27. 5	1. 41	10. 2	1. 04	4. 62	2. 37	0. 63	0. 63	1. 32
367. 2	102			2. 09	28. 6	1. 44	10. 7	1. 06	4. 80	2. 46	0. 64	0. 64	1. 37
374. 4	104			2. 14	29. 8	1. 47	11. 1	1. 08	4. 98	2. 55	0. 65	0. 65	1. 42
381. 6	106			2. 18	30. 9	1. 50	11. 5	1. 10	5. 16	2. 64	0. 67	0. 67	1. 47
388. 8	108			2. 22	32. 1	1. 53	12. 0	1. 12	5. 34	2. 73	0. 68	0. 68	1. 52
396. 0	110			2. 26	33. 3	1. 56	12. 4	1. 14	5. 53	2. 83	0. 69	0. 69	1. 57
403. 2	112			2. 30	34. 5	1. 58	12. 9	1. 16	5. 72	2. 92	0. 70	0. 70	1. 62
410. 4	114			2. 34	35. 8	1. 61	13. 3	1. 18	5. 91	3. 02	0. 72	0. 72	1. 68
417. 6	116			2. 38	37. 0	1. 64	13. 8	1. 21	6. 09	3. 12	0. 73	0. 73	1. 73
424. 8	118			2. 42	38. 3	1. 67	14. 3	1. 23	6. 31	3. 22	0. 74	0. 74	1. 79
432. 0	120			2. 46	39. 6	1. 70	14. 8	1. 25	6. 52	3. 32	0. 75	0. 75	1. 84
439. 2	122			2. 51	41. 0	1. 73	15. 3	1. 27	6. 74	3. 43	0. 77	0. 77	1. 90
446. 4	124			2. 55	42. 3	1. 75	15. 8	1. 29	6. 96	3. 53	0. 78	0. 78	1. 96
453. 6	126			2. 59	43. 7	1. 78	16. 3	1. 31	7. 19	3. 64	0. 79	0. 79	2. 02
460. 8	128			2. 63	45. 1	1. 81	16. 8	1. 33	7. 42	3. 75	0. 80	0. 80	2. 09

Q		DN(mm)											
		250		300		350		400		450		500	
		v	1 000i	v	1 000i	v	1 000i	v	1 000i	v	1 000i	v	1 000i
468.0	130	2.67	46.5	1.84	17.3	1.35	7.62	3.85	0.82	0.82	2.15	0.66	1.27
475.2	132	2.71	48.0	1.87	17.9	1.37	7.89	3.96	0.83	0.83	2.21	0.67	1.30
482.4	134	2.75	49.4	1.90	18.4	1.39	8.13	4.08	0.81	0.81	2.27	0.68	1.34
489.6	136	2.79	50.9	1.92	19.0	1.41	8.38	4.19	0.85	0.85	2.34	0.69	1.38
496.8	138	2.83	52.4	1.95	19.5	1.43	8.62	4.31	0.87	0.87	2.40	0.70	1.41
504.0	140	2.88	53.9	1.98	20.1	1.46	8.88	4.43	0.88	0.88	2.46	0.71	1.45
511.2	142			2.01	20.7	1.48	9.13	4.55	0.89	0.89	2.53	0.72	1.49
518.4	144			2.04	21.03	1.50	9.39	4.67	0.91	0.91	2.59	0.73	1.53
525.6	146			2.07	21.8	1.52	9.65	4.79	0.92	0.92	2.66	0.74	1.57
532.8	148			2.09	22.55	1.54	9.92	4.92	0.93	0.93	2.73	0.75	1.61
540.0	150			2.12	23.1	1.56	10.2	5.04	0.94	0.94	2.80	0.76	1.65
547.2	152			2.15	23.7	1.58	10.5	5.16	0.96	0.96	2.87	0.77	1.69
554.4	154			2.18	24.3	1.60	10.7	5.29	0.97	0.97	2.94	0.78	1.73
561.6	156			2.21	24.0	1.62	11.0	5.43	0.98	0.98	3.01	0.79	1.77
568.8	158			2.24	25.6	1.64	11.3	5.57	0.99	0.99	3.08	0.80	1.81
576.0	160			2.26	26.2	1.66	11.6	5.71	1.01	1.01	3.14	0.81	1.85
583.2	162			2.29	26.9	1.68	11.9	5.86	1.02	1.02	3.22	0.83	1.90
590.4	164			2.32	27.6	1.70	12.2	6.00	1.03	1.03	3.29	0.84	1.94
597.6	166			2.354	28.2	1.73	12.5	6.15	1.04	1.04	3.37	0.85	1.98
604.8	168			2.38	28.9	1.75	12.8	6.30	1.06	1.06	3.44	0.86	2.03
612.0	170			2.40	29.6	1.77	13.1	6.45	1.07	1.07	3.52	0.87	2.07
619.2	172			2.43	30.3	1.79	13.4	6.50	1.08	1.08	3.59	0.88	2.12
626.4	174			2.46	31.0	1.81	13.7	6.76	1.09	1.09	3.67	0.89	2.16
633.6	176			2.49	31.8	1.83	14.0	6.91	1.11	1.11	3.75	0.90	2.21
640.8	178			2.52	32.5	1.85	14.3	7.07	1.12	1.12	3.83	0.91	2.26
648.0	180			2.55	33.2	1.87	14.7	7.23	1.13	1.13	3.91	0.92	2.31

Q		DN(mm)											
		300		350		400		450		500		600	
		v	1 000i	v	1 000i	v	1 000i	v	1 000i	v	1 000i	v	1 000i
655. 2	182	2. 57	34. 0	1. 89	15. 0	1. 45	7. 39	1. 14	3. 99	0. 93	2. 35	0. 64	0. 95
662. 4	184	2. 60	34. 7	1. 91	15. 3	1. 46	7. 56	1. 16	4. 08	0. 94	2. 40	0. 65	0. 97
669. 6	186	2. 63	35. 5	1. 93	15. 7	1. 48	7. 72	1. 17	4. 16	0. 95	2. 45	0. 66	0. 99
676. 8	188	2. 66	36. 2	1. 95	16. 0	1. 50	7. 89	1. 18	4. 24	0. 96	2. 50	0. 66	1. 01
684. 0	190	2. 69	37. 0	1. 97	16. 3	1. 51	8. 06	1. 19	4. 33	0. 97	2. 55	0. 67	1. 03
691. 2	192	2. 72	37. 8	2. 00	16. 7	1. 53	8. 23	1. 21	4. 41	0. 98	2. 60	0. 68	1. 05
698. 4	194	2. 74	38. 6	2. 02	17. 0	1. 54	8. 40	1. 22	4. 50	0. 99	2. 65	0. 69	1. 07
705. 6	196	2. 77	39. 4	2. 04	17. 4	1. 56	8. 57	1. 23	4. 59	1. 00	2. 70	0. 69	1. 09
712. 8	198	2. 80	40. 2	2. 06	17. 7	1. 58	8. 75	1. 24	4. 69	1. 01	2. 75	0. 70	1. 11
720. 0	200	2. 83	41. 0	2. 08	18. 1	1. 59	8. 93	1. 26	4. 78	1. 02	2. 81	0. 71	1. 13
730. 8	203	2. 87	42. 2	2. 11	18. 7	1. 62	9. 20	1. 28	4. 93	1. 03	2. 88	0. 72	1. 16
741. 6	206	2. 91	43. 5	2. 14	19. 2	1. 64	9. 47	1. 30	5. 07	1. 05	2. 96	0. 73	1. 19
752. 4	209	2. 96	44. 8	2. 17	19. 8	1. 66	9. 75	1. 31	5. 22	1. 06	3. 04	0. 74	1. 22
763. 2	212	3. 00	46. 1	2. 20	20. 3	1. 67	10. 0	1. 33	5. 37	1. 08	3. 13	0. 75	1. 25
774. 0	215			2. 23	20. 9	1. 71	10. 3	1. 35	5. 53	1. 09	3. 21	0. 76	1. 29
784. 8	218			2. 27	21. 5	1. 73	10. 6	1. 37	5. 68	1. 11	3. 29	0. 77	1. 32
795. 6	221			2. 30	22. 1	1. 76	10. 9	1. 39	5. 84	1. 13	3. 37	0. 78	1. 36
806. 4	224			2. 33	22. 7	1. 78	11. 2	1. 41	6. 00	1. 14	3. 47	0. 79	1. 39
817. 2	227			2. 36	23. 3	1. 81	11. 5	1. 43	6. 16	1. 16	3. 55	0. 80	1. 42
828. 0	230			2. 39	24. 0	1. 83	11. 8	1. 45	6. 32	1. 17	3. 64	0. 81	1. 46
838. 8	233			2. 42	24. 6	1. 85	12. 1	1. 47	6. 49	1. 19	3. 73	0. 82	1. 49
849. 6	236			2. 45	25. 2	1. 88	12. 4	1. 48	6. 66	1. 20	3. 81	0. 83	1. 53
860. 4	239			2. 48	25. 9	1. 90	12. 7	1. 50	6. 83	1. 22	3. 91	0. 85	1. 56
871. 2	242			2. 52	26. 5	1. 93	13. 1	1. 52	7. 00	1. 23	4. 00	0. 86	1. 60
882. 0	245			2. 55	27. 2	1. 95	13. 4	1. 54	7. 17	1. 25	4. 10	0. 87	1. 64
892. 8	248			2. 58	27. 8	1. 97	13. 7	1. 56	7. 35	1. 26	4. 21	0. 88	1. 67

Q		DN(mm)											
		350		400		450		500		600		700	
		v	1 000i	v	1 000i	v	1 000i	v	1 000i	v	1 000i	v	1 000i
903.6	251	2.61	28.5	2.00	14.1	1.58	7.53	1.28	4.31	0.89	1.72	0.65	0.795
914.4	254	2.64	29.2	2.02	14.4	1.60	7.71	1.29	4.41	0.90	1.75	0.66	0.813
925.2	257	2.67	29.9	2.05	14.7	1.62	7.89	1.31	4.52	0.91	1.79	0.67	0.831
936.0	260	2.70	30.6	2.07	15.1	1.63	8.08	1.32	4.62	0.92	1.83	0.68	0.849
946.8	263	2.73	31.3	2.09	15.4	1.65	8.27	1.34	4.73	0.93	1.87	0.683	0.865
957.6	266	2.76	32.0	2.12	15.8	1.67	8.46	1.35	4.84	0.94	1.91	0.69	0.884
968.4	269	2.80	32.8	2.14	16.1	1.69	8.65	1.37	4.95	0.95	1.95	0.70	0.903
979.2	272	2.83	33.5	2.16	16.5	1.71	8.84	1.39	5.06	0.96	1.99	0.71	0.922
990.0	275	2.86	34.2	2.19	16.9	1.73	9.04	1.40	5.17	0.97	2.03	0.715	0.942
1 000.8	278	2.89	35.0	2.21	17.2	1.75	9.24	1.42	5.29	0.98	2.07	0.72	0.958
1 011.6	281	2.92	35.8	2.24	17.6	1.77	9.44	1.43	5.40	0.99	2.11	0.73	0.978
1 022.4	284	2.95	36.5	2.26	18.0	1.79	9.64	1.45	5.52	1.00	2.15	0.74	0.997
1 033.2	287	2.98	37.3	2.28	18.4	1.80	9.85	1.46	5.63	1.02	2.20	0.75	1.02
1 044.0	290	3.01	38.1	2.31	18.8	1.82	10.0	1.48	5.75	1.03	2.24	0.753	1.03
1 054.8	293			2.33	19.2	1.84	10.3	1.49	5.87	1.04	2.28	0.76	1.05
1 065.6	296			2.36	19.5	1.86	10.5	1.51	5.99	1.05	2.33	0.77	1.08
1 076.4	299			2.38	19.9	1.88	10.7	1.52	6.11	1.06	2.37	0.78	1.10
1 087.2	302			2.40	20.3	1.90	10.9	1.54	6.24	1.07	2.42	0.785	1.12
1 098.0	305			2.43	20.8	1.92	11.1	1.55	6.36	1.08	2.46	0.79	1.14
1 108.8	308			2.45	21.2	1.94	11.3	1.57	6.49	1.09	2.51	0.80	1.16
1 119.6	311			2.47	21.6	1.96	11.6	1.58	6.61	1.10	2.55	0.81	1.18
1 130.4	314			2.50	22.0	1.97	11.8	1.60	6.74	1.11	2.60	0.82	1.20
1 141.2	317			2.52	22.4	1.99	12.0	1.61	6.87	1.12	2.64	0.824	1.22
1 152.0	320			2.55	22.8	2.01	12.2	1.63	7.00	1.13	2.69	0.83	1.24
1 166.4	324			2.58	23.4	2.04	12.5	1.65	7.18	1.15	2.76	0.84	1.27
1 180.8	328			2.61	24.0	2.06	12.9	1.67	7.36	1.16	2.82	0.85	1.30

Q		DN(mm)											
		400		450		500		600		700		800	
		v	1 000i	v	1 000i	v	1 000i	v	1 000i	v	1 000i	v	1 000i
1 195. 2	332	2. 64	24. 6	2. 09	13. 2	1. 69	7. 54	1. 17	2. 88	0. 86	1. 33	0. 66	0. 683
1 209. 6	336	2. 67	25. 2	2. 11	13. 5	1. 71	7. 72	1. 19	2. 95	0. 87	1. 36	0. 67	0. 698
1 224. 0	340	2. 71	25. 8	2. 14	13. 8	1. 73	7. 91	1. 20	3. 01	0. 88	1. 39	0. 68	0. 714
1 238. 4	344	2. 74	26. 4	2. 16	14. 1	1. 75	8. 09	1. 22	3. 08	0. 89	1. 42	0. 684	0. 729
1 252. 8	348	2. 77	27. 0	2. 19	14. 5	1. 77	8. 28	1. 23	3. 15	0. 90	1. 45	0. 69	0. 745
1 267. 2	352	2. 80	27. 6	2. 21	14. 8	1. 79	8. 47	1. 24	3. 22	0. 91	1. 48	0. 70	0. 761
1 281. 6	356	2. 83	28. 3	2. 24	15. 1	1. 81	8. 67	1. 26	3. 30	0. 93	1. 51	0. 71	0. 777
1 296. 0	360	2. 86	28. 9	2. 26	15. 5	1. 83	8. 86	1. 27	3. 37	0. 94	1. 54	0. 72	0. 793
1 310. 4	364	2. 90	29. 6	2. 29	15. 8	1. 85	9. 06	1. 29	3. 45	0. 95	1. 58	0. 724	0. 809
1 324. 8	368	2. 93	30. 2	2. 31	16. 2	1. 87	9. 26	1. 30	3. 52	0. 96	1. 61	0. 73	0. 826
1339. 2	372	2. 96	30. 9	2. 34	16. 5	1. 89	9. 46	1. 32	3. 60	0. 97	1. 64	0. 74	0. 843
1 353. 6	376	2. 99	31. 5	2. 36	16. 9	1. 91	9. 67	1. 33	3. 68	0. 98	1. 67	0. 75	0. 859
1 368. 0	380	3. 02	32. 2	2. 39	17. 3	1. 94	9. 88	1. 34	3. 76	0. 99	1. 71	0. 76	0. 876
1 382. 4	384			2. 41	17. 6	1. 96	10. 1	1. 36	3. 84	1. 00	1. 74	0. 764	0. 893
1 396. 8	388			2. 44	18. 0	1. 98	10. 3	1. 37	3. 92	1. 01	1. 77	0. 77	0. 911
1 411. 2	392			2. 46	18. 4	2. 00	10. 5	1. 39	4. 00	1. 02	1. 81	0. 78	0. 928
1 425. 6	396			2. 49	18. 7	2. 02	10. 7	1. 40	4. 08	1. 03	1. 84	0. 79	0. 946
1 440. 0	400			2. 52	19. 1	2. 04	10. 9	1. 41	1. 16	1. 04	1. 88	0. 80	0. 964
1 458. 0	405			2. 55	19. 6	2. 06	11. 2	1. 43	4. 27	1. 05	1. 92	0. 81	0. 986
1 476. 0	410			2. 58	20. 1	2. 09	11. 5	1. 45	4. 37	1. 07	1. 97	0. 82	1. 01
1 494. 0	415			2. 61	20. 6	2. 11	11. 8	1. 47	4. 48	1. 08	2. 01	0. 83	1. 03
1 512. 0	420			2. 64	21. 1	2. 14	12. 1	1. 49	4. 59	1. 09	2. 06	0. 84	1. 05
1 530. 0	425			2. 67	21. 6	2. 16	12. 3	1. 50	4. 70	1. 10	2. 10	0. 85	1. 08
1 548. 0	430			2. 7	22. 1	2. 19	12. 6	1. 52	4. 81	1. 12	2. 15	0. 86	1. 10
1 566. 0	435			2. 74	22. 6	2. 22	12. 9	1. 54	4. 92	1. 13	2. 20	0. 87	1. 12
1 584. 0	440			2. 77	23. 1	2. 24	13. 2	1. 56	5. 04	1. 14	2. 24	0. 88	1. 15

Q		DN(mm)											
		450		500		600		700		800		900	
		v	1 000i	v	1 000i	v	1 000i	v	1 000i	v	1 000i	v	1 000i
1 602	445	2. 80	23. 7	2. 27	13. 5	1. 57	5. 15	1. 16	2. 29	0. 89	1. 17	0. 70	0. 651
1 620	450	2. 83	24. 2	2. 29	13. 8	1. 59	5. 27	1. 17	2. 34	0. 90	1. 20	0. 71	0. 665
1 638	455	2. 86	24. 7	2. 32	14. 2	1. 61	5. 369	1. 18	2. 39	0. 91	1. 22	0. 715	0. 679
1 656	460	2. 89	25. 3	2. 34	14. 5	1. 63	5. 51	1. 19	2. 44	0. 92	1. 25	0. 72	0. 693
1 674	465	2. 92	25. 8	2. 37	14. 8	1. 647	5. 63	1. 21	2. 49	0. 93	1. 27	0. 73	0. 707
1 692	470	2. 96	26. 4	2. 39	15. 1	1. 66	5. 75	1. 22	2. 54	0. 935	1. 30	0. 74	0. 721
1 710	475	2. 99	27. 0	2. 42	15. 4	1. 68	5. 87	1. 23	2. 59	0. 94	1. 32	0. 75	0. 736
1 728	480	3. 02	27. 5	2. 44	15. 8	1. 70	5. 99	1. 25	2. 65	0. 95	1. 35	0. 754	0. 748
1 746	485			2. 47	16. 1	1. 72	6. 12	1. 26	2. 70	0. 96	1. 38	0. 76	0. 763
1 764	490			2. 50	16. 4	1. 73	6. 25	1. 27	2. 76	0. 97	1. 40	0. 77	0. 778
1 782	495			2. 52	16. 8	1. 75	6. 38	1. 29	2. 82	0. 98	1. 43	0. 78	0. 793
1 800	500			2. 55	17. 1	1. 77	6. 50	1. 30	2. 87	0. 99	1. 46	0. 79	0. 818
1 836	510			2. 60	17. 8	1. 80	6. 77	1. 33	2. 99	1. 01	1. 51	0. 80	0. 838
1 872	520			2. 65	18. 5	1. 84	7. 04	1. 35	3. 11	1. 03	1. 56	0. 82	0. 867
1 908	530			2. 70	19. 2	1. 87	7. 31	1. 38	3. 23	1. 05	1. 62	0. 83	0. 899
1 944	540			2. 75	19. 9	1. 91	7. 59	1. 40	3. 35	1. 07	1. 68	0. 85	0. 931
1 980	550			2. 80	20. 7	1. 95	7. 87	1. 43	3. 48	1. 09	1. 74	0. 86	0. 962
2 016	560			2. 85	21. 4	1. 98	8. 16	1. 46	3. 60	1. 11	1. 80	0. 88	0. 995
2 052	570			2. 90	22. 2	2. 02	8. 45	1. 48	3. 73	1. 13	1. 86	0. 90	1. 03
2 088	580			2. 95	23. 0	2. 05	8. 75	1. 51	3. 87	1. 15	1. 92	0. 91	1. 06
2 124	590			3. 00	23. 8	2. 09	9. 06	1. 53	4. 00	1. 17	1. 98	0. 93	1. 10
2 160	600					2. 12	9. 37	1. 56	4. 14	1. 19	2. 05	0. 94	1. 13
2 196	610					2. 16	9. 68	1. 59	4. 28	1. 21	2. 11	0. 96	1. 17
2 232	620					2. 19	10. 0	1. 61	4. 42	1. 23	2. 18	0. 97	1. 20
2 268	630					2. 23	10. 3	1. 64	4. 56	1. 25	2. 25	0. 99	1. 24
2 304	640					2. 26	10. 7	1. 66	4. 71	1. 27	2. 32	1. 01	1. 28

Q		DN(mm)											
		600		700		800		900		1 000		1 100	
		v	1 000i	v	1 000i	v	1 000i	v	1 000i	v	1 000i	v	1 000i
2 340	650	2. 30	11. 0	1. 69	4. 86	1. 29	2. 39	1. 02	1. 31	0. 83	0. 775	0. 684	0. 482
2 376	660	2. 33	11. 3	1. 71	5. 01	1. 31	2. 47	1. 04	1. 35	0. 84	0. 796	0. 695	0. 496
2 412	670	2. 37	11. 7	1. 74	5. 16	1. 33	2. 54	1. 05	1. 39	0. 85	0. 819	0. 705	0. 509
2 448	680	2. 41	12. 0	1. 77	5. 32	1. 35	2. 62	1. 07	1. 43	0. 87	0. 842	0. 716	0. 524
2 484	690	2. 44	12. 4	1. 79	5. 47	1. 37	2. 70	1. 08	1. 47	0. 88	0. 964	0. 726	0. 538
2 520	700	2. 48	12. 7	1. 82	5. 63	1. 39	2. 78	1. 10	1. 51	0. 89	0. 888	0. 737	0. 553
2 556	710	2. 51	13. 1	1. 84	5. 79	1. 41	2. 86	1. 12	1. 55	0. 90	0. 912	0. 747	0. 566
2 592	720	2. 55	13. 5	1. 87	5. 96	1. 43	2. 94	1. 13	1. 59	0. 92	0. 837	0. 758	0. 582
2 628	730	2. 58	13. 9	1. 90	6. 13	1. 45	3. 02	1. 15	1. 63	0. 93	0. 959	0. 768	0. 596
2 664	740	2. 62	14. 2	1. 92	6. 29	1. 47	3. 10	1. 16	1. 67	0. 94	0. 985	0. 779	0. 612
2 700	750	2. 65	14. 6	1. 95	6. 47	1. 49	3. 19	1. 18	1. 72	0. 95	1. 01	0. 789	0. 627
2 736	760	2. 69	15. 0	1. 97	6. 64	1. 51	3. 27	1. 19	1. 76	0. 97	1. 04	0. 80	0. 643
2 772	770	2. 72	15. 4	2. 00	6. 82	1. 53	3. 36	1. 21	1. 80	0. 98	1. 06	0. 81	0. 658
2 808	780	2. 76	15. 8	2. 03	6. 99	1. 55	3. 45	1. 23	1. 85	0. 99	1. 09	0. 821	0. 674
2 844	790	2. 79	16. 2	2. 05	7. 17	1. 57	3. 53	1. 24	1. 89	1. 01	1. 11	0. 831	0. 689
2 880	800	2. 83	16. 6	2. 08	7. 36	1. 59	3. 62	1. 26	1. 94	1. 02	1. 14	0. 842	0. 706
2 916	810	2. 86	17. 1	2. 10	7. 54	1. 61	3. 72	1. 27	1. 99	1. 03	1. 16	0. 852	0. 724
2 952	820	2. 90	17. 5	2. 13	7. 73	1. 63	3. 81	1. 29	2. 04	1. 04	1. 19	0. 863	0. 739
2 988	830	2. 94	17. 9	2. 16	7. 92	1. 65	3. 90	1. 30	2. 09	1. 06	1. 22	0. 873	0. 755
3 024	840	2. 97	18. 4	2. 18	8. 11	1. 67	4. 00	1. 32	2. 14	1. 07	1. 24	0. 884	0. 773
3 060	850	3. 01	18. 8	2. 21	8. 31	1. 69	4. 09	1. 34	2. 19	1. 08	1. 27	0. 894	0. 789
3 096	860			2. 23	8. 50	1. 71	4. 19	1. 35	2. 24	1. 09	1. 30	0. 905	0. 807
3 132	870			2. 26	8. 70	1. 73	4. 29	1. 37	2. 30	1. 11	1. 33	0. 916	0. 826
3 168	880			2. 29	8. 90	1. 75	4. 39	1. 38	2. 35	1. 12	1. 36	0. 926	0. 842
3 204	890			2. 31	9. 11	1. 77	4. 49	1. 40	2. 40	1. 13	1. 39	0. 937	0. 861
3 240	900			2. 34	9. 31	1. 79	4. 59	1. 41	2. 46	1. 15	1. 42	0. 947	0. 878

Q		DN(mm)											
		700		800		900		1 000		1 100		1 200	
		v	1 000i	v	1 000i	v	1 000i	v	1 000i	v	1 000i	v	1 000i
3 276	910	2.36	9.52	1.81	4.69	1.43	2.51	1.16	1.45	0.958	0.897	0.805	0.580
3 312	920	2.39	9.73	1.83	4.79	1.45	2.57	1.17	1.48	0.968	0.915	0.813	0.592
3 348	930	2.42	9.94	1.85	4.90	1.46	2.62	1.18	1.51	0.979	0.934	0.822	0.604
3 384	940	2.44	10.2	1.87	5.00	1.48	2.68	1.20	1.53	0.989	0.952	0.831	0.616
3 420	950	2.47	10.4	1.89	5.11	1.49	2.74	1.21	1.57	1.00	0.972	0.840	0.628
3 456	960	2.49	10.6	1.91	5.22	1.51	2.80	1.22	1.60	1.01	0.99	0.849	0.640
3 492	970	2.52	10.8	1.93	5.33	1.52	2.85	1.24	1.63	1.021	1.01	0.858	0.653
3 528	980	2.55	11.0	1.95	5.44	1.54	2.91	1.25	1.67	1.031	1.029	0.867	0.665
3 564	990	2.57	11.3	1.97	5.55	1.56	2.97	1.26	1.70	1.042	1.049	0.875	0.678
3 600	1 000	2.60	11.5	1.99	5.66	1.57	3.03	1.27	1.74	1.052	1.068	0.884	0.697
3 672	1 020	2.65	12.0	2.03	5.89	1.60	3.16	1.30	1.81	1.073	1.108	0.902	0.716
3 744	1 040	2.70	12.4	2.07	6.13	1.63	3.28	1.32	1.88	1.094	1.149	0.920	0.723
3 816	1 060	2.75	12.9	2.11	6.32	1.67	3.41	1.35	1.95	1.115	1.190	0.937	0.769
3 888	1 080	2.81	13.4	2.15	6.61	1.70	3.54	1.38	2.02	1.136	1.233	0.955	0.796
3 960	1 100	2.86	13.9	2.19	6.85	1.73	3.67	1.40	2.10	1.158	1.278	0.973	0.804
4 032	1 120	2.91	14.4	2.23	7.11	1.76	3.81	1.43	2.18	1.179	1.321	0.99	0.852
4 104	1 140	2.96	14.9	2.27	7.36	1.79	3.94	1.45	2.26	1.200	1.361	1.008	0.881
4 176	1 160	3.01	15.5	2.31	7.62	1.82	4.08	1.48	2.34	1.221	1.409	1.026	0.910
4 248	1 180			2.35	7.89	1.85	4.22	1.50	2.42	1.242	1.458	1.043	0.939
4 320	1 200			2.39	8.16	1.89	4.37	1.53	2.50	1.263	1.508	1.061	0.969
4 392	1 220			2.43	8.43	1.92	4.52	1.55	2.58	1.284	1.558	1.079	0.999
4 464	1 240			2.47	8.71	1.95	4.66	1.58	2.67	1.305	1.610	1.096	1.030
4 536	1 260			2.51	8.99	1.98	4.82	1.60	2.76	1.326	1.662	1.114	1.061
4 608	1 280			2.55	9.28	2.01	4.97	1.63	2.84	1.347	1.715	1.132	1.093
4 680	1 300			2.59	9.57	2.04	5.13	1.66	2.93	1.368	1.769	1.149	1.125
4 752	1 320			2.63	9.87	2.07	5.29	1.68	3.02	1.389	1.824	1.167	1.158

Q		DN(mm)											
		800		900		1 000		1 100		1 200		1 300	
		v	1 000i	v	1 000i	v	1 000i	v	1 000i	v	1 000i	v	1 000i
4 824	1 340	2.67	10.2	2.11	5.45	1.71	3.12	1.41	1.879	1.185	1.191	1.010	0.796
4 896	1 360	2.71	10.5	2.14	5.61	1.73	3.21	1.431	1.936	1.203	1.221	1.025	0.818
4 968	1 380	2.75	10.8	2.17	5.78	1.76	3.31	1.452	1.993	1.220	1.257	1.040	0.841
5 040	1 400	2.79	11.1	2.20	5.95	1.78	3.40	1.473	2.051	1.238	1.294	1.055	0.864
5 112	1 420	2.82	11.4	2.23	6.12	1.81	3.50	1.494	2.110	1.256	1.331	1.070	0.887
5 184	1 440	2.86	11.7	2.26	6.29	1.83	3.60	1.515	2.170	1.273	1.369	1.085	0.910
5 256	1 460	2.90	12.1	2.29	6.47	1.86	3.70	1.536	2.230	1.291	1.407	1.100	0.934
5 328	1 480	2.94	12.4	2.33	6.65	1.88	3.80	1.557	2.292	1.309	1.446	1.115	0.958
5 400	1 500	2.98	12.7	2.36	6.83	1.91	3.91	1.578	2.354	1.320	1.485	1.130	0.982
5 472	1 520	3.02	13.1	2.39	7.01	1.94	4.01	1.599	2.417	1.344	1.525	1.145	1.007
5 544	1 540			2.42	7.20	1.96	4.12	1.621	2.484	1.362	1.565	1.160	1.032
5 616	1 560			2.45	7.38	1.99	4.22	1.642	2.549	1.379	1.606	1.175	1.057
5 688	1 580			2.48	7.57	2.01	4.33	1.663	2.614	1.397	1.648	1.190	1.083
5 760	1 600			2.52	7.77	2.04	4.44	1.684	2.681	1.415	1.690	1.205	1.105
5 832	1 620			2.55	7.96	2.06	4.56	1.705	2.748	1.432	1.732	1.221	1.133
5 904	1 640			2.58	8.16	2.09	4.67	1.726	2.816	1.450	1.775	1.236	1.161
5 976	1 660			2.61	8.36	2.11	4.78	1.747	2.885	1.468	1.819	1.251	1.190
6 048	1 680			2.64	8.56	2.14	4.90	1.768	2.955	1.485	1.863	1.266	1.219
6 120	1 700			2.67	8.77	2.16	5.02	1.789	3.025	1.503	1.907	1.281	1.248
6 192	1 720			2.70	8.98	2.19	5.14	1.810	3.097	1.521	1.953	1.296	1.277
6 264	1 740			2.74	9.19	2.22	5.26	1.831	3.169	1.539	1.998	1.311	1.307
6 336	1 760			2.77	9.40	2.24	5.38	1.852	3.242	1.556	2.044	1.326	1.326
6 408	1 780			2.80	9.61	2.27	5.50	1.873	3.316	1.574	2.091	1.340	1.368
6 480	1 800			2.83	9.83	2.29	5.62	1.894	3.391	1.592	2.138	1.356	1.399
6 552	1 820			2.86	10.00	2.32	5.75	1.915	3.467	1.609	2.186	1.371	1.430
6 624	1 840			2.89	10.30	2.34	5.88	1.936	3.543	1.627	2.234	1.386	1.462

Q		DN(mm)											
		900		1 000		1 100		1 200		1 300		1 400	
		v	1 000i	v	1 000i	v	1 000i	v	1 000i	v	1 000i	v	1 000i
6 696	1 860	2. 92	10. 5	2. 37	6. 01	1. 957	3. 620	1. 645	2. 283	1. 401	1. 494	1. 208	1. 009
6 768	1 880	2. 96	10. 7	2. 39	6. 14	1. 978	3. 698	1. 662	2. 333	1. 416	1. 526	1. 221	1. 030
6 840	1 900	2. 99	10. 9	2. 42	6. 27	1. 999	3. 777	1. 680	2. 383	1. 431	1. 559	1. 234	1. 053
6 912	1 920	3. 02	11. 2	2. 44	6. 40	2. 022	3. 857	1. 698	2. 433	1. 447	1. 592	1. 247	1. 075
6 984	1 940			2. 47	6. 53	2. 041	3. 938	1. 715	2. 484	1. 462	1. 625	1. 260	1. 097
7 056	1 960			2. 50	6. 67	2. 063	4. 023	1. 733	2. 535	1. 477	1. 659	1. 273	1. 120
7 128	1 980			2. 52	6. 81	2. 084	4. 106	1. 715	2. 587	1. 492	1. 693	1. 286	1. 143
7 200	2 000			2. 55	6. 94	2. 105	4. 189	1. 768	2. 640	1. 507	1. 727	1. 299	1. 166
7 272	2 020			2. 57	7. 08	2. 126	4. 273	1. 786	2. 693	1. 522	1. 762	1. 312	1. 190
7 344	2 040			2. 60	7. 22	2. 147	4. 357	1. 804	2. 747	1. 537	1. 797	1. 325	1. 213
7 416	2 060			2. 62	7. 37	2. 168	4. 443	1. 821	2. 801	1. 552	1. 832	1. 338	1. 237
7 488	2 080			2. 65	7. 51	2. 189	4. 530	1. 839	2. 855	1. 567	1. 868	1. 351	1. 261
7 560	2 100			2. 67	7. 66	2. 210	4. 617	1. 857	2. 911	1. 582	1. 904	1. 364	1. 286
7 632	2 120			2. 70	7. 80	2. 231	4. 705	1. 875	2. 966	1. 597	1. 941	1. 377	1. 310
7 704	2 140			2. 72	7. 95	2. 252	4. 794	1. 892	3. 022	1. 622	1. 978	1. 390	1. 335
7 776	2 160			2. 75	8. 10	2. 273	4. 884	1. 910	3. 079	1. 627	2. 045	1. 403	1. 360
7 848	2 180			2. 78	8. 25	2. 294	4. 975	1. 928	3. 137	1. 642	2. 052	1. 416	1. 386
7 920	2 200			2. 80	8. 40	2. 315	5. 066	1. 945	3. 194	1. 657	2. 090	1. 429	1. 411
7 992	2 220			2. 83	8. 56	2. 336	5. 158	1. 963	3. 253	1. 673	2. 128	1. 442	1. 437
8 064	2 240			2. 85	8. 71	2. 357	5. 252	1. 981	3. 312	1. 688	2. 167	1. 455	1. 463
8 136	2 260			2. 88	8. 87	2. 378	5. 346	1. 998	3. 371	1. 703	2. 206	1. 468	1. 489
8 208	2 280			2. 90	9. 02	2. 399	5. 440	2. 016	3. 431	1. 728	2. 245	1. 481	1. 516
8 280	2 300			2. 93	9. 18	2. 420	5. 536	2. 034	3. 491	1. 733	2. 284	1. 494	1. 542
8 352	2 320			2. 95	9. 34	2. 441	5. 633	2. 051	3. 552	1. 748	2. 324	1. 501	1. 569
8 424	2 340			2. 98	9. 51	2. 462	5. 730	2. 069	3. 614	1. 763	2. 364	1. 520	1. 596
8 496	2 360			3. 00	9. 67	2. 483	5. 828	2. 087	3. 676	1. 778	2. 405	1. 533	1. 623

Q		DN(mm)									
		1 100		1 200		1 300		1 400		1 500	
		v	1 000i	v	1 000i	v	1 000i	v	1 000i	v	1 000i
8 568	2 380	2. 504	5. 927	2. 104	3. 738	1. 793	2. 446	1. 546	1. 651	1. 347	1. 156
8 640	2 400	2. 526	6. 032	2. 122	3. 802	1. 808	2. 487	1. 560	1. 679	1. 358	1. 165
8 712	2 420	2. 547	6. 132	2. 140	3. 865	1. 823	2. 529	1. 572	1. 707	1. 370	1. 185
8 784	2 440	2. 568	6. 234	2. 157	3. 929	1. 838	2. 571	1. 585	1. 735	1. 380	1. 204
8 856	2 460	2. 589	6. 336	2. 175	3. 994	1. 853	2. 613	1. 598	1. 764	1. 392	1. 224
8 928	2 480	2. 610	6. 440	2. 193	4. 059	1. 868	2. 656	1. 611	1. 793	1. 403	1. 244
9 000	2 500	2. 631	6. 554	2. 211	4. 125	1. 884	2. 699	1. 624	1. 822	1. 415	1. 264
9 072	2 520	2. 652	6. 648	2. 228	4. 191	1. 899	2. 742	1. 637	1. 851	1. 426	1. 284
9 144	2 540	2. 683	6. 754	2. 246	4. 258	1. 914	2. 786	1. 650	1. 881	1. 437	1. 305
9 216	2 560	2. 694	6. 861	2. 264	4. 325	1. 929	2. 830	1. 663	1. 911	1. 449	1. 326
9 288	2 580	2. 715	6. 968	2. 281	4. 393	1. 944	2. 874	1. 676	1. 941	1. 460	1. 346
9 360	2 600	2. 736	7. 094	2. 299	4. 462	1. 959	2. 919	1. 689	1. 971	1. 471	1. 367
9 432	2 620	2. 757	7. 185	2. 317	4. 530	1. 974	2. 964	1. 702	2. 001	1. 483	1. 388
9 504	2 640	2. 778	7. 295	2. 334	4. 600	1. 989	3. 010	1. 715	2. 032	1. 494	1. 410
9 576	2 660	2. 799	7. 406	2. 352	4. 670	2. 004	3. 055	1. 728	2. 063	1. 505	1. 431
9 648	2 680	2. 820	7. 517	2. 370	4. 740	2. 019	3. 101	1. 741	2. 094	1. 517	1. 453
9 720	2 700	2. 821	7. 63	2. 387	4. 811	2. 034	3. 148	1. 754	2. 125	1. 528	1. 474
9 792	2 720	2. 826	7. 743	2. 405	4. 833	2. 049	3. 195	1. 767	2. 157	1. 539	1. 496
9 864	2 740	2. 883	7. 857	2. 423	4. 955	2. 064	3. 242	1. 780	2. 189	1. 551	1. 519
9 936	2 760	2. 904	7. 972	2. 440	5. 028	2. 079	3. 289	1. 793	2. 221	1. 562	1. 541
10 008	2 780	2. 925	8. 088	2. 458	5. 101	2. 094	3. 337	1. 806	2. 253	1. 573	1. 563
10 080	2 800	2. 946	8. 204	2. 476	5. 174	2. 110	3. 385	1. 819	2. 286	1. 584	1. 586
10 152	2 820	2. 967	8. 322	2. 493	5. 249	2. 125	3. 434	1. 832	2. 391	1. 596	1. 608
10 224	2 840	2. 989	8. 445	2. 511	5. 323	2. 140	3. 486 3	1. 845	2. 352	1. 607	1. 631
10 296	2 860	3. 010	8. 565	2. 529	5. 398	2. 155	3. 532	1. 858	2. 385	1. 618	1. 654
10 368	2 880	3. 031	8. 684	2. 547	5. 474	2. 170	3. 582	1. 871	2. 418	1. 630	1. 678

Q		DN(mm)											
		1 100		1 200		1 300		1 400		1 500			
		v	1 000i	v	1 000i	v	1 000i	v	1 000i	v	1 000i	v	1 000i
10 440	2 900	3. 052	8. 805	2. 564	5. 551	2. 185	3. 632	1. 884	2. 452	1. 641	1. 701		
10 512	2 920	3. 073	8. 927	2. 582	5. 627	2. 200	3. 682	1. 897	2. 486	1. 652	1. 725		
10 584	2 940	3. 094	9. 049	2. 600	5. 705	2. 215	3. 732	1. 910	2. 520	1. 664	1. 748		
10 656	2 960	3. 115	9. 173	2. 617	5. 783	2. 230	3. 783	1. 923	2. 554	1. 675	1. 772		
10 728	2 980	3. 136	9. 297	2. 645	5. 861	2. 245	3. 835	1. 936	2. 589	1. 686	1. 796		
10 800	3 000	3. 157	9. 422	2. 653	5. 940	2. 260	3. 886	1. 949	2. 624	1. 698	1. 820		
10 872	3 020	3. 178	9. 547	2. 670	6. 019	2. 275	3. 938	1. 962	2. 659	1. 709	1. 845		
10 944	3 040	3. 199	9. 674	2. 688	6. 099	2. 290	3. 991	1. 975	2. 694	1. 720	1. 869		
11 016	3 060	3. 220	9. 801	2. 706	6. 180	2. 305	4. 043	1. 988	2. 730	1. 732	1. 894		
11 088	3 080	3. 241	9. 930	2. 723	6. 261	2. 320	4. 096	2. 001	2. 766	1. 743	1. 919		
11 160	3 100	3. 262	10. 059	2. 741	6. 343	2. 336	4. 450	2. 014	2. 802	1. 754	1. 944		
11 232	3 120	3. 283	10. 189	2. 759	6. 425	2. 351	4. 203	2. 027	2. 838	1. 766	1. 969		
11 304	3 140	3. 304	10. 319	2. 776	6. 507	2. 366	4. 258	2. 04	2. 875	1. 777	1. 994		
11 376	3 160	3. 325	10. 451	2. 794	6. 590	2. 381	4. 312	2. 053	2. 911	1. 788	2. 020		
11 448	3 180	3. 346	10. 583	2. 812	6. 674	2. 396	4. 367	2. 066	2. 948	1. 800	2. 045		
11 520	3 200	3. 367	10. 717	2. 829	6. 758	2. 411	4. 422	2. 079	2. 986	1. 811	2. 071		
11 592	3 220	3. 388	10. 851	2. 847	6. 846	2. 426	4. 477	2. 092	3. 023	1. 822	2. 097		
11 664	3 240	3. 409	10. 986	2. 865	6. 928	2. 441	4. 533	2. 105	3. 061	1. 833	2. 123		
11 736	3 260	3. 430	11. 121	2. 883	7. 014	2. 456	4. 589	2. 118	3. 099	1. 845	2. 150		
11 808	3 280	3. 452	11. 265	2. 900	7. 100	2. 471	4. 646	2. 131	3. 137	1. 856	2. 176		
11 880	3 300	3. 473	11. 402	2. 918	7. 187	2. 486	4. 702	2. 144	3. 175	1. 867	2. 203		
11 952	3 320	3. 494	11. 540	2. 936	7. 275	2. 501	4. 760	2. 157	3. 214	1. 879	2. 229		
12 024	3 340	3. 515	11. 679	2. 953	7. 363	2. 516	4. 817	2. 17	3. 252	1. 890	2. 256		
12 096	3 360			2. 971	7. 451	2. 531	4. 875	2. 183	3. 292	1. 901	2. 283		
12 168	3 380			2. 989	7. 540	2. 546	4. 933	2. 196	3. 331	1. 913	2. 311		
12 240	3 400			3. 006	7. 630	2. 562	4. 991	2. 209	3. 370	1. 924	2. 338		

Q		DN(mm)											
		1 200		1 300		1 400		1 500					
		v	1 000i	v	1 000i	v	1 000i	v	1 000i	v	1 000i	v	1 000i
12 312	3 420	3. 024	7. 720	2. 557	5. 051	2. 222	3. 410	1. 935	2. 366				
12 384	3 440	3. 042	7. 810	2. 592	5. 110	2. 235	3. 450	1. 947	2. 393				
12 456	3 460	3. 059	7. 901	2. 607	5. 170	2. 248	3. 490	1. 958	2. 421				
12 528	3 480	3. 077	7. 993	2. 622	5. 229	2. 261	3. 531	1. 969	2. 449				
12 600	3 500	3. 095	8. 085	2. 637	5. 290	2. 274	3. 572	1. 981	2. 478				
12 672	3 520	3. 112	8. 178	2. 652	5. 350	2. 287	3. 612	1. 992	2. 506				
12 744	3 540	3. 120	8. 271	2. 667	5. 411	2. 300	3. 654	2. 003	2. 535				
12 816	3 560	3. 148	8. 364	2. 682	5. 473	2. 313	6. 695	2. 015	2. 563				
12 888	3 580	3. 165	8. 459	2. 698	5. 534	2. 326	3. 737	2. 037	2. 592				
12 960	3 600	3. 183	8. 553	2. 712	5. 596	2. 339	3. 779	2. 049	2. 621				
13 032	3 620			2. 727	5. 659	2. 352	3. 821	2. 056	2. 651				
13 320	3 700			2. 788	5. 911	2. 404	3. 991	2. 094	2. 769				
13 680	3 800			2. 863	6. 235	2. 469	4. 210	2. 150	2. 921				
14 040	3 900			2. 938	6. 568	2. 534	4. 435	2. 207	3. 076				
14 400	4 000			3. 014	6. 909	2. 598	4. 665	2. 264	3. 156				
14 760	4 100			3. 089	7. 259	2. 663	4. 901	2. 320	3. 236				
15 120	4 200			3. 164	7. 617	2. 728	5. 143	2. 337	3. 400				
15 480	4 300			3. 240	7. 984	2. 793	5. 391	2. 433	3. 568				
15 840	4 400			3. 315	8. 360	2. 858	5. 645	2. 490	3. 740				
16 200	4 500			3. 390	8. 744	2. 923	5. 904	2. 546	4. 096				
16 560	4 600			3. 466	9. 137	2. 988	6. 169	2. 603	4. 280				
16 920	4 700					3. 053	6. 454	2. 660	4. 478				
17 280	4 800					3. 118	6. 717	2. 716	4. 660				
17 640	4 900					3. 183	7. 000	2. 773	4. 856				
18 000	5 000					3. 248	7. 289	2. 829	5. 057				
18 360	5 100					3. 313	7. 583	2. 886	5. 261				

Q		DN(mm)											
		1 400		1 500									
		v	1 000i	v	1 000i	v	1 000i	v	1 000i	v	1 000i	v	1 000i
18 720	5 200	3.378	7.884	2.843	5.469								
19 080	5 300	3.443	8.190	2.999	5.682								
19 440	5 400			3.056	5.898								
19 800	5 500			3.112	6.118								
20 160	5 600			3.169	6.343								
20 520	5 700			3.226	6.572								
20 880	5 800			3.282	6.804								
21 240	5 900			3.339	7.041								
21 600	6 000			3.395	7.281								

附录二　埋地聚乙烯(*SDR*11)给水管道水力坡降表

Q		*SDR*11							
		d_i(mm)							
		32.00		40.00		50.00		63.00	
m^3/h	L/s	v(m/s)	1 000i	v(m/s)	1 000i	v(m/s)	1 000i	v(m/s)	1 000i
0.47	0.13	0.245 9	3.242 7						
0.60	0.17	0.313 9	4.967 3						
0.75	0.21	0.392 4	7.350 8	0.249 6	2.504 9				
0.99	0.28	0.518 0	12.006 4	0.329 5	4.076 3				
1.23	0.34	0.643 5	17.662 0	0.409 3	5.977 9	0.261 3	2.047 1		
1.60	0.44	0.837 1	28.274 4	0.532 5	9.531 3	0.339 9	3.252 9		
1.96	0.54	1.025 5	40.743 8	0.652 3	13.689 1	0.416 4	4.659 1	0.262 4	1.541 5
2.40	0.67	1.255 7	58.787 5	0.798 7	19.681 5	0.509 9	6.679 0	0.321 3	2.204 2
3.01	0.84	1.574 8	88.800 5	1.001 7	29.604 0	0.639 5	10.011 1	0.402 9	3.294 0
3.85	1.07	2.014 3	139.456 7	1.281 2	46.262 9	0.818 0	15.580 5	0.515 4	5.108 5
4.96	1.38			1.650 6	73.476 4	1.053 8	24.632 6	0.664 0	8.045 0
6.50	1.81			2.163 1	120.833 6	1.381 0	40.295 6	0.870 2	13.100 8
8.02	2.23					1.704 0	59.214 7	1.073 6	19.178 3
10.20	2.83					2.167 1	92.236 6	1.365 5	29.733 8
13.56	3.77							1.815 3	50.152 2
17.68	4.91							2.366 8	81.921 5
23.42	6.51								
28.09	7.80								
36.01	10.00								

Q		SDR11							
		d_i(mm)							
		75.00		90.00		110.00		160.00	
m^3/h	L/s	v(m/s)	1 000i	v(m/s)	1 000i	v(m/s)	1 000i	v(m/s)	1 000i
3.01	0.84	0.282 4	1.411 0						
3.85	1.07	0.361 2	2.183 2						
4.96	1.38	0.465 3	3.429 3	0.323 8	1.434 0				
6.50	1.81	0.609 8	5.567 9	0.424 4	2.322 2				
8.02	2.23	0.752 4	8.130 4	0.523 6	3.383 7	0.350 2	1.286 2		
10.20	2.83	0.956 9	12.566 5	0.666 0	5.215 8	0.445 4	1.977 5		
13.56	3.77	1.272 1	21.111 9	0.885 3	8.732 1	0.592 1	3.299 8		
17.68	4.91	1.658 6	34.347 1	1.154 3	14.155 7	0.772 0	5.331 4		
23.42	6.51	2.197 1	57.737 2	1.529 1	23.697 9	1.022 6	8.890 2		
28.09	7.80			1.834 0	33.132 3	1.226 5	12.395 4	0.571 9	1.962 9
36.01	10.00			2.351 1	52.500 8	1.572 3	19.562 8	0.733 2	3.079 2
46.02	12.78					2.009 4	30.781 8	0.937 0	4.813 7
55.58	15.44					2.426 8	43.712 8	1.131 6	6.799 3
68.80	19.11							1.400 8	10.063 6
79.20	22.00							1.612 5	13.047 9
83.11	23.09							1.692 1	14.263 7
90.00	25.00							1.832 4	16.530 1
103.50	28.75							2.107 3	21.426 4
117.00	32.50							2.382 1	26.921 8

Q		SDR11							
		d_i(mm)							
		200.00		315.00		400.00		450.00	
m^3/h	L/s	v(m/s)	1 000i	v(m/s)	1 000i	v(m/s)	1 000i	v(m/s)	1 000i
55.58	15.44	0.734 4	2.358 5						
68.80	19.11	0.909 1	3.480 9						
79.20	22.00	1.046 6	4.504 1						
83.11	23.09	1.098 2	4.920 3						
90.00	25.00	1.189 3	5.695 2						
103.50	28.75	1.367 7	7.366 1						
117.00	32.50	1.546 1	9.236 9						
130.00	36.11	1.717 8	11.225 4						
140.00	38.89	1.850 0	12.879 0	0.745 0	1.401 9				
154.00	42.78	2.035 0	15.374 0	0.819 5	1.668 9				
163.00	45.28	2.153 9	17.088 2	0.867 4	1.851 8				
176.00	48.89	2.325 7	19.715 9	0.936 6	2.131 6				
207.00	57.50			1.101 6	2.872 1				
216.00	60.00			1.149 5	3.106 2				
230.00	63.89			1.224 0	3.487 4				
248.40	69.00			1.321 9	4.019 7	0.819 6	1.254 7		
255.73	71.04			1.360 9	4.241 6	0.843 8	1.323 4		
270.00	75.00			1.436 8	4.689 7	0.890 9	1.462 1		
288.00	80.00			1.532 6	5.284 9	0.950 3	1.646 2		
306.00	85.00			1.628 4	5.913 6	1.009 7	1.840 4	0.798 3	1.038 9
324.12	90.03			1.724 8	6.580 0	1.069 4	2.046 1	0.845 6	1.154 6
338.40	94.00			1.800 8	7.128 8	1.116 6	2.215 3	0.882 8	1.249 8
349.20	97.00			1.858 3	7.557 7	1.152 2	2.347 4	0.911 0	1.324 1
356.40	99.00			1.896 6	7.850 3	1.175 9	2.437 5	0.929 8	1.374 7
367.20	102.00			1.954 1	8.298 9	1.211 6	2.575 6	0.957 9	1.452 3
381.60	106.00			2.030 7	8.915 5	1.259 1	2.765 3	0.995 5	1.558 9
399.90	111.08			2.128 1	9.729 3	1.319 5	3.015 5	1.043 3	1.699 3
410.40	114.00			2.184 0	10.211 5	1.354 1	3.163 6	1.070 6	1.782 5
424.80	118.00			2.260 6	10.890 8	1.401 6	3.372 1	1.108 2	1.899 5

Q		SDR11							
		d_i(mm)							
		200.00		315.00		400.00		450.00	
m^3/h	L/s	v(m/s)	1 000i	v(m/s)	1 000i	v(m/s)	1 000i	v(m/s)	1 000i
439.20	122.00			2.337 2	11.591 0	1.449 1	3.586 9	1.145 8	2.020 1
468.00	130.00			2.490 5	13.053 6	1.544 2	4.035 2	1.220 9	2.271 5
482.40	134.00			2.567 1	13.816 0	1.591 7	4.268 7	1.258 5	2.402 4
501.85	139.40			2.670 6	14.878 6	1.655 9	4.593 9	1.309 2	2.584 7
518.40	144.00					1.710 5	4.879 4	1.352 4	2.744 7
532.80	148.00					1.758 0	5.134 5	1.390 0	2.887 5
547.20	152.00					1.805 5	5.395 7	1.427 5	3.033 8
561.60	156.00					1.853 0	5.663 1	1.465 1	3.183 5
583.20	162.00					1.924 3	6.075 6	1.521 4	3.414 4
619.20	172.00					2.043 1	6.793 7	1.615 4	3.816 2
640.80	178.00					2.114 3	7.242 8	1.671 7	4.067 3
662.40	184.00					2.185 6	7.705 5	1.728 1	4.326 0
684.00	190.00					2.256 9	8.181 9	1.784 4	4.592 3
705.60	196.00					2.328 1	8.671 9	1.840 8	4.866 0
720.00	200.00					2.375 7	9.006 1	1.878 3	5.052 7
752.40	209.00					2.482 6	9.780 2	1.962 9	5.484 9
784.80	218.00					2.589 5	10.584 6	2.047 4	5.934 0
806.40	224.00					2.660 7	11.137 8	2.103 7	6.243 7
828.00	230.00					2.732 0	11.704 5	2.160 1	6.558 8
860.40	239.00							2.244 6	7.046 9
882.00	245.00							2.301 0	7.381 6
914.40	254.00							2.385 5	7.897 5
936.00	260.00							2.441 8	8.250 6
968.40	269.00							2.526 4	8.794 2
990.00	275.00							2.582 7	9.165 8
1 022.40	284.00							2.667 2	9.737 0

Q		SDR11							
		d_i(mm)							
		500.00		560.00		630.00		710.00	
m^3/h	L/s	v(m/s)	1 000i	v(m/s)	1 000i	v(m/s)	1 000i	v(m/s)	1 000i
356.40	99.00	0.752 8	0.822 9						
367.20	102.00	0.775 6	0.869 3						
381.60	106.00	0.806 0	0.932 8						
399.90	111.08	0.844 7	1.016 7						
410.40	114.00	0.866 8	1.066 2						
424.80	118.00	0.897 3	1.136 0						
439.20	122.00	0.927 7	1.207 9						
468.00	130.00	0.988 5	1.357 7						
482.40	134.00	1.018 9	1.435 7	0.811 9	0.826 4				
501.85	139.40	1.060 0	1.544 3	0.844 7	0.888 6				
518.40	144.00	1.095 0	1.639 6	0.872 5	0.943 3				
532.80	148.00	1.125 4	1.724 6	0.896 8	0.992 1				
547.20	152.00	1.155 8	1.811 7	0.921 0	1.042 0				
561.60	156.00	1.186 2	1.900 8	0.945 2	1.093 0				
583.20	162.00	1.231 8	2.038 1	0.981 6	1.171 8				
619.20	172.00	1.307 9	2.277 1	1.042 2	1.308 6	0.823 8	0.738 0		
640.80	178.00	1.353 5	2.426 4	1.078 6	1.394 1	0.852 5	0.786 1		
662.40	184.00	1.399 1	2.580 1	1.114 9	1.482 2	0.881 3	0.835 5		
684.00	190.00	1.444 7	2.738 3	1.151 3	1.572 7	0.910 0	0.886 4		
705.00	196.00	1.490 4	2.901 0	1.187 6	1.665 8	0.938 7	0.938 7		
720.00	200.00	1.520 8	3.011 9	1.211 9	1.729 2	0.957 9	0.974 3	0.754 6	0.545 1
752.40	209.00	1.589 2	3.268 5	1.266 4	1.876 0	1.001 0	1.056 7	0.788 6	0.591 1
784.80	218.00	1.657 7	3.535 0	1.320 9	2.028 4	1.044 1	1.142 2	0.822 5	0.638 8
806.40	224.00	1.703 3	3.718 2	1.357 3	2.133 1	1.072 8	1.200 9	0.845 2	0.671 5
828.00	230.00	1.748 9	3.905 7	1.393 6	2.240 2	1.101 6	1.261 1	0.867 8	0.705 0

Q		SDR11							
		d_i(mm)							
		500.00		560.00		630.00		710.00	
m^3/h	L/s	v(m/s)	1 000i	v(m/s)	1 000i	v(m/s)	1 000i	v(m/s)	1 000i
860.40	239.00	1.817 3	4.195 2	1.448 2	2.405 6	1.144 7	1.353 8	0.901 8	0.756 7
882.00	245.00	1.863 0	4.393 7	1.484 5	2.519 0	1.173 4	1.417 4	0.924 4	0.792 1
914.40	254.00	1.931 4	4.699 5	1.539 1	2.693 6	1.216 5	1.515 2	0.958 4	0.846 6
936.00	260.00	1.977 0	4.908 8	1.575 4	2.813 0	1.245 3	1.582 2	0.981 0	0.883 9
968.40	269.00	2.045 5	5.230 8	1.629 9	2.996 8	1.288 4	1.685 2	1.015 0	0.941 2
990.00	275.00	2.091 1	5.451 0	1.666 3	3.122 4	1.317 1	1.755 5	1.037 6	0.980 4
1 022.40	284.00	2.159 5	5.789 2	1.720 8	3.315 4	1.360 2	1.863 6	1.071 5	1.040 5
1 054.80	293.00	2.228 0	6.137 2	1.775 4	3.513 8	1.403 3	1.974 6	1.105 5	1.102 3
1 087.20	302.00	2.296 4	6.494 8	1.829 9	3.717 7	1.446 4	2.088 7	1.139 5	1.165 7
1 108.80	308.00	2.342 0	6.738 5	1.866 3	3.856 6	1.475 1	2.166 5	1.162 1	1.209 0
1 130.40	314.00	2.387 6	6.986 6	1.902 6	3.998 0	1.503 9	2.245 6	1.184 7	1.252 9
1 152.40	320.11	2.434 1	7.243 6	1.939 6	4.144 4	1.533 2	2.327 5	1.207 8	1.298 5
1 180.80	323.00	2.494 1	7.582 0	1.987 4	4.337 2	1.570 9	2.435 3	1.237 6	1.358 4
1 210.00	336.11	2.555 8	7.937 7	2.036 6	4.539 7	1.609 8	2.548 6	1.268 2	1.421 3
1 295.00	359.72			2.179 7	5.154 3	1.722 9	2.892 1	1.357 3	1.612 1
1 350.00	375.00			2.272 2	5.571 7	1.796 0	3.125 2	1.414 9	1.741 6
1 420.00	394.44			2.390 0	6.125 3	1.889 2	3.434 4	1.488 3	1.913 1
1 500.00	416.67			2.524 7	6.788 7	1.995 6	3.804 6	1.572 1	2.118 5
1 595.00	443.06					2.122 0	4.267 7	1.671 7	2.375 2
1 680.00	466.67					2.235 1	4.703 3	1.760 8	2.616 6
1 760.00	488.89					2.341 5	5.131 8	1.844 6	2.853 9
1 850.00	513.89					2.461 2	5.635 1	1.938 9	3.132 6
1 920.00	533.33					2.554 4	6.042 1	2.012 3	3.357 8
2 000.00	555.56					2.660 8	6.523 9	2.096 1	3.624 3
2 080.00	577.78							2.180 0	3.900 5
2 158.00	599.44							2.261 7	4.179 1
2 240.00	622.22							2.347 7	4.481 8
2 335.00	648.61							2.447 2	4.845 2
2 430.00	675.00							2.546 8	5.222 1

Q		SDR11							
		d_i(mm)							
		800.00		900.00		1 000.00			
m³/h	L/s	v(m/s)	1 000i	v(m/s)	1 000i	v(m/s)	1 000i	v(m/s)	1 000i
914.40	254.00	0.754 9	0.473 6						
936.00	260.00	0.772 7	0.494 4						
968.40	269.00	0.799 4	0.526 4						
990.00	275.00	0.817 3	0.548 2						
1 022.40	284.00	0.844 0	0.581 7						
1 054.80	293.00	0.870 8	0.616 1						
1 087.20	302.00	0.897 5	0.651 5						
1 108.80	308.00	0.915 3	0.675 6						
1 130.40	314.00	0.933 2	0.700 1						
1 152.40	320.11	0.951 3	0.725 4	0.751 7	0.408 9				
1 180.80	328.00	0.974 8	0.758 8	0.770 2	0.427 6				
1 210.00	336.11	0.998 9	0.793 8	0.789 2	0.447 3				
1 295.00	359.72	1.069 0	0.900 0	0.844 7	0.507 0				
1 350.00	375.00	1.114 5	0.972 0	0.880 6	0.547 4				
1 420.00	394.44	1.172 2	1.067 4	0.926 2	0.600 9	0.750 2	0.359 8		
1 500.00	416.67	1.238 3	1.181 5	0.978 4	0.665 0	0.792 5	0.398 1		
1 595.00	443.06	1.316 7	1.324 1	1.040 4	0.744 9	0.842 7	0.445 8		
1 680.00	466.67	1.386 9	1.458 2	1.095 8	0.820 1	0.887 6	0.490 7		
1 760.00	488.89	1.452 9	1.589 9	1.148 0	0.893 9	0.929 9	0.534 7		
1 850.00	513.89	1.527 2	1.744 5	1.206 7	0.980 5	0.977 4	0.586 3		
1 920.00	533.33	1.585 0	1.869 4	1.252 3	1.050 4	1.014 4	0.628 0		
2 000.00	555.56	1.651 0	2.017 1	1.304 5	1.133 2	1.056 7	0.677 3		
2 080.00	577.78	1.717 1	2.170 2	1.356 7	1.218 8	1.098 9	0.728 4		
2 158.00	599.44	1.781 5	2.324 5	1.407 6	1.305 2	1.140 1	0.779 8		
2 240.00	622.22	1.849 2	2.492 2	1.461 1	1.398 9	1.183 5	0.835 7		
2 335.00	648.61	1.927 6	2.693 3	1.523 0	1.511 4	1.233 7	0.902 6		
2 430.0 0	675.00	2.006 0	2.901 9	1.585 0	1.628 0	1.283 8	0.972 0		
2 530.00	702.78	2.088 6	3.129 4	1.650 2	1.755 1	1.336 7	1.047 7		
2 650.00	736.11	2.187 6	3.413 3	1.728 5	1.913 6	1.400 1	1.142 0		
2 730.00	758.33	2.253 7	3.609 0	1.780 7	2.022 9	1.442 3	1.207 0		

Q		SDR11							
		d_i(mm)							
		800.00		900.00		1 000.00			
m^3/h	L/s	v(m/s)	1 000i	v(m/s)	1 000i	v(m/s)	1 000i	v(m/s)	1 000i
2 830.00	786.11	2.336 2	3.861 0	1.845 9	2.163 5	1.495 2	1.290 6		
2 930.00	813.89	2.418 8	4.121 1	1.911 1	2.308 7	1.548 0	1.376 9		
3 030.00	841.67	2.501 3	4.389 2	1.976 4	2.458 2	1.600 8	1.465 8		
3 130.00	869.44			2.041 6	2.612 3	1.653 7	1.557 3		
3 230.00	897.22			2.106 8	2.770 8	1.706 5	1.651 4		
3 330.00	925.00			2.172 0	2.933 8	1.759 3	1.748 2		
3 430.00	952.78			2.237 3	3.101 2	1.812 2	1.847 6		
3 530.00	980.56			2.302 5	3.273 0	1.865 0	1.949 6		
3 630.00	1 008.33			2.367 7	3.449 2	1.917 8	2.054 2		
3 730.00	1 036.11			2.432 9	3.629 9	1.970 7	2.161 4		
3 830.00	1 063.89					2.023 5	2.271 1		
3 930.00	1 091.67					2.076 3	2.383 5		
4 030.00	1 119.44					2.129 2	2.498 4		
4 130.00	1 147.22					2.182 0	2.616 0		
4 230.00	1 175.00					2.234 8	2.736 1		
4 400.00	1 222.22					2.324 7	2.946 1		

附录三　污水管水力计算图(非满流钢筋混凝土圆管)

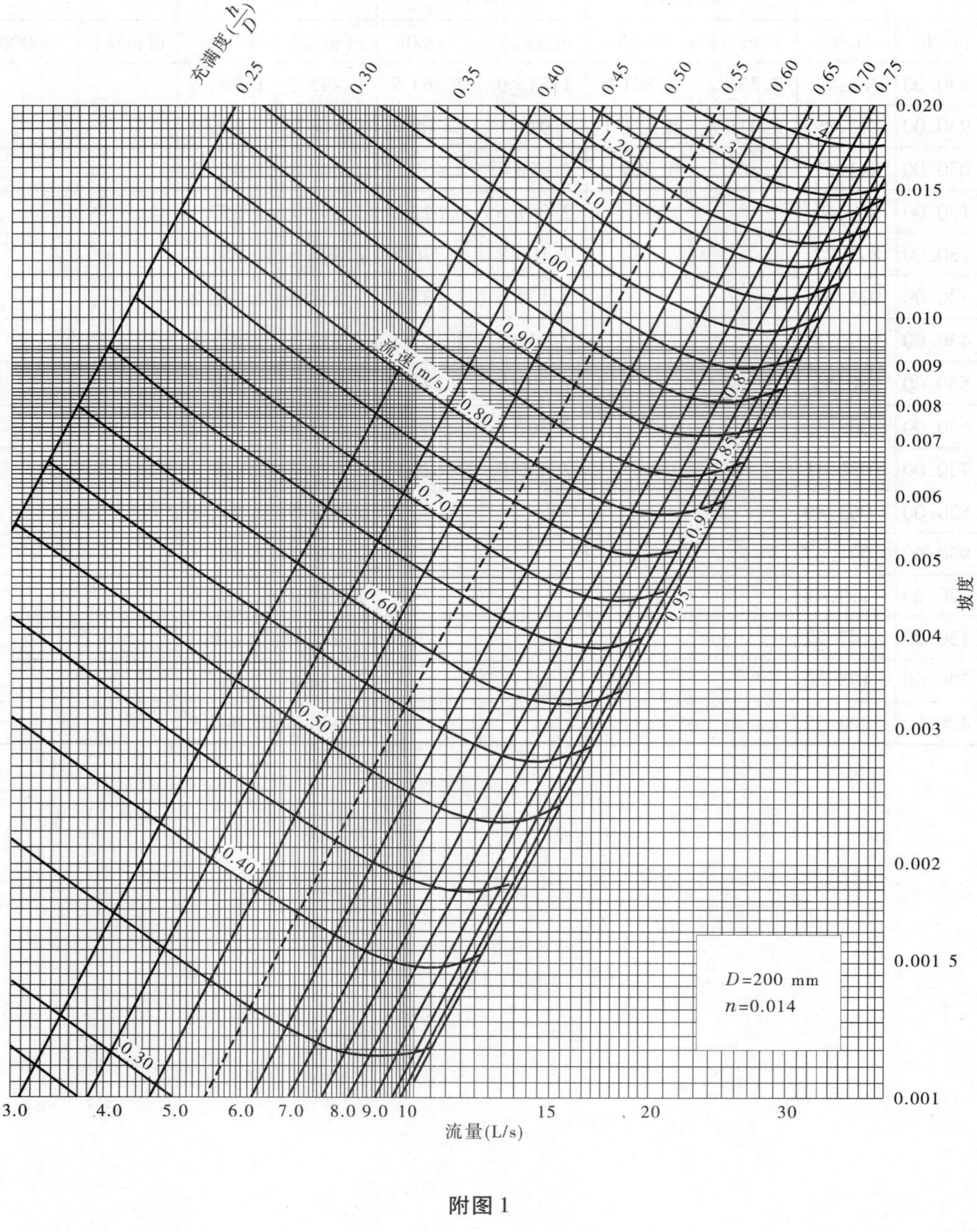

附图 1

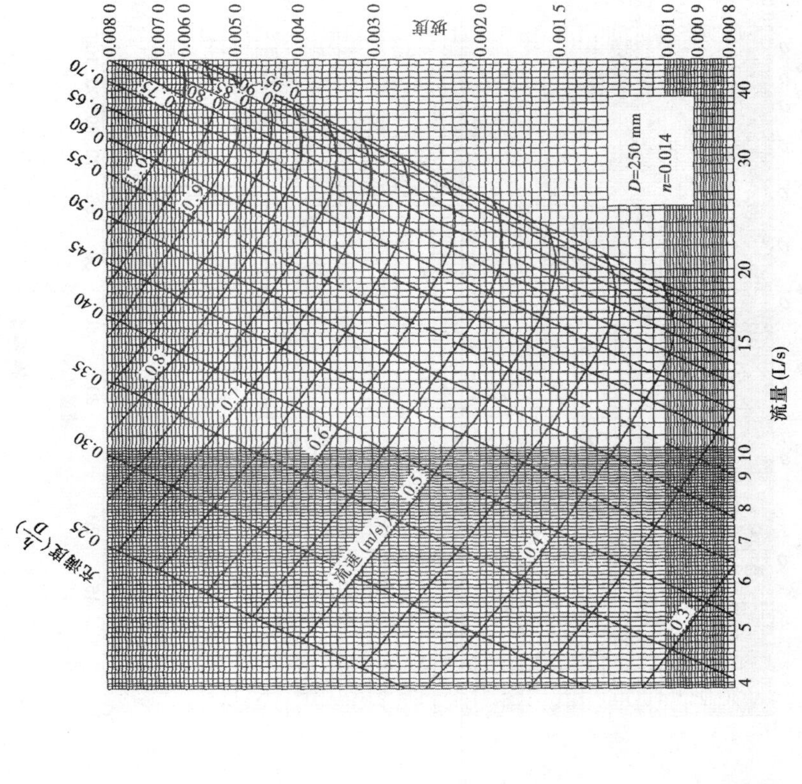
D=250 mm
n=0.014
坡度
流量 (L/s)
流速 (m/s)
充满度 (h/D)
附图 2

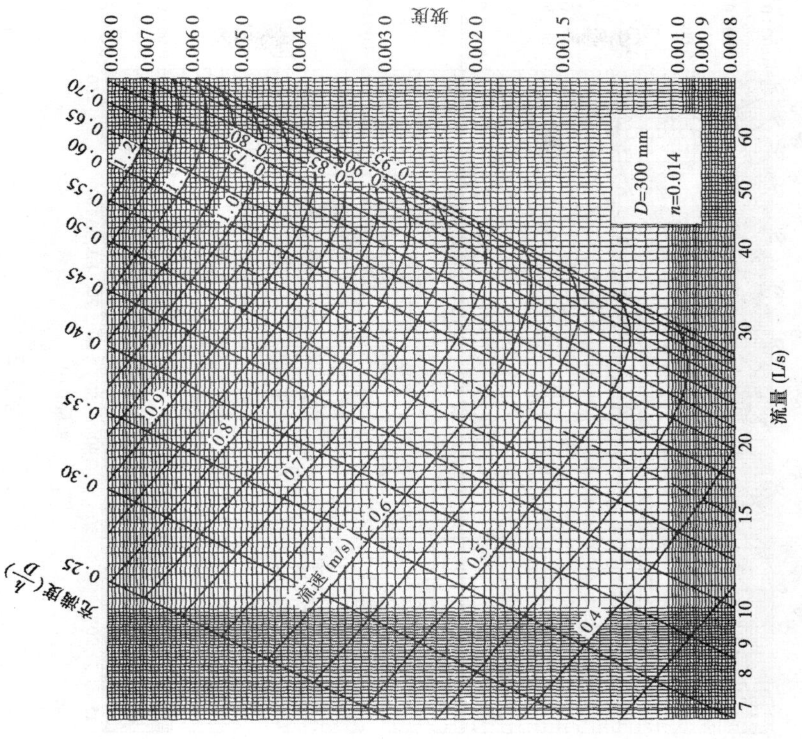
D=300 mm
n=0.014
坡度
流量 (L/s)
流速 (m/s)
充满度 (h/D)
附图 3

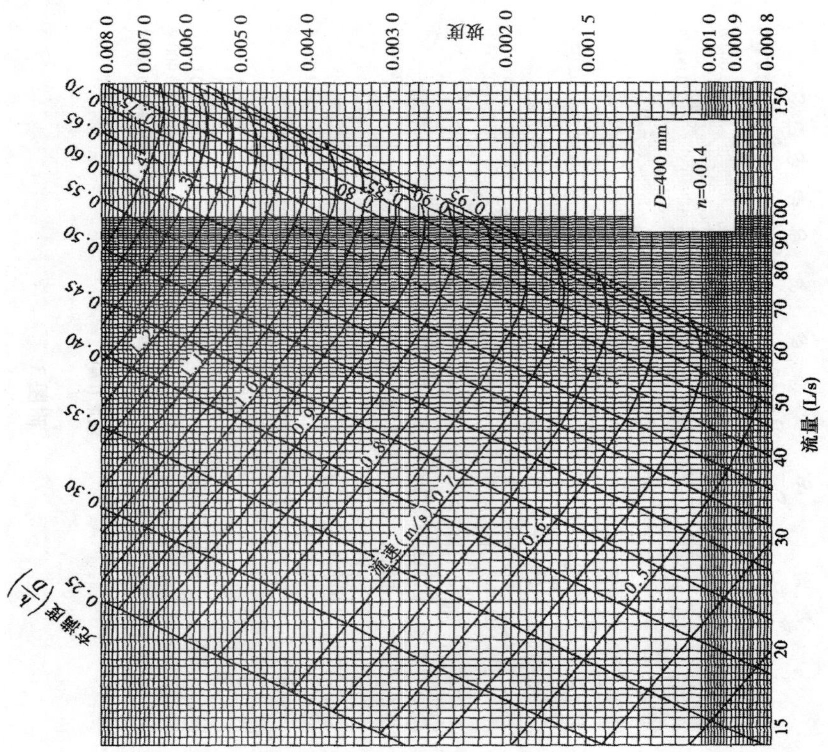
D=400 mm
n=0.014
充满度$\left(\frac{h}{D}\right)$
流速(m/s)
坡度
流量(L/s)

附图 5

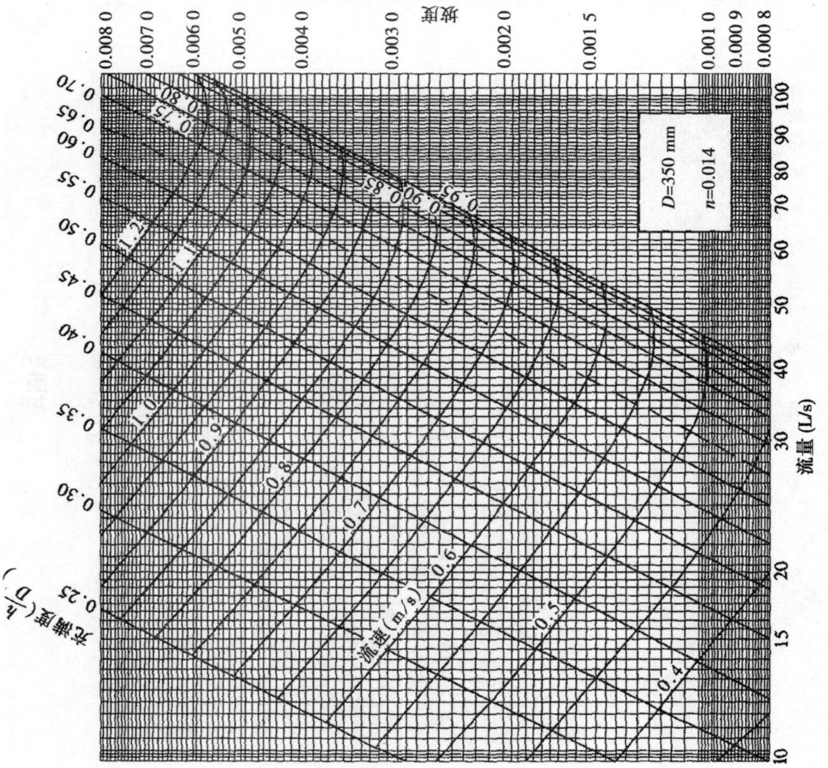
D=350 mm
n=0.014
充满度$\left(\frac{h}{D}\right)$
流速(m/s)
坡度
流量(L/s)

附图 4

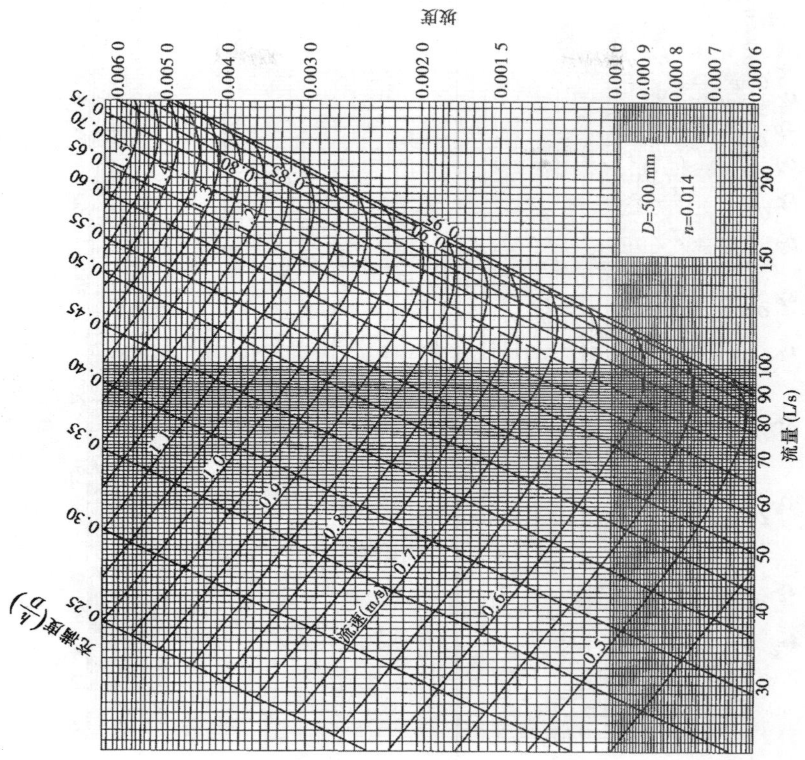
D=500 mm
n=0.014
坡度
充满度(h/D)
流速(m/s)
流量 (L/s)

附图7

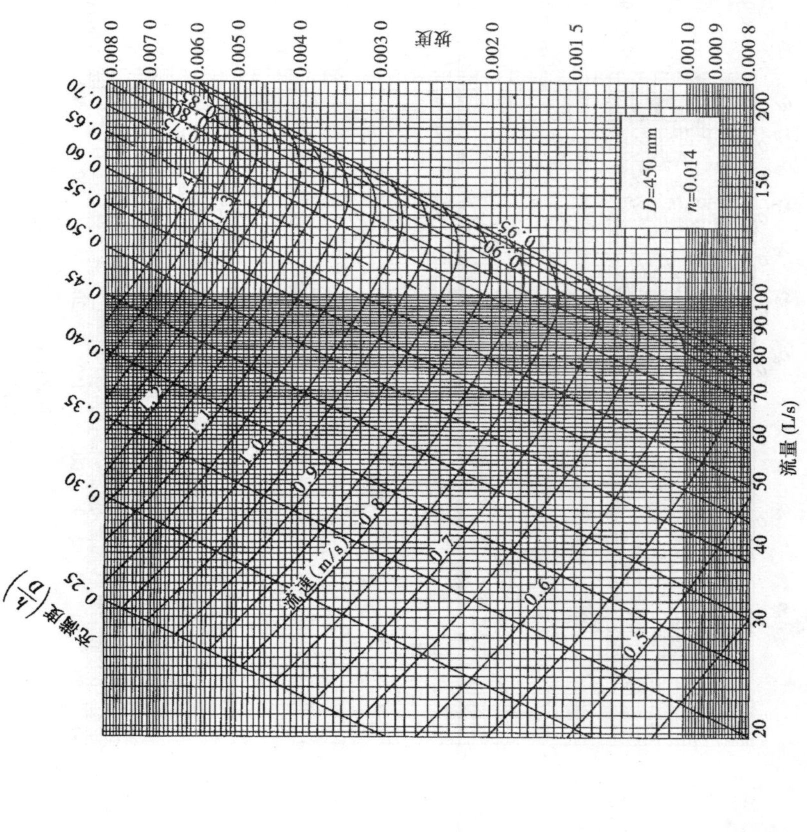
D=450 mm
n=0.014
坡度
充满度(h/D)
流速(m/s)
流量 (L/s)

附图6

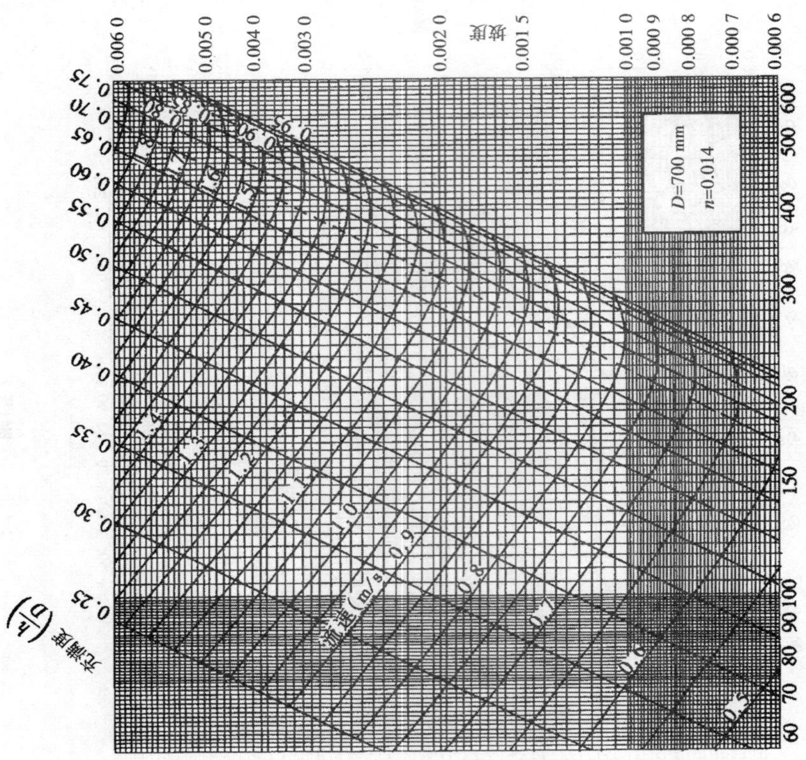

D=700 mm
n=0.014
流量 (L/s)
坡度
充满度 (h/D)
流速 (m/s)

附图 9

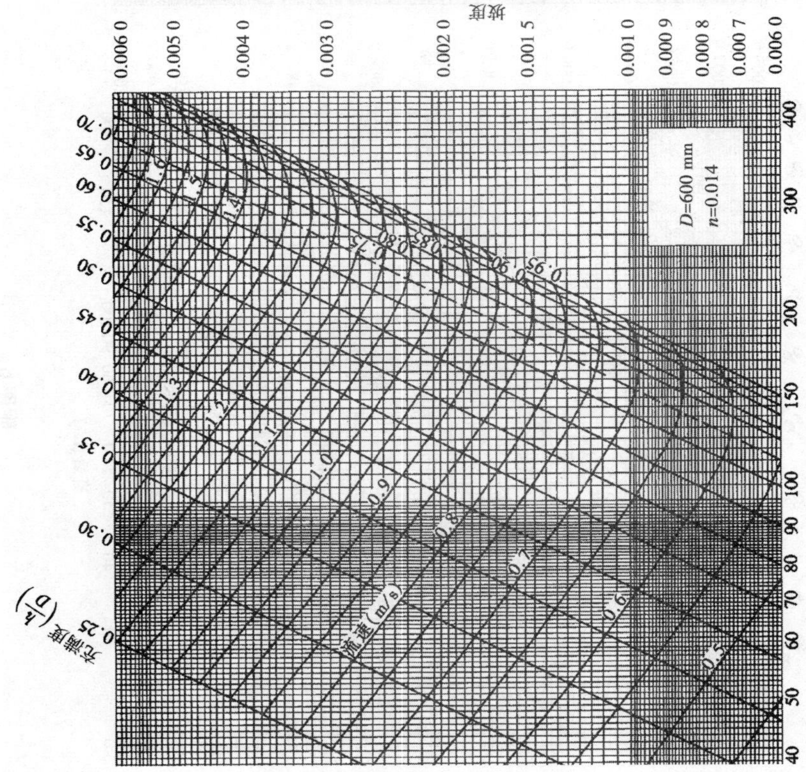

D=600 mm
n=0.014
流量 (L/s)
坡度
充满度 (h/D)
流速 (m/s)

附图 8

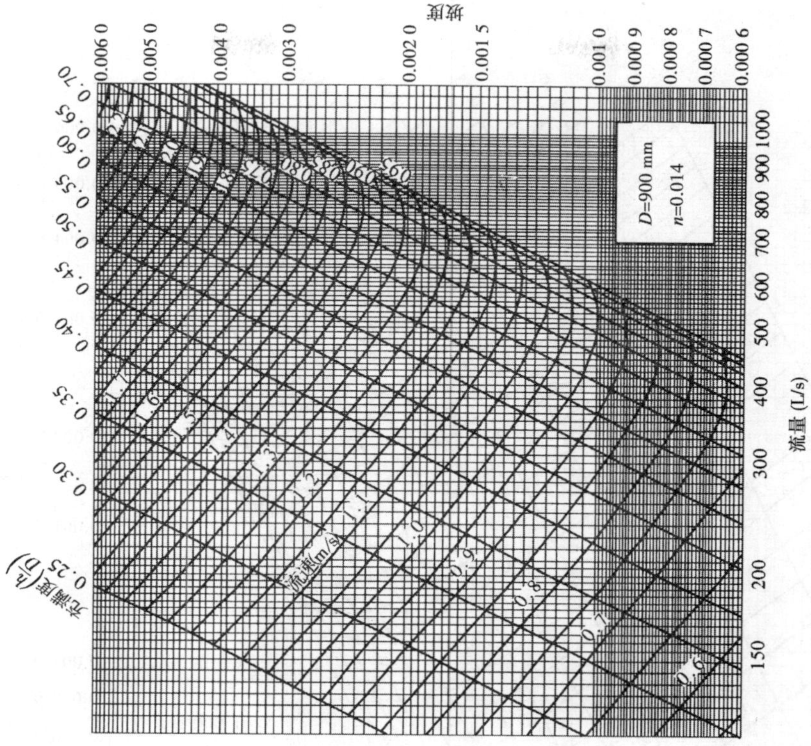
D=900 mm
n=0.014
坡度
流量 (L/s)
充满度(h/D)
流速(m/s)

附图 11

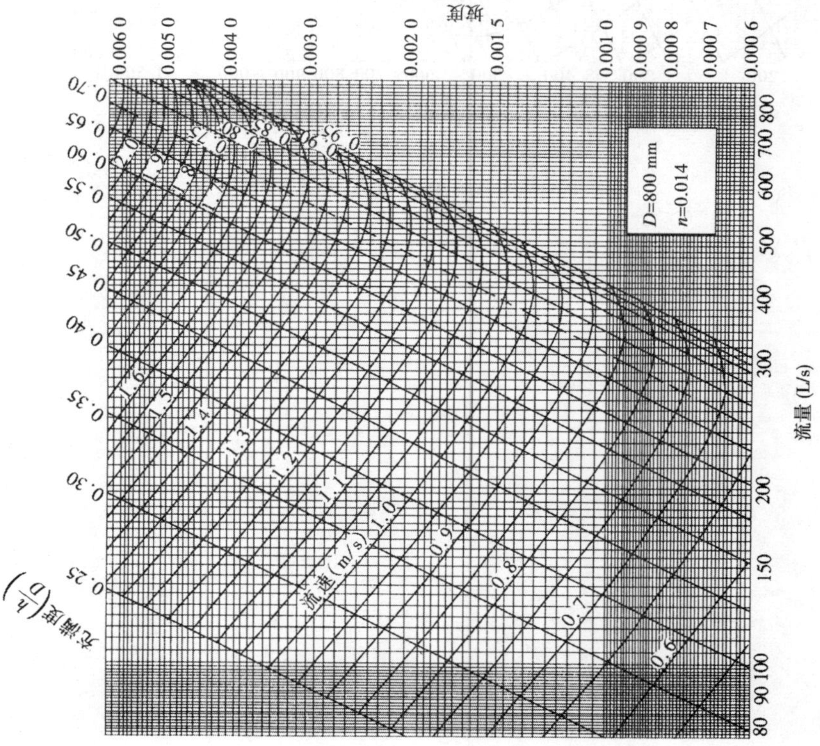
D=800 mm
n=0.014
坡度
流量 (L/s)
充满度(h/D)
流速(m/s)

附图 10

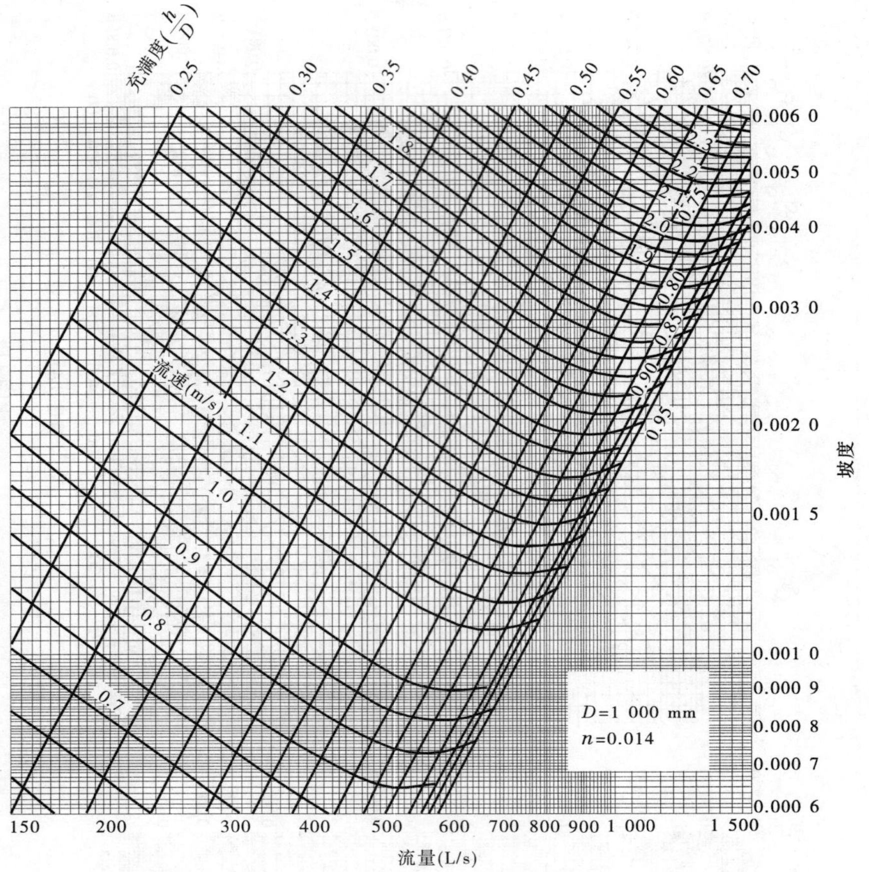
充满度(h/D)
0.25
0.30
0.35
0.40
0.45
0.50
0.55
0.60
0.65
0.70
0.75
0.80
0.85
0.90
0.95
流速(m/s)
0.7
0.8
0.9
1.0
1.1
1.2
1.3
1.4
1.5
1.6
1.7
1.8
1.9
2.0
2.1
2.2
2.3
0.006 0
0.005 0
0.004 0
0.003 0
0.002 0
0.001 5
0.001 0
0.000 9
0.000 8
0.000 7
0.000 6
坡度
150
200
300
400
500
600
700
800
900
1 000
1 500
流量(L/s)
D=1 000 mm
n=0.014

附图 12

附录四　聚乙烯塑钢缠绕排水管水力计算图表

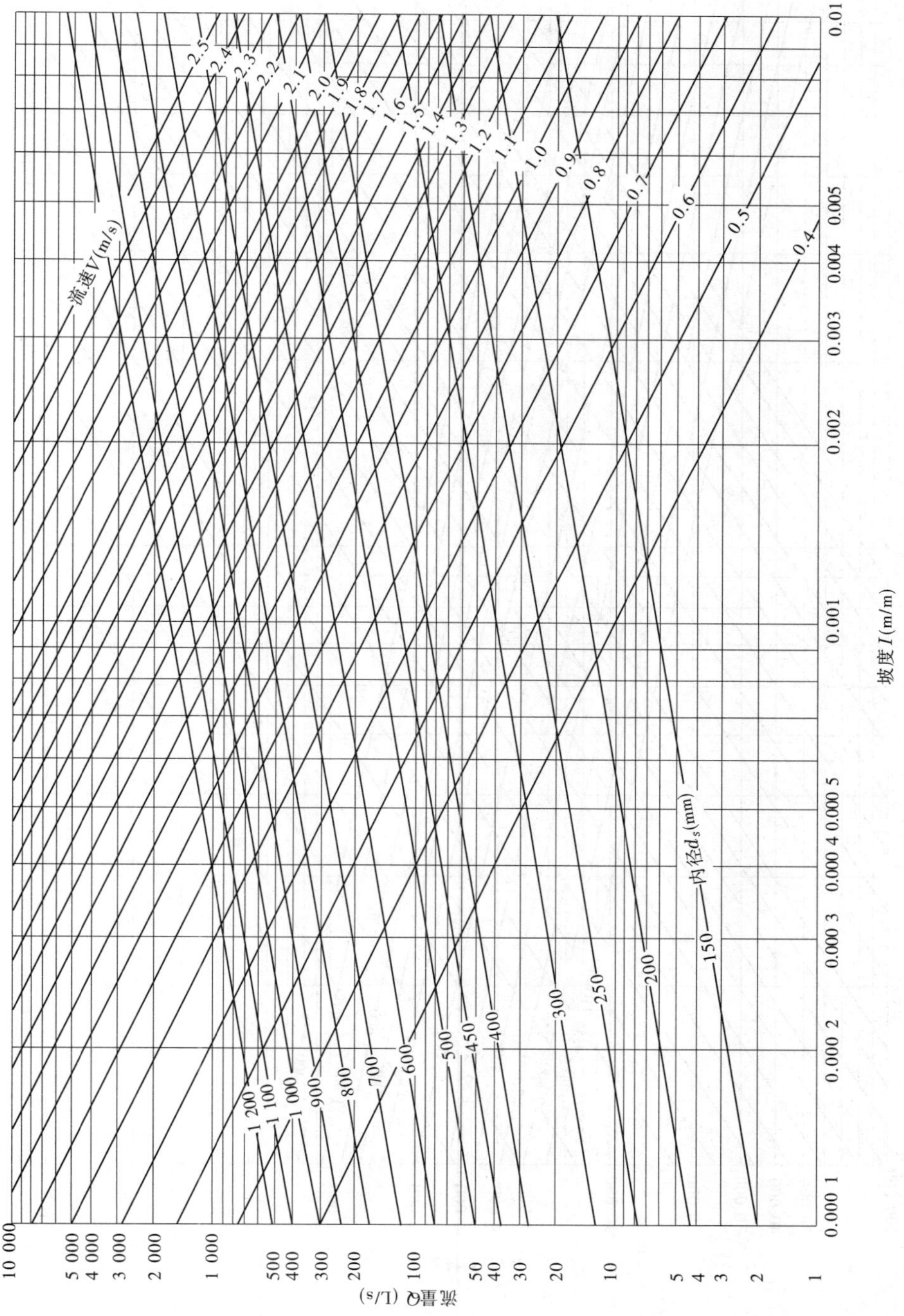

附图 1　满流条件下，内径为 150 ~ 1 200 mm 的管道水力计算（n = 0.01）

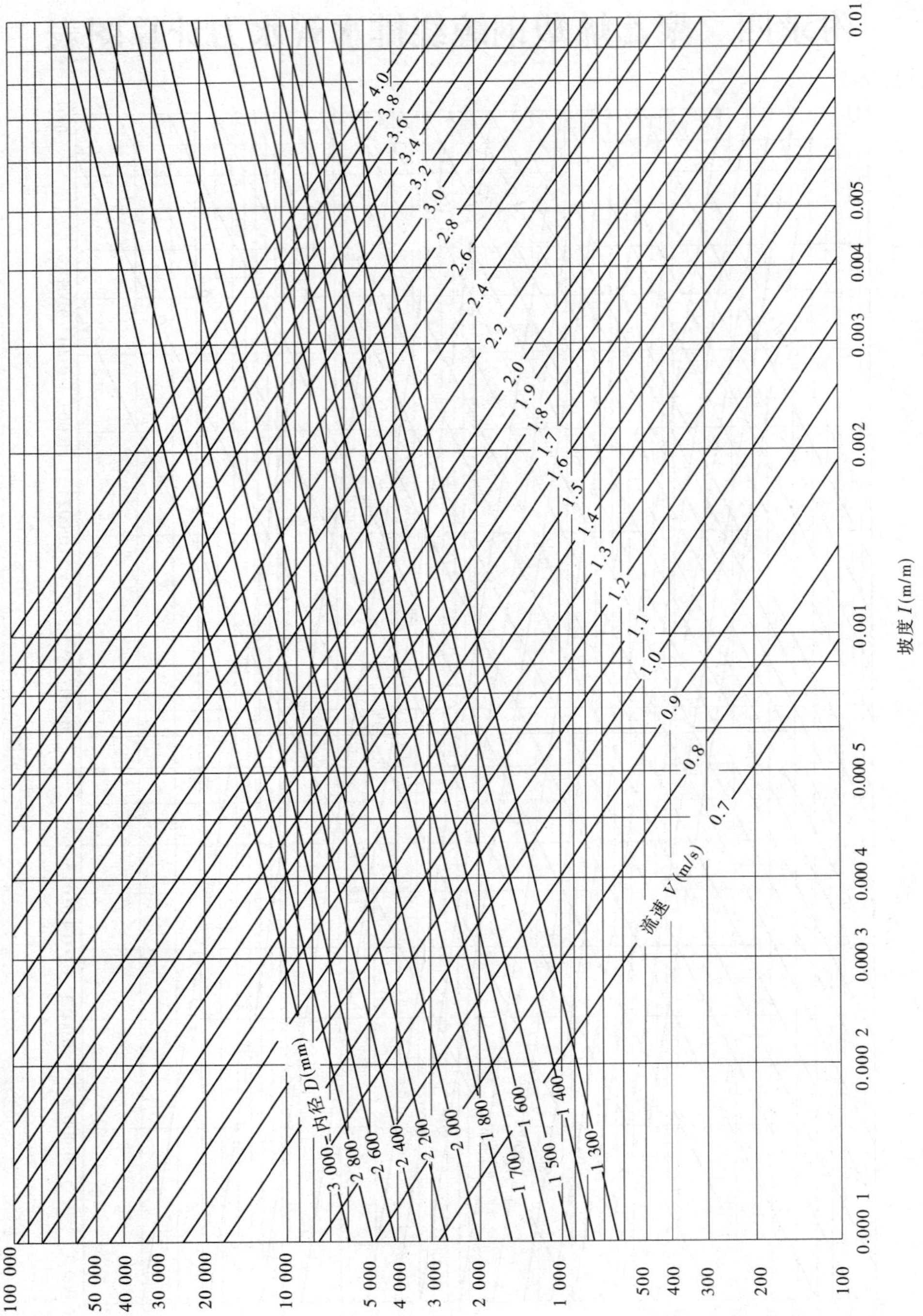

附图 2　满流条件下，内径为 1 300 ~ 3 000 mm 的管道水力计算（$n=0.01$）

附表 1　不同充满度的管道流水断面系数($n=0.01$)

h/d_l	θ (°)	θ (rad)	$\sin\theta$	α	α 比（断面比）	β	$\beta^{0.667}$	$\beta^{0.667}$ 比（流速比）	$\alpha \cdot \beta^{0.667}$ 比（流量比）
1.000	360.0	6.238 2	0.000 0	0.785 4	1.000 0	0.250 0	0.396 7	1.000 0	1.000 0
0.983	333.0	5.769 5	−0.500 0	0.782 4	0.996 2	0.271 7	0.419 3	1.057 0	1.053 0
0.950	308.3	5.380 8	−0.784 8	0.770 7	0.981 3	0.286 5	0.434 4	1.059 0	1.074 5
0.933	300.0	5.235 9	−0.866 0	0.762 7	0.971 1	0.291 3	0.439 2	1.107 1	1.075 1
0.900	286.3	4.996 8	−0.959 8	0.744 6	0.984 1	0.298 0	0.446 0	1.124 3	1.065 9
0.854	270.0	4.712 4	−1.000 0	0.714 1	0.909 2	0.303 1	0.451 0	1.136 9	1.033 7
0.810	256.6	4.478 4	−0.972 8	0.681 4	0.867 6	0.304 3	0.452 2	1.139 9	0.989 0
0.750	240.0	4.188 7	−0.886 0	0.631 8	0.804 4	0.301 7	0.449 7	1.133 6	0.911 9
0.700	227.2	3.965 3	−0.733 7	0.587 4	0.747 9	0.296 3	0.444 3	1.120 0	0.837 6
0.600	203.1	3.544 7	−0.392 3	0.492 1	0.626 6	0.277 7	0.425 5	1.072 6	0.672 1
0.500	180.0	3.141 6	0.000 0	0.392 7	0.500 0	0.250 0	0.396 7	1.000 0	0.500 0
0.400	156.9	2.738 4	0.392 3	0.293 3	0.373 4	0.214 2	0.357 8	0.901 9	0.336 8
0.300	132.8	2.317 8	0.733 7	0.198 0	0.252 1	0.170 9	0.307 8	0.775 9	0.195 6
0.250	120.0	2.094 4	0.866 0	0.153 6	0.195 6	0.146 6	0.277 9	0.700 5	0.137 0
0.200	106.2	1.853 5	0.960 3	0.111 7	0.142 2	0.120 5	0.243 8	0.614 6	0.087 40
0.150	91.1	1.590 0	0.999 8	0.073 8	0.094 0	0.092 8	0.204 8	0.516 3	0.048 53
0.147	90.0	1.570 8	1.000 0	0.071 4	0.090 9	0.090 8	0.201 9	0.509 0	0.046 27
0.100	73.7	1.286 3	0.959 8	0.040 8	0.052 0	0.063 5	0.159 0	0.400 8	0.020 84

1. 符号

h——管内水深,m;

d_I——管道内径,m;

h/d_I——管道水流充满度;

θ——管道断面水深圆心角;

α 比(断面比)——不同 h/d_I 时的 α 值与 $h/d_I=1$ 时的 α 值的比值;

$$\alpha = \frac{1}{8}(\theta - \sin\theta)$$

$\beta^{0.667}$ 比(流速比)—— 不同 h/d_I 时的 $\beta^{0.667}$ 值与 $h/d_I=1$ 时的 $\beta^{0.667}$ 值的比值;

$$\beta = \frac{1}{4}(1 - \frac{\sin\theta}{\theta})$$

$\alpha \cdot \beta^{0.667}$ 比(流量比)—— 不同 h/d_I 时的 $\alpha \cdot \beta^{0.667}$ 值与 $h/d_I=1$ 时的 $\alpha \cdot \beta^{0.667}$ 值的比值。

2. 说明

附图 1、附图 2 为聚乙烯塑钢缠绕排水管($n=0.01$)在满流条件下,不同管径、不同水力坡降的流速、流量关系。附表 1 是管内水流在不同充满度时的水流有效断面积、流速、流量与管内满流状态的水流有效断面面积、流速、流量的比值关系。设计时,可按充满度查出相应的流速比($\beta^{0.667}$)和流量比($\alpha \cdot \beta^{0.667}$),乘以附图 1、附图 2 中满流时不同管径、不同水力坡降的流速、流量,即可得出不同管径、不同水力坡降在不同充满度时的流速、流量。当管道内径与附图 1、附图 2 中管道内径不同时,可按相关公式重新计算满流流量的流速、流量。

附录五　雨水管水力计算图(满流钢筋混凝土圆管 $n = 0.013$)

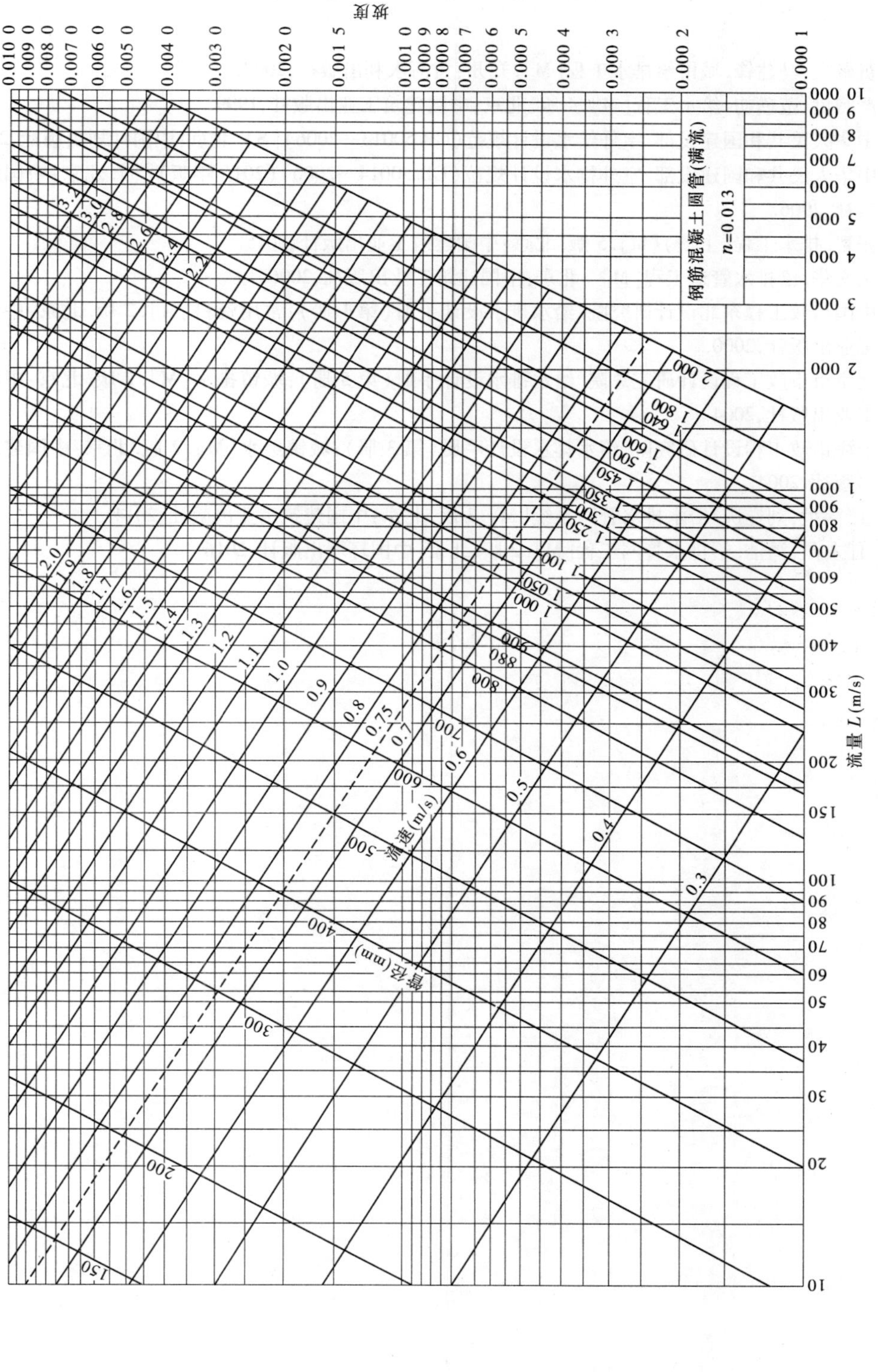

参考文献

[1] 黄敬文,马建锋.城市给排水工程[M].郑州:黄河水利出版社,2008.
[2] 严煦世,范瑾初.给水工程[M].4版.北京:中国建筑工业出版社,1999.
[3] 中华人民共和国建设部.室外给水设计规范(GB 50013—2006)[S].北京:中国计划出版社,2006.
[4] 中华人民共和国建设部.室外排水设计规范(GB 50014—2006)(2016年版)[S].北京:中国计划出版社,2006.
[5] 张智.排水工程(上册)[M].5版.北京:中国建筑工业出版社,2015.
[6] 张文华.给排水管道工程[M].北京:中国建筑工业出版社,2006.
[7] 中国市政工程东北设计研究院.给水排水设计手册(第1册):常用资料[M].2版.北京:中国建筑工业出版社,2000.
[8] 北京市市政工程设计研究总院.给水排水设计手册(第5册):城镇排水[M].2版.北京:中国建筑工业出版社,2004.
[9] 上海市政工程设计研究院.给水排水设计手册(第3册):城镇给水[M].2版.北京:中国建筑工业出版社,2004.
[10] 严熙世,刘遂庆.给水排水管网系统[M].3版.北京:中国建筑工业出版社,2014.
[11] 任友昌,潘洁.给排水管网工程[M].2版.北京:中国环境出版社,2016.